南海科学考察历史资料整编丛书

南沙群岛及其邻近海域浮游动物

杜飞雁　王亮根　李亚芳　等　著

科学出版社

北京

内 容 简 介

本书是近年来中国水产科学研究院南海水产研究所南沙群岛及其邻近海域浮游动物生态学研究的成果总结，系统性阐述了该海域浮游动物不同生态类群的时空分布、关键类群的分子遗传多样性及其与环境的关系，有助于全面掌握南沙群岛及其邻近海域浮游动物的生态学特征。

本书可供海洋、生物和水产等科研单位技术人员以及相关高校师生参考。

审图号：琼 S（2023）253 号

图书在版编目（CIP）数据

南沙群岛及其邻近海域浮游动物/杜飞雁等著．—北京：科学出版社，2023.11
（南海科学考察历史资料整编丛书）
ISBN 978-7-03-076417-1

Ⅰ.①南… Ⅱ.①杜… Ⅲ.①南海–海洋浮游动物–研究 Ⅳ.① Q958.8

中国国家版本馆 CIP 数据核字（2023）第 178120 号

责任编辑：朱 瑾 习慧丽/责任校对：严 娜
责任印制：肖 兴/封面设计：无极书装

科学出版社 出版
北京东黄城根北街 16 号
邮政编码：100717
http://www.sciencep.com
北京九州迅驰传媒文化有限公司印刷
科学出版社发行 各地新华书店经销

*

2023 年 11 月第 一 版 开本：787×1092 1/16
2024 年 8 月第二次印刷 印张：15
字数：356 000
定价：198.00 元
（如有印装质量问题，我社负责调换）

"南海科学考察历史资料整编丛书"编委会

主　编　龙丽娟

编　委（按姓氏笔画排序）

　　　　龙丽娟　龙爱民　刘钦燕　孙　杰　杜飞雁

　　　　李新正　张元标　陈荣裕　赵焕庭　姚衍桃

　　　　徐晓璐　詹文欢　蔡树群　谭烨辉

秘书长　田新朋

《南沙群岛及其邻近海域浮游动物》著者名单

杜飞雁　王亮根　李亚芳

徐　磊　宁加佳　黄德练

刘双双　陈海刚　唐鹊辉

丛 书 序

　　南海及其岛礁构造复杂，环境独特，海洋现象丰富，是全球研究区域海洋学的天然实验室。南海是半封闭边缘海，既有宽阔的陆架海域，又有大尺度的深海盆，还有类大洋的动力环境和生态过程特征，形成了独特的低纬度热带海洋、深海特性和"准大洋"动力特征。南海及其邻近的西太平洋和印度洋"暖池"是影响我国气候系统的关键海域。南海地质构造复杂，岛礁众多，南海的形成与演变、沉积与古环境、岛礁的形成演变等是国际研究热点和难点问题。南海地处热带、亚热带海域，生态环境复杂多样，是世界上海洋生物多样性最高的海区之一。南海珊瑚礁、红树林、海草床等典型生态系统复杂的环境特性，以及长时间序列的季风环流驱动力与深海沉积记录等鲜明的区域特点和独特的演化规律，彰显了南海海洋科学研究的复杂性、特殊性及其全球意义，使得南海海洋学研究更有挑战性。因此，南海是地球动力学、全球变化等重大前沿科学研究的热点。

　　南海自然资源十分丰富，是巨大的资源宝库。南海拥有丰富的石油、天然气、可燃冰，以及铁、锰、铜、镍、钴、铅、锌、钛、锡等数十种金属和沸石、珊瑚贝壳灰岩等非金属矿产，是全球少有的海上油气富集区之一；南海还蕴藏着丰富的生物资源，有海洋生物 2850 多种，其中海洋鱼类 1500 多种，是全球海洋生物多样性最丰富的区域之一，同时也是我国海洋水产种类最多、面积最大的热带渔场。南海具有巨大的资源开发潜力，是中华民族可持续发展的重要疆域。

　　南海与南海诸岛地理位置特殊，战略地位十分重要。南海扼守西太平洋至印度洋海上交通要冲，是通往非洲和欧洲的咽喉要道，世界上一半以上的超级油轮经过该海域，我国约 60% 的外贸、88% 的能源进口运输、60% 的国际航班从南海经过，因此，南海是我国南部安全的重要屏障、战略防卫的要地，也是确保能源及贸易安全、航行安全的生命线。

　　南海及其岛礁具有重要的经济价值、战略价值和科学研究价值。系统掌握南海及其岛礁的环境、资源状况的精确资料，可提升海上长期立足和掌控管理的能力，有效维护国家权益，开发利用海洋资源，拓展海洋经济发展新空间。自 20 世纪 50 年代以来，我国先后组织了数十次大规模的调查区域各异的南海及其岛礁海洋科学综合考察，如西沙群岛、中沙群岛及其附近海域综合调查，南海中部海域综合调查，南海东北部综合调查研究，南沙群岛及其邻近海域综合调查等，得到了海量的重要原始数据、图集、报告、样品等多种形式的科学考察史料。由于当时许多调查资料没有电子化，归档标准不一，对获得的资料缺乏系统完整的整编与管理，加上历史久远、人员更替或离世等原因，这些历史资料显得弥足珍贵。

　　"南海科学考察历史资料整编丛书"是在对自 20 世纪 50 年代以来南海科考史料进行收集、抢救、系统梳理和整编的基础上完成的，涵盖 400 个以上大小规模的南海科考航次的数据，涉及生物生态、渔业、地质、化学、水文气象等学科专业的科学数据、图集、研究报告及老专家访谈录等专业内容。通过近 60 年科考资料的比对、分析和研究，全面系统揭示了南海及其岛礁的资源、环境及变动状况，有望推进南海热带海洋环境演变、生物多样性与生态环境特征演替、边缘海地质演化过程等重要海洋科学前沿问题的解决，以及南海资源开发利用关键技术的深入研究和突破，促进热带海洋科学和区域海洋科学的创新跨越发展，促进南海资源开发和海洋经济的发展。早期的科学考察宝贵资料记录了我国对南海的管控和研究开发的历史，为国家在新时期、新形势下在南海维护权益、开发资源、防灾减灾、外交谈判、保障海上安全和国防安全等提供了科学的基础支撑，具有非常重要的学术参考价值和实际应用价值。

陈宜瑜

中国科学院院士

2021 年 12 月 26 日

丛书前言

海洋是巨大的资源宝库，是强国建设的战略空间，海兴则国强民富。我国是一个海洋大国，党的十八大提出建设海洋强国的战略目标，党的十九大进一步提出"坚持陆海统筹，加快建设海洋强国"的战略部署，党的二十大再次强调"发展海洋经济，保护海洋生态环境，加快建设海洋强国"，建设海洋强国是中国特色社会主义事业的重要组成部分。

南海兼具深海和准大洋特征，是连接太平洋与印度洋的战略交通要道和全球海洋生物多样性最为丰富的区域之一；南海海域面积约 350 万 km^2，我国管辖面积约 210 万 km^2，其间镶嵌着众多美丽岛礁，是我国宝贵的蓝色国土。进一步认识南海、开发南海、利用南海，是我国经略南海、维护海洋权益、发展海洋经济的重要基础。

自 20 世纪 50 年代起，为掌握南海及其诸岛的国土资源状况，提升海洋科技和开发利用水平，我国先后组织了数十次大规模的调查区域各异的南海及其岛礁海洋科学综合考查，对国土、资源、生态、环境、权益等领域开展调查研究。例如，"南海中、西沙群岛及附近海域海洋综合调查"（1973～1977 年）共进行了 11 个航次的综合考察，足迹遍及西沙群岛各岛礁，多次穿越中沙群岛，一再登上黄岩岛，并穿过南沙群岛北侧，调查项目包括海洋地质、海底地貌、海洋沉积、海洋气象、海洋水文、海水化学、海洋生物和岛礁地貌等。又如，"南沙群岛及其邻近海域综合调查"国家专项（1984～2009 年），由国务院批准、中国科学院组织、南海海洋研究所牵头，联合国内十多个部委 43 个科研单位共同实施，持续 20 多年，共组织了 32 个航次，全国累计 400 多名科技人员参加过南沙科学考察和研究工作，取得了大批包括海洋地质地貌、地理、测绘、地球物理、地球化学、生物、生态、化学、物理、水文、气象等学科领域的实测数据和样品，获得了海量的第一手资料和重要原始数据，产出了丰硕的成果。这些是以中国科学院南海海洋研究所为代表的一批又一批科研人员，从一条小舢板起步，想国家之所想、急国家之所急，努力做到"为国求知"，在极端艰苦的环境中奋勇拼搏，劈波斩浪，数十年探海巡礁的智慧结晶。这些数据和成果极大地丰富了对我国南海海洋资源与环境状况的认知，提升了我国海洋科学研究的实力，直接服务于国家政治、外交、军事、环境保护、资源开发及生产建设，支撑国家和政府决策，对我国开展南海海洋权益维护特别是南海岛礁建设发挥了关键性作用。

在开启中华民族伟大复兴第二个百年奋斗目标新征程、加快建设海洋强国之际，"南海科学考察历史资料整编丛书"如期付梓，我们感到非常欣慰。丛书在 2017 年度国家科技基础资源调查专项"南海及其附属岛礁海洋科学考察历史资料系统整编"项目的资助下，汇集了南海科学考察和研究历史悠久的 10 家科研院所及高校在海洋生物生态、渔业资源、地质、化学、物理及信息地理等专业领域的科研骨干共同合作的研究成果，并聘请离退休老一辈科考人员协助指导，并做了"记忆恢复"访谈，保障丛书数据的权威性、丰富性、可靠性、真实性和准确性。

从书还收录了自 20 世纪 50 年代起我国海洋科技工作者前赴后继，为祖国海洋科研事业奋斗终身的一个个感人的故事，以访谈的形式真实生动地再现于读者面前，催人奋进。这些老一辈科考人员中很多人已经是 80 多岁，甚至 90 多岁高龄，讲述的大多是大事件背后鲜为人知的平凡故事，如果他们自己不说，恐怕没有几个人会知道。这些平凡却伟大的事迹，折射出了老一辈科学家求真务实、报国为民、无私奉献的爱国情怀和高尚品格，弘扬了"锐意进取、攻坚克难、精诚团结、科学创新"的南海精神。是他们把论文写在碧波滚滚的南海上，将海洋科研事业拓展到深海大洋中，他们的经历或许不可复制，但精神却值得传承和发扬。

希望广大科技工作者从"南海科学考察历史资料整编丛书"中感受到我国海洋科技事业发展中老一辈科学家筚路蓝缕奋斗的精神，自觉担负起建设创新型国家和世界科技强国的光荣使命，勇挑时代重担，勇做创新先锋，在建设世界科技强国的征程中实现人生理想和价值。

谨以此书向参与南海科学考察的所有科技工作者、科考船员致以崇高的敬意！向所有关心、支持和帮助南海科学考察事业的各级领导和专家表示衷心的感谢！

龙丽娟

"南海科学考察历史资料整编丛书"主编

2021 年 12 月 8 日

前　言

南沙群岛及其邻近海域位于南海最南部，面积达 82 万多平方千米，约占南海传统海域面积的 2/5，是东亚通往南亚、中东、非洲、欧洲必经的国际重要航道，也是我国对外开放的重要通道和南疆安全的重要屏障，具有十分重要的战略地位。南沙群岛及其邻近海域地理、地貌、气候和生态环境独特，水文环境复杂，岛屿众多，紧邻大陆坡和深海盆地，季风盛行，环流形势复杂多变，是海洋生物多样性最为丰富的区域之一。浮游动物通过捕食作用控制初级生产者的数量，同时作为高层营养者的饵料，直接影响鱼类等的资源量，在海洋生态系统中起着重要的调控作用。自 1984 年以来，我国在南沙群岛及其邻近海域开展了多次海洋科学综合考察，陈清潮、章淑珍、尹健强等对南沙群岛及其邻近海域浮游动物的种类、分布、地理区系、生态学特征等进行了大量的研究。

2010 年 8 月，我国第一艘自行设计、自行建造，拥有自主知识产权的综合性海洋渔业资源与环境科学调查船——"南锋"号首航。2011 年 4 月，"南锋"号开赴南沙群岛及其邻近海域的南海西南陆架区，标志着中国水产科学研究院南海水产研究所的南沙群岛及其邻近海域科学考察进入新阶段。2013 年农业部财政重大专项"南海渔业资源调查与评估"启动，南沙群岛及其邻近海域率先在该海域开展了科学考察。从 2011 年开始，通过多次科学考察，基本上掌握了近年来南沙群岛及其邻近海域浮游动物的生态学特征。本书是近年来中国水产科学研究院南海水产研究所南沙群岛及其邻近海域浮游动物生态学研究的成果总结，在浮游动物垂直分布、物种多样性、遗传多样性、灯光诱集及其与环境关系等方面取得了新的成果，进一步丰富和充实了我国南海浮游动物研究资料。我们希望，本书能促进南海海洋科学的前进，对我国海洋生态系统的安全稳定发展发挥作用。第一章由陈海刚、宁加佳等完成，第二章由杜飞雁、王亮根、徐磊、李亚芳等完成，第三章由王亮根、李亚芳、徐磊、宁加佳、黄德练等完成，第四章由王亮根、杜飞雁等完成，第五章由杜飞雁、王亮根等完成，第六章由徐磊等完成，附录由唐鹊辉、刘双双、王亮根等完成，图件绘制由王亮根、徐磊、杜飞雁等完成。

本项研究得到以下项目的资助：国家科技支撑计划课题（2013BAD13B06）、国家自然科学基金项目（41406188）、农业部财政重大专项（NFZX2013）、广东省科技计划项目（2014A020217011）、海南省自然科学基金（422MS156）、中央级公益性科研院所基本科研业务费专项资金（中国水产科学研究院南海水产研究所）资助项目（2012TS02、2014TS22、2016TS24、2017YB26）。

感谢中国科学院南海海洋研究所陈清潮研究员、厦门大学黄加祺教授和许振祖教授、自然资源部第三海洋研究所陈瑞祥研究员和林茂研究员在样品鉴定过程中提供的指导和帮助，感谢纽约大学石溪分校陈勇教授、田中纪晴（Kisei Tanaka）博士和上海海洋大学李增光博士在广义加性模型（GAM）应用方面提供的指导和帮助，还要感谢中国水产科学研究院南海水产研究所众多科技人员和研究生在样品采集及数据处理过程中给予的帮助！

杜飞雁

2023 年 10 月

目　　录

第一章 绪 论

第一节　南沙群岛及其邻近海域自然环境和渔业活动

南沙群岛属热带海洋性季风气候，是中国海洋渔业最大的热带渔场，该海域蕴藏着大量的矿藏资源，油气资源尤为丰富，有"第二个波斯湾"之称。南沙群岛处于越南金兰湾和菲律宾苏比克湾两大海军基地之间，扼守太平洋至印度洋海上交通要冲，是东亚通往南亚、中东、非洲、欧洲必经的国际重要航道，也是中国对外开放的重要通道和南疆安全的重要屏障。南海诸岛及其附近海域自古以来就属于中国。从秦汉时期开始，中国海南渔民就世世代代在此耕海劳作、捕鱼作业，是南海诸岛及其附近海域的最早发现者和经营管理者。

一、自然环境概况

（一）地理位置

南沙群岛位于南海南部海域，古称万里石塘，位于 3°36′～11°57′N，109°26′～117°59′E，北起礼乐滩北的雄南礁，南至曾母暗沙，东至海马滩，西到万安滩，南北长 926km，东西宽 740km，水域面积约 82 万 km²。南沙群岛海域共有 230 多个岛、洲、礁、沙、滩，其中有 11 个岛屿、5 个沙洲、20 个礁是露出水面的。南沙群岛西北与越南相对，东北与菲律宾隔海相望，南部与马来西亚、文莱、印度尼西亚等国沿海相接。南沙群岛是联系太平洋与印度洋、亚欧大陆的交通要冲，是多条国际海运线和航空运输线的必经之地，也是扼守马六甲海峡、巴士海峡、巴林塘海峡、巴拉巴克海峡的关键所在，为东亚通往南亚、中东、非洲、欧洲必经的国际重要航道。在我国通往国外的 39 条航线中，有 21 条通过南沙群岛海域，60% 的外贸运输从南沙群岛海域经过。

（二）地质构造

南沙群岛海区的断裂构造是燕山期华夏陆缘解体，喜马拉雅山期扩张陆缘形成的断裂系，以张性或张剪性断裂为特征，属于东亚型陆缘断裂体系之南海陆缘地堑系的一部分。

1. 南沙断块区

新生代从南海北部西沙群岛、中沙群岛附近的华南陆块中拉张出来的微陆块，位于南海陆缘地堑系的东南翼，包括礼乐断块盆地、太平断隆、南华断块盆地和尹庆断隆 4 个构造单元，周围被大的断裂所围限，构成长轴为北东-南西向展布的水下断阶，断裂以北东-南西向为主，其次为北西-南东向、东-西向和南-北向，由北西-南东向断裂分割成东西块体，北东-南西向断裂造成一系列南北相间呈雁形排列的弧形断凹、断凸，构成南沙断块"南、北分带，东、西分块"的构造格局，构造运动从中中新世起表现为差异升降和侧向拉张。

2. 曾母地堑带

紧靠加里曼丹岛和纳土纳群岛发育的盆地，为新近纪走滑拉张而形成，是南沙群岛西南广阔陆架和少部分陆坡海区的复杂构造带，包括万安断隆、南薇西南断堑、北康断隆、南康断隆、中央断隆、西南断堑、土纳脊断隆、东纳土纳断堑8个构造单元，四周被断裂围限为各个方向构造的汇合地，形成由北东向转为东-西向再转为北西-南东向的弧形弯曲地堑带，构造断裂多为北西-南东向张剪性正断层，从陆架向陆坡断落，有少数逆断层，多在东南出现，岩石圈厚度只有45～50km，地壳厚度也仅16～21km。

南沙断块区基底与燕山期处于华南陆缘地层的珠江口盆地和北巴拉望盆地等的基底相似，为中生界的沉积岩（如礼乐滩下白垩统下部的集块岩、砾岩、砂岩，上部夹褐煤层的砂质页岩、粉砂岩）和变质岩（如片麻岩、石英片岩、云母片岩、千枚岩等），断块盆地中新生界沉积厚度可达6～7km，以海相砂页岩和灰岩为主，局部发育有生物礁，这表明南沙断块区为一横向破碎的薄壳陆块。曾母地堑带的基底则不均一，西部为晚白垩世的花岗岩和变质岩，西南至中部、北部由老渐新，推测为上白垩统至始新统的拉姜群，新生界沉积厚度可达8～9km，主要为三角洲相和海陆交互相的砂页岩，以及浅海相的碳酸盐沉积。

（三）地形地貌和岛礁分布

1. 地形特征

南沙群岛以南沙海底高原为核心，南部伸至南海西南部大陆架（北巽他大陆架），东南襟带巴拉望海槽北侧和西北侧以高差约1500m的台阶急降至4000m深的南海中央深海盆地（深海平原）。

南部的曾母暗沙、南康暗沙、北康暗沙位于北巽他大陆架东北部，构造上是西北加里曼丹地槽的一部分。地槽西侧有沙捞越断裂带（在印度尼西亚的纳土纳群岛东侧），那里有充填着深厚沉积层的新月形盆地，称为巽他—文莱盆地。沉积厚2000m的等深线圈出的盆地长1500km，平均宽200km，面积达239 000km²，这是石油天然气积聚的有利地区，部分地区在南沙群岛范围内。

东部的舰长礁、指向礁、都护暗沙和保卫暗沙等在南沙海槽西北坡。巴南沙海槽一般水深为2500～2900m，最深3475m，自西南向东北延伸750km，它把南沙群岛同加里曼丹岛、巴拉望岛隔开。

礼乐滩、双子群礁以北，渚碧礁、永暑礁、日积礁一线西北是南海中央深海盆地。盆地底部是波状起伏、沉积层薄的深海平原，以西南部为深。在双子群礁和中沙大环礁之间，有南海已知最深处。深海平原地壳薄，由基性玄武岩类所组成，属大洋型地壳，与其他各单元属大陆型地壳迥然不同。

南沙群岛大部分是多山的海底高原（南沙地块、南沙断隆），千山万壑，尽沉海底。大小海山顶部发育着形状不同的珊瑚礁，大都是环礁，少数是台礁。南沙地块与西沙地块相似，属大陆型地壳，但基部较深，达1800～2000m，基底主要由古生代火成岩和变质岩（花岗岩、片麻岩）等组成。南沙地块曾露出海面，后来遭受侵蚀，晚白垩纪时已准平原化，新生代地块下降（或海面上升），历经沉积—褶皱和断裂—再沉积的过程。喜马拉雅造山运动时，发生了褶皱、断裂和火山爆发，最强烈的褶皱伴随基底隆起，并形成了一系列东北-西南向的脊，还有一些东-西向、南-北向和西北向的断裂。

南沙群岛永暑礁、西门礁和安达礁3个砾洲均为向西北凸出的弧形，呈北东-南西向展布。永暑礁和西门礁砾洲周边地势较高，中部相对低洼，分布有多条砾脊，边缘向海侧主砾脊高度最大，内部多条较低的次砾脊相交于主砾脊并汇聚于砾洲东部；安达礁砾洲则是中部地势较高，周边较低，无多重砾脊分布。

南沙群岛是海底高原，具有大陆架、大陆坡和深海盆地三大地貌特性，从南至北分为三级阶梯地形。

第一级台阶为巽他陆架，属南海南部大陆架，水深不超过150m，面积为12.61万km^2，分布着北康暗沙、南康暗沙和曾母暗沙等20多座暗沙（礁、滩）。

第二级台阶为南海南部大陆坡，水深1500～2500m，面积为54.85万km^2，主要地形为海底高原，一般高出深海平原2000～2500m，高原顶面是不连续的南沙台阶，自西南巽他陆架外缘向东北延伸至礼乐滩以北，长约1000km，宽约360km；台阶面崎岖起伏，隆起部分的地貌特征是海山、暗礁、暗沙，水面上下的环礁和台礁、出露水面的岛屿和沙洲，构成南沙群岛的主体；南沙洲海槽、南华水道海谷、中央水道海谷、华阳海谷4条纵横交错的槽谷将南沙台阶切割成碎块，使南海南部大陆坡呈复式大陆坡。

第三级台阶为中央深海盆地，位于南海中部，在南沙群岛北侧，水深4000m，面积为3.67万km^2。海盆略呈菱形，轴自东北向西南伸展1500km，最宽处约820km；东北端以巴士海峡中水深2600m的海槛与菲律宾海盆隔开，西南端大体止于永暑礁西北侧；底部是深海平原，水深4000～4500m，散布着10座海山和海岭，有生物礁生存，沉积层厚度达1000～2000m。

2. 地貌类型

南沙群岛属珊瑚礁地貌，岛礁、沙滩星罗棋布，散布海域面积为88万km^2，基座主要为南海南部的大陆坡和少部分大陆架的隆起台阶，海底槽沟纵横交错，地貌情况十分复杂。岛屿由礁石、珊瑚砂及贝壳堆积而成，地势低平，海拔多在4m以下。南沙群岛的现代沉积属珊瑚礁和生物碎屑沉积，可划分为礁体的向海坡、礁坪、环礁的潟湖坡、潟湖（含湖底及点礁）和口门5个不同的地貌单元。

南沙群岛的珊瑚岛礁从地貌学上可划分为环礁、台礁、塔礁、礁丘、点礁等类型，以环礁为多，并以大型环礁为主；台礁次之，塔礁及礁丘较少，点礁则是发育于环礁潟湖中的小礁体。礁体上部主体靠近海面形成暗礁、暗滩和暗沙，只有少部分出露海面形成明礁，发育成岛屿和沙洲。南沙群岛多数岛屿发育在环礁上，只有南威岛、西月岛等少数岛屿各自发育在孤立的台礁上。从排列组合上，礁体间距一般为30～50km，台礁等则孤立存在，形态上为椭圆形或不规则状，面积上环礁变化大，小的为1.5km^2，大的可达7000km^2。

3. 岛礁分布

南沙群岛珊瑚礁分布最广，礁体面积约为2903.1km^2，礁体数量最多，总计有113座，其中干出的环礁或台礁有51座，沉没的环礁、台礁或其他水下礁体有62座。20世纪90年代之前对南沙群岛的调查记录了11座被植被覆盖的灰沙岛、3座被植被覆盖的沙洲以及10座裸沙洲，面积仅为1.70km^{2}左右。利用遥感技术调查发现，21世纪以来南沙群岛至少有3个珊瑚礁新发育形成完全出露的沙洲，包括安达礁、琼台礁及南薰礁。

南沙群岛岛礁中水面环礁的礁体面积共 3000km² 左右，南沙群岛常年出露的岛、礁、沙洲以及在低潮时出露礁坪或礁石的低潮高地共有 54 个，其中水面环礁有 44 个，水面台礁有 8 个，水面塔礁有 2 个。因为水面环礁往往又由多个单独的礁体构成，所以南沙群岛常年出露和低潮时出露的地理单体共有 86 个，低潮时出露礁坪或礁石的干出礁共有 52 个。

南沙群岛以海底高原为基底构造，发育出北群、东北群、中群、南群、西南群五大群 230 多座岛屿、沙洲、暗礁、暗沙和暗滩，其中已经中国政府命名的有 177 座，呈北东-南西向、北西-南东向、南-北向和东-西向的分布格局。南华水道由 112°35′～116°30′E 横穿南沙群岛，通过 10°55′N、9°55′N 及 8°40′N 形成三点连线，把群岛的北部和中部分开。在已命名的岛礁、滩、沙中，岛屿有 11 座，包括太平岛、中业岛、西月岛、南威岛、北子岛、南子岛、鸿庥岛、南钥岛、马欢岛、费信岛和景宏岛，其中最大的岛屿是太平岛，面积为 0.432km²，最高的是北子岛，顶部海拔达 12.5m；沙洲有 6 座，包括敦谦沙洲、安波沙洲、双黄沙洲、染青沙洲、北外沙洲和杨信沙洲；暗礁有 105 座，暗沙有 34 座，暗滩有 21 座，另有 4 座明礁上有小沙洲，1 座明礁上有人工岛。

南沙群岛的北群岛礁分布在南华水道的北侧，地理坐标为 9°42′～11°31′N、114°02′～115°02′E，是南沙群岛五大群中岛礁、沙、滩数目最多的一群，共有 53 座，其中岛屿有 8 座，水下沙洲有 5 座，暗礁有 33 座，暗沙有 6 座，暗滩有 1 座。北群岛礁又可分为以北子岛为首的北部岛礁、以太平岛为首的中部岛礁、以景宏岛为首的南部岛礁 3 组。

南沙群岛的东北群岛礁是以礼乐滩大环礁为主体的一群岛礁，北起雄南礁，南至半月礁，东起海马滩，西至恒礁，地理坐标为 8°48′～11°55′N、115°04′～117°50′E，共有发育在礼乐南礁、礼乐滩外围环礁和尚未命名的橄榄形环礁（暂称费马环礁）礁缘上的岛礁 47 座，其中岛有 2 座，暗礁有 34 座，暗沙有 5 座，暗滩有 6 座。

南沙群岛的中群岛礁地理坐标为 6°57′～9°40′N、111°37′～115°55′E，空间格局大致呈半环形分布，东西长约 260n mile，南北宽 140n mile 以上。中群岛礁共有岛礁、沙、滩 41 座，其中岛屿有 1 座，暗礁有 26 座，暗沙有 12 座，暗滩有 2 座。依半环形分布态势，又可将中群岛礁归类为南华水道、东弧、西弧、中部海槽区 4 组。

南沙群岛的西南群岛礁是南沙群岛向西南散布最远的一群，包括广雅滩、人骏滩、李准滩、西卫滩、万安滩 5 座，全部是暗滩，分布在 7°28′～8°08′N、109°44′～110°38′E。西南群岛礁受北东-南西向褶皱轴及构造脊控制，这群暗滩也呈东北-西南向相间分布。

二、自然资源

（一）非生物资源

南沙群岛有 20 余种矿物资源，有 13 个可能含油或已被证实含油的新生代沉积盆地，南沙海槽发育有天然气水合物，存在于水深 650～2800m 的海底下 65～350m 深的晚中新世沉积物中，南沙群岛年日照时数约为 2300h，年太阳辐射总量为 5734MJ/m。此外，南沙群岛环礁众多，许多环礁潟湖地形平坦，具有避风条件，可以建设码头。环礁的口门可以作为进出的通道。例如，渚碧礁潟湖水深 15～22m，地形平坦，湖面面积为

$7km^2$，这样的条件具备港口资源的利用价值。同时，环礁上可能发育有岛屿，在此基础上，可以进行人工造陆。例如，我国已经成功在永暑礁建设人工码头、人工港池和航道。南沙群岛珊瑚礁所具有的独特地貌，具有潜力巨大的旅游资源开发价值。形态各异的珊瑚礁，蔚为壮观的水下礁盘，千姿百态的珊瑚，清澈透底的海水，如花园般绚烂多姿的潟湖，松软白细的沙滩，各种名贵海产，都为南沙群岛的旅游开发提供了不可多得的天然条件。

（二）生物资源

南沙群岛的生物资源丰富多彩，资源量一直在随时间动态变化中。生物资源量的勘测技术也随着科技发展越来越精确。根据1984～1994年的调查，初步统计已研究物种共3370种以上，其中包括浮游植物391种、浮游动物548种、沉积生物49种、海藻65种、海绵25种、苔藓动物46种、多毛类31种、水螅虫10种、软珊瑚35种、深水石珊瑚24种、造礁石珊瑚10多种、角珊瑚16种、软体动物23种、底栖甲壳动物45种、蟹类141种、棘皮动物197种、鱼类580种以上以及其他种类。初步报道，上列种类中发现有43新种和我国新记录302种。大多数种类为印度—西太平洋热带区系性质。大部分是印度—马来亚区种类，少数是热带海区和亚热带海区广布种。

根据2002年的研究，南沙群岛已报道的腔肠动物、多毛类环节动物、软体动物、甲壳动物、棘皮动物、苔藓动物、大型藻类等门类的底栖生物共计309科837属1444种。

根据2008年的统计，在南沙群岛及其邻近海域发现生物26门148目1021科6500种。

1. 浮游植物

据统计，南海南部海区浮游植物密集层为水深35～75m的次表层，共有55属155种。南沙群岛海区属于热带生物区系范畴，以硅藻和甲藻为主要生态类群，还有褐藻8种、绿藻27种、珊瑚藻12种、红藻18种，其中硅藻占绝对优势，有42属111种、7变种，占浮游植物总数量的99.6%，在硅藻类群中又以角刺藻属、菱形藻属等为优势属。南海浮游植物数量或叶绿素a等生物标志物总量的高值主要出现在沿海岸、河口外围、上升流区域，其他区域浮游植物细胞丰度的平面分布从沿岸向外海迅速降低。在富营养的沿海地区和大陆架上，聚球藻和微微型真核生物最为丰富，而在大陆坡和开阔的海洋中，原绿球藻最为丰富。

2. 浮游动物

浮游动物是珊瑚虫的主要营养源，在珊瑚礁生态系统的能量流动中起着重要作用。根据2002年5月对南沙群岛渚碧礁的调查，已鉴定出浮游动物72种，其中桡足类种数最多，达41种；其次是浮游幼虫（体），为12个类群；再次是毛颚类，为7种；其余类群种数在5种以下。在礁坪区域出现的浮游动物种数略多于潟湖区，主要是在连续站采集到一些随潮水进入礁坪的外海区种类和夜晚上升到水层的底栖性种类所致。在礁坪区和潟湖区均出现的种类有28种，占两区总种数的39%，这表明潟湖和礁坪浮游动物的种类组成有一定的差异。

3. 渔业资源

根据 2004 年的统计分析，南海海域已知鱼类有 2321 种，占国内海洋鱼类总数的 76.70%，它们分隶于 26 目 236 科 822 属，而虾类有 135 种，头足类有 73 种。南海区潜在渔获量估算为 22.4 万～26.0 万 t，其中北部大陆架海域为 12.0 万～12.1 万 t，北部湾海域为 60 万～70 万 t，西沙群岛海域为 23 万～34 万 t，南沙群岛海域为 21 万～35 万 t，多数经济鱼类生命周期较短，生长较快，但分布密度不大，多数混栖。拖网渔获物中常见的经济鱼类、虾类有 50 多种，围网主要捕捞的有 30 多种，其主要的渔获种类有：蓝圆鲹、大眼鲷、蛇鲻、黄鳍马面鲀、大黄鱼、带鱼、金线鱼、竹荚鱼、二长刺鲷、鲐鱼、鲱鲤、刺鲳、鲷科等鱼类，以及头足类、虾类和贝类等。南海外海的金枪鱼、鲣，以及西沙群岛、中沙群岛、南沙群岛水域的梅花参、砗磲和珊瑚礁鱼类生物等是热带、亚热带种类的代表。

南海鱼类目一级鱼种数存在巨大的分异，而硬骨鱼纲占绝对优势，约占总物种数量的 92.77%。在软骨鱼纲中，尽管有众多的魟类，但仍以鲨鱼类在目、科以至种类上明显居多。而在物种占绝对优势的硬骨鱼纲中，则以鲈形目 Perciformes、鲉形目 Scorpaeniformes、鲀形目 Tetraodontiformes、鲽形目 Pleuronectiformes、鳗鲡目 Anguilliformes、鲱形目 Clupeiformes、灯笼鱼目 Myctophiformes 等的数量占极大比重，仅 7 个目的鱼类种数就占硬骨鱼纲总种数的约 64.04%。

南沙群岛礁区鱼类资源量尚不清楚，南沙群岛西南部大陆架水深 40～145m，拖网渔业资源鱼类可捕量约为 8.9 万 t/a。1985～1997 年，广东、广西和海南三省（区）开赴南沙群岛渔场的渔船约为 2200 艘（次），总产量为 14.5 万 t，产值为 7.2 亿元，捕捞潜力巨大。2001 年，广东、广西和海南三省（区）和港澳地区共有 556 艘船开赴南沙群岛海区生产。2005 年，仅海南省在南海诸岛及其邻近海区的捕捞量就高达 42.14 万 t。

4. 维管植物

1996 年的调查显示，南沙群岛的维管植物共有 57 科 121 属 151 种。之后，在南沙群岛进行了引种，2018 年调查发现，美济礁上引种的维管植物有 75 科 220 属 279 种（含变种和变型）。

5. 底栖动物

据报道，2002 年南沙群岛的刺胞动物、多毛类环节动物、软体动物、甲壳动物、棘皮动物、苔藓动物、大型藻类等门类的底栖生物共计 309 科 837 属 1444 种。

6. 沉积物菌群

南沙群岛海区沉积物中的优势菌群为革兰阴性菌，约占总数的 90%。南沙群岛海区沉积物中的异养细菌有 20 余属，其中气单胞菌属是优势菌属，约占总数的 27%，其次是弧菌属、黄杆菌属、邻单胞菌属和噬纤维菌属。

7. 珊瑚资源

珊瑚礁是海洋中的"热带雨林"，珊瑚礁能减少浪潮对海岸和岛屿的冲击与侵蚀，对海岸线和岛屿具有良好的保护作用。据报道，组成珊瑚岛的浅水造礁石珊瑚在东沙群岛有 297 种（黄晖等，2021a），在西沙群岛有 251 种（黄晖等，2021a），在中沙群岛有 200 种（黄晖等，2023），在南沙群岛有 324 种（黄晖等，2021b），还有球牡丹珊瑚 *Pavona cactus*、精巧扁脑珊瑚 *Platygyra daedalea*、柱状珊瑚 *Stylophora pistillata*、带刺蜂巢珊瑚 *Favia stelligera*、圆突蔷薇珊瑚 *Montipora danae* 等，南沙群岛仅郑和群礁就有 99 种，其太平岛还有柱状珊瑚、细角孔珊瑚 *Goniopora gracilis*、栅列鹿角珊瑚 *Acropora palifera* 等。

2007 年 5 月的调查鉴定出造礁石珊瑚 13 科 31 属 74 种，其中鹿角珊瑚科 Acroporidae 的种类最多。渚碧礁海域造礁石珊瑚群落潟湖内外差别较大，潟湖内造礁石珊瑚覆盖率和健康状况明显优于潟湖外，但是两者的死亡率都较高。

三、气候特征

南沙群岛绝大部分处于 10°N 以南，属赤道季风气候区，为海洋性热带雨林气候。在东北季风、西南季风、副热带高压、热带辐合带和热带气旋的影响下，南沙群岛及其邻近海域形成了日照时间长、辐射强、终年高温、雨量充沛、湿度大、风大、雾少等气候特征。

（一）日照与辐射

根据南沙群岛科学考察资料，南沙群岛及其邻近海域春季（4～5 月）总辐射平均日总量为 1929.5J/cm²，夏季（6～9 月）约为 1783J/cm²，冬季（12 月至翌年 3 月）约为 1502.6J/cm²；净辐射春强冬弱，春季净辐射平均日总量约为 1472J/cm²，夏季约为 1289J/cm²，冬季约为 824.5J/cm²。

（二）气温

南沙群岛及其邻近海域年平均气温和年平均海温都高于 27℃，为南海之最，其中年平均气温太平岛为 27.5℃，南威岛为 27.7℃；月平均气温不低于 26℃，最高气温 28.8℃ 出现在 5 月，极端高温达 34.5℃；低温天气出现在 1 月，极端低温太平岛为 22.4℃，南威岛为 21.1℃，平均日、月和年温度变化以及冬夏半年之间温度差异都极小，年温差仅 2～3℃，日、夜、晨基本平衡，无四季之分；表层海水全年保持高温，最热月（5 月）和最冷月（1 月）的月平均温差也很微小，因此南沙群岛及其邻近海域被称为"常夏之海"。

（三）气压

南沙群岛海面气压的季节变化和日变化都比较小，夏季比冬季略低。夏季的 7 月南沙群岛及其邻近海域处于西南季风控制期，受赤道高压的明显影响，平均气压为 1007.0～1009.0Pa；冬季的 1 月南沙群岛及其邻近海域处于东北季风控制期，受大陆冷高压的影响，平均气压为 1010.0～1012.0Pa。

（四）季风

南沙群岛及其邻近海域的风场基本与天气系统相配合，主要的风场特征是季风。一般每年 11 月下旬至翌年 3 月为东北季风期，盛行东北风，气流比较稳定，且持续时间达半年，其中以 2 月出现频率最高，达 75%，平均风速为 6m/s；5～9 月为西南季风期，盛行西南风，6～9 月为最盛期，西南风出现频率约为 51.4%，风力大，月平均风速为 2.4～4.5m/s，最大风速可达 10m/s，并且西南季风盛行期是多台风季节，来自西太平洋的台风经常影响南沙群岛北部；而 4 月和 10 月为南沙群岛及其邻近海域季风交替时期，盛行风向不明显，月平均风速为 4～4.8m/s。在季风潮和热带风暴、热带气旋等天气系统的影响下，南沙群岛及其邻近海域常会出现 6 级以上大风。

（五）降水

南沙群岛及其邻近海域的降水主要由热带气旋和西南季风带来，雨量充沛，年平均降水长达 210 天，平均降水量约为 2000mm，自北向南递增，且降水多集中于 6～12 月。

（六）云雾

南沙群岛及其邻近海域年平均总云量为 6.0，月平均总云量为 5.0～7.0。由于缺乏适宜海雾形成的海面条件和适宜风场，因此很少出现雾，能见度比较好，其中能见度大于 10n mile 的频率达 70% 以上。

（七）湿度

南海北部大陆坡海域处于热带海区，气温较高，湿度较大。绝对湿度以 1 月为最低，以 7 月为最高，整个变化过程与气温的年变化规律基本一致。在一般正常天气情况下，大陆坡海域的相对湿度每日均出现一次低值和一次高值，高值一般出现在每日的日出前（5～6 时），低值一般出现在每日的午后（13～15 时）。

四、水文特征

（一）海水密度

南沙群岛及其邻近海域密度分布的特点是：密度变化小，强度弱，厚度大。表层密度变化范围为 20.5～22.0kg/m^3，各季节差异不明显，水平差异亦不大。密度的季节变化幅度表层为 0.07～0.26kg/m^3，200m 以下小于 0.10kg/m^3。密度的均匀层为 20～50m，个别站超过 50m，季节变化不大。均匀层以下为跃层，跃层的强度为 0.03～0.04kg/m^3，最强时可达 0.05kg/m^3。跃层的厚度较大，一般为 75～125m。

（二）潮汐

南沙群岛及其邻近海域的潮汐大约在 5°N 以南属于不规则半日潮，潮差小，一般为 0.5～1.5m，双子群礁小潮潮差为 0.3～0.6m，大潮潮差为 1.5m，南威岛的潮差为 1.6m。根据 1989 年的科学考察，最大可能潮差不超过 1m，而实测数据超过 2m，平均潮差为 1.4m。海流受季风的影响，呈现季风海流的特征。南沙群岛及其邻近海域南部陆架海流大体上自西向东；南沙海槽为不同气旋性环流所控制，海槽两侧流向基本相反；从巴拉巴克海峡流入南沙群岛及其邻近海域的海水，有一支沿加里曼丹岛北岸参与形成东北向西南的沿岸流。

（三）潮流

潮流性质与潮汐性质并不完全对应，流速较大。南沙群岛及其邻近海域潮流性质大部分与潮汐相一致，为不规则日潮流，仅在海区的南、北两端和东部不同，北部双子群礁以北（13°N）和南部曾母暗沙、榆亚暗沙附近为不规则半日潮流，西部在10°N、110°E附近海区为规则日潮流，与潮汐性质相对应。

潮流流速在海区中部大，在南部（8°N以南）和北部（12°N以北）小，中部流速为1.03～1.54m/s，北部为0.10～0.87m/s，南部为0.05～0.57m/s。在开阔海域，日潮、半日潮最大流速为0.21m/s，但在礁群区域内，日潮流速都异常增大。在中业群礁和华阳礁附近，最大流速可达1.54m/s以上；在九章群礁和仁爱礁附近，最大流速为0.82～0.98m/s；在安波沙洲东北，最大流速为0.72m/s。涨潮流向北，落潮流向西。在曾母暗沙，表层潮流流速为0.51m/s，20m层流速为0.36m/s。

（四）海浪

南沙群岛及其邻近海域的波浪受制于季风风场的变化，6～9月属西南季风期，海区盛行西南向波浪，波型多以风浪为主的混合浪，风浪偏西南向，频率达40%～50%，涌浪主要为西南向，频率为30%～40%。夏季海上有效波高一般在3.4m以下，平均波高为1.0～1.9m，波浪平均周期为3～7s；遇大风时有效波高在6m以上，大浪所占频率为25%～30%。海浪于10月由海区的东北部向偏西南方向扩展，在11月至翌年3月，南沙群岛及其邻近海域为东北季风所控制，全海区盛行东北向波浪，频率达40%以上，海上平均波高为1.1～1.6m，波浪平均周期为3～8s；波高在11月和12月最大，平均为1.8～2.0m；波高在4月最小，平均为0.7～1.1m；10月至翌年2月大浪出现频率高达40%～70%。

（五）透明度

南沙群岛及其邻近海域冬半年（11月至翌年3月）海水透明度较大，许多水下暗礁、暗沙能在船上看清，最适宜潜水捕捞；夏半年（4～10月）由于湄公河和湄南河等河水挟带大量泥沙和浮游生物倾注入海，造成海水浑浊，透明度较小，具体情况是：1～3月海水透明度为26～30m或更大，西部大于东部；4～6月则相反；7～9月为18～24m，甚至更小，东北部大于西南部；10～12月为28～30m，分布均匀。

（六）水层与水温

南沙群岛及其邻近海域从表层到底层，可把海水划分为表层水、次表层水、中层水、深层水和底层水五类。海区水层变化的特点是：表层水较均匀，次表层水变化大，中层水和深层水较为稳定。春夏秋冬四季水温的垂直分布为：表层水在0～30m，最大到50m，为一均匀层；次表层水在50～200m，水温变化较大，跃层均出现在这一层，跃层水温春季为16～27℃，夏季为16～29℃，秋季为15～28℃，冬季为14～27℃；中层水的水温在300m以深变化较快，在300～800m水温下降6℃左右，为6～12℃；水深超过 1000m 为深层水，水温均小于 4℃；底层水在 2500m 以下，在南海盆地地形中，其温度变化极其微弱（俞慕耕和彭义平，1991）。

南沙群岛及其邻近海域温跃层的季节变化特征为：温跃层上界深度平均值在春季、夏季、冬季基本一致，为 45～47m，秋季最大，达 60m；温跃层厚度平均值在夏季、秋季、冬季基本一致，为 85～87m，春季相对较小，为 78m；温跃层强度平均值在春季、夏季、秋季、冬季几乎一致，为 0.13～0.15℃/m。调查海域温跃层上界深度季节变化的形成机制为：春季西深东浅的原因是西部受净热通量较小、风速大、负的风应力旋度，以及中南半岛东部外海的中尺度暖涡和反气旋环流的共同作用，东部受近岸海域净热通量较大、风速相对较小及风应力旋度引起的埃克曼（Ekman）抽吸效应共同控制；夏季深度分布较均匀的原因是 10°N 以北风致涡动混合强，但受埃克曼抽吸的影响，10°N 以南风致涡动混合弱，风应力旋度为负值；秋季深度较其他季节平均加深 15m 的原因是南沙群岛及其邻近海域被暖涡占据，暖涡引起的反气旋环流使得温跃层上界深度被海水辐聚下压；冬季正的风应力旋度产生的埃克曼抽吸和冷涡引起的气旋性环流共同作用，使得温跃层上界深度较秋季平均抬升 15m。

（七）盐度与 pH

南沙群岛及其邻近海域 0～100m 水深是高 pH 的海水，pH 大于 8.2。南海沿岸盐度变化受江河径流、海流、气象因素（风、降水、蒸发）等的影响，年变化较为复杂。一般来说，在沿岸一带，降水、江河径流及沿岸流系的变移是影响盐度年变化的主要因子，南海近岸盐度变化尤为显著，年变化过程曲线上往往出现两个或两个以上的波动，而且波峰、波谷出现的时间不一致。总的来说，冬季、春季降水少，径流弱，沿岸水不发达，外海高盐度水向沿岸逼近，沿岸的盐度升高；而夏季、秋季降水多，径流强，沿岸水发达，盐度普遍下降。广东沿岸的云澳和遮浪的最高盐度分别出现在 8 月和 10 月，分别为32.77 和 33.51；最低盐度均出现在 6 月，分别为 30.76 和 31.82；盐度年变幅分别为 2.01和 1.69；年平均盐度分别为 31.95 和 32.61。珠江口的万山的最低盐度出现在 7 月，为21.11，盐度年变幅为 12.31，年平均盐度为 29.51。广西沿岸的北海和白龙尾的最高盐度分别出现在 3 月和 5 月，分别为 32.26 和 29.41；最低盐度均出现在 8 月，分别为 25.51和 25.59；盐度年变幅分别为 6.75 和 3.82；年平均盐度分别为 28.34 和 29.11。海南沿岸的海口和莺歌海最高盐度均出现在 4 月，东方的最高盐度则出现在 3 月，分别为 31.61、33.74 和 34.50；最低盐度均出现在 10 月，分别为 25.57、31.78 和 32.15；盐度年变幅分别为 6.04、1.96 和 2.35；年平均盐度分别为 30.16、32.98 和 33.43。南海诸岛中的西沙群岛最高盐度出现在 2 月，为 33.73；最低盐度出现在 10 月，为 32.99；盐度年变幅只有 0.74；年平均盐度为 33.40。

（八）溶解氧

南沙群岛及其邻近海域表层氧饱和度平均值为 103%，整个海区表层处于饱和状态。海区海水上准均匀层厚度为 25～50m，在上准均匀层内，由于营养盐的贫乏，限制了浮游生物的生长。在海区温跃层的下方（次表层），水深约 75m 处是氧的过饱和水，氧饱和度平均值为104%。在氧含量最大值的下方，氧含量随深度增加而急剧下降，形成氧的跃变层，跃层的上界和下界分别约在75m和150m，氧跃层是次表层水的低氧含量和高氧含量之间的差异所引起。在800m水深上下，出现氧含量的最小值。氧含量最小值和盐度最小值是南海中层水的特征，该特征反映南海中层水是源自西北太平洋的北部中层水。在氧含量的最小值之下，氧含量随水深增加而上升，至1500m以深，氧含量又随深度增加而缓慢下降，直至盆底。

五、渔业史

中国开发、利用、管理南沙群岛及其邻近海域渔业资源的历史源远流长，大致可分为三个阶段：古代、近代和现代。

（一）古代渔业史

早在秦汉时期，中国人便沿着海上丝绸之路远赴南沙群岛从事渔业生产。当时很多史籍对南沙群岛的地形地貌做了详细描述。例如，东汉杨孚在《异物志》中指出"涨海崎头，水浅而多磁石"，其中"涨海"和"崎头"分别指南海和南海诸岛。

唐宋时期，南沙群岛被正式纳入行政管辖。当时，渔民形成了每年冬季乘东北季风南下，先至西沙群岛，一部分船就地作业，另一部分船继续南下至南沙群岛，翌年春末夏初再乘西南季风北返海南销售鱼货和进行补给的生产模式（赵全鹏，2011）。

元明清时期，南沙群岛渔业发展进入兴盛阶段，特别是清朝，中国渔民的南沙群岛渔业生产已较为成熟，当时渔民对南海诸岛的分布情况，以及水道、季风、海流等地理特征不断熟悉，开始对南海诸岛的岛、洲、礁、沙、滩命名，并详细记录下来，如《顺风相送》和《更路簿》等。清朝，中国渔民已经开始在南沙群岛定居，南沙群岛北子岛、南子岛、太平岛、中业岛等都有中国渔民长期居住的痕迹。渔民在岛上不仅从事捕鱼、捉海龟以及采海参、砗磲、马蹄螺等，还进行挖井、种树、建庙等生活活动。元明清政府对南沙群岛的行政管辖力度不断加大，形式也进一步丰富，如天文测量、巡海防卫、维权抗争等。例如，元世祖忽必烈曾派同知太史院事郭守敬到西沙群岛对南海进行测量；明朝在海南设重兵防寇，并派水师在西沙群岛、南沙群岛巡海防卫；清朝嘉庆年间的《大清万年一统天下全图》等官方地图均将南沙群岛列入中国版图，并设府管辖。

（二）近代渔业史

1912年中华民国临时政府成立之后，南沙群岛渔业持续稳定发展，中华民国对南沙群岛的管辖和维护也取得了很多成果。中华民国时期制定了一些渔业法规，如1914年的《公海渔业奖励条例》和《渔轮护洋缉盗奖励条例》、1917年的《渔业技术传习章程》、1929年的《渔业法》、1930年的《渔业登记规则》和《渔业登记规则实行规则》、1931年的《渔业警察规程》、1932年的《渔轮长渔捞长登记暂行规则》和《海洋渔业管理局组织条例》等。

该时期南沙群岛已成为中国渔民一个重要的渔捞根据地，更有部分渔民定居于此，经营开发南沙群岛长达十几年，1933年7月31日《申报》已有记录。

（三）现代渔业史

新中国成立后，我国不断加大南沙群岛渔业的开发力度，并全方位加强南沙群岛行政管辖及主权维护。1951～1956年，海南文昌、琼东、陵水等地均有大批渔民前往南沙群岛进行渔业生产，在附近岛屿上短期避风居住、补给淡水。20世纪80年代后，南沙群岛渔业在政府扶持下逐渐恢复，进入全新的发展阶段，经过近20年的努力，取得了卓越成效，具体表现为：①渔船数量增加，由最初的十几艘发展为数百艘；②捕捞量增加，由总产量不足5t发展至数万吨；③作业范围扩大，由局限于东北礁盘扩展至西南部和南部渔场，遍及整个南沙群岛及其邻近海域；④作业时间延长，由冬去夏返发展为常年作业。

自1994年起，农业部组织渔政船定期到南沙群岛及其邻近海域巡航执法，至2010年进一步升级，由渔政指挥中心统一调度，组成跨海区渔政船编队巡航，对南沙群岛渔业进行管理的同时保障其安全稳定发展。中国政府不仅加强南沙群岛渔业的开发管理，还注重南沙群岛的管控，如颁布立法、明确管辖、外交抗议等。在立法方面，1958年的《中华人民共和国政府关于领海的声明》与1992年的《中华人民共和国领海及毗连区法》均明确指出，中国领土包括南沙群岛；在行政管辖方面，1959年设立广东省西沙群岛、南沙群岛、中沙群岛办事处，2012年国务院撤销该办事处，设立地级三沙市，政府驻永兴岛，管辖西沙群岛、中沙群岛、南沙群岛的岛礁及其海域。新中国成立后，南沙群岛渔业在政府扶持下步入新的发展阶段，取得了显著成效，中国政府也不断加强对南沙群岛渔业和南沙岛礁的管辖，向世界展示了中国对南沙群岛的主权。

第二节　调查与分析方法

一、调查时间

2013年3～4月、6～7月、9月和11～12月，分别对南沙群岛及其邻近海域（4°00′～11°30′N，108°30′～117°30′E）设置41个站位，进行春季、夏季、秋季和冬季4个航次的浮游动物调查。2011年4月与2013年11月，在南沙群岛及其邻近海域开展浮游动物垂直分布调查。

二、站位布设

2013年调查过程中因海况恶劣和外界因素，各航次实际完成的站位调查情况有所差异，其中春季完成26个站位调查（不含S1、S3、S8、S10、S14、S25、S39、S40、S44、S56、A1、A2、A3、A9和A10站位）、夏季完成37个站位调查（不含S14、S40、S44和S55站位）、秋季完成24个站位调查（不含S1、S3、S10、S14、S25、S26、S39、S40、S44、S53、S55、S56、A1、A2、A3、A9和A10站位）、冬季完成18个站位调查（不含S1、S3、S8、S9、S10、S11、S17、S25、S28、S34、S36、S39、S41、S43、S49、S53、S55、S56、A1、A2、A3、A9和A10站位），调查站位设置情况见图1.1和表1.1。

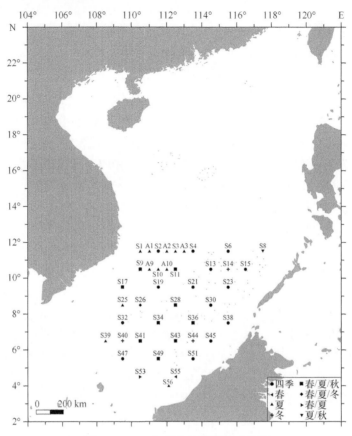

图 1.1　2013 年调查站位设置示意图

表 1.1　2013 年调查站位地理坐标

站位	经度	纬度	备注
S1	110°30′E	11°30′N	
S2	111°30′E	11°30′N	
S3	112°30′E	11°30′N	
S4	113°30′E	11°30′N	垂直分层采集
S6	115°30′E	11°30′N	
S8	117°30′E	11°30′N	
S9	110°30′E	10°30′N	
S10	111°30′E	10°30′N	
S11	112°30′E	10°30′N	
S13	114°30′E	10°30′N	
S14	115°30′E	10°30′N	
S15	116°30′E	10°30′N	
S17	109°30′E	9°30′N	
S19	111°30′E	9°30′N	垂直分层采集

续表

站位	经度	纬度	备注
S21	113°30′E	9°30′N	垂直分层采集
S23	115°30′E	9°30′N	垂直分层采集
S25	109°30′E	8°30′N	
S26	110°30′E	8°30′N	
S28	112°30′E	8°30′N	
S30	114°30′E	8°30′N	
S32	109°30′E	7°30′N	
S34	111°30′E	7°30′N	
S36	113°30′E	7°30′N	
S38	115°30′E	7°30′N	
S39	108°30′E	6°30′N	
S40	109°30′E	6°30′N	
S41	110°30′E	6°30′N	
S43	112°30′E	6°30′N	
S44	113°30′E	6°30′N	
S45	114°30′E	6°30′N	
S47	109°30′E	5°30′N	
S49	111°30′E	5°30′N	
S51	113°30′E	5°30′N	垂直分层采集
S53	110°30′E	4°30′N	
S55	112°30′E	4°30′N	
S56	112°06′E	4°00′N	
A1	111°00′E	11°30′N	
A2	112°00′E	11°30′N	
A3	113°00′E	11°30′N	
A9	111°00′E	10°30′N	
A10	112°00′E	10°30′N	

此外，为了解南沙群岛及其邻近海域浮游动物的垂直分布，2011 年 4 月和 2013 年 11 月分别设置了 18 个（图 1.2，表 1.2）和 5 个站位（图 1.1，表 1.1），进行浮游动物垂直分层采集。

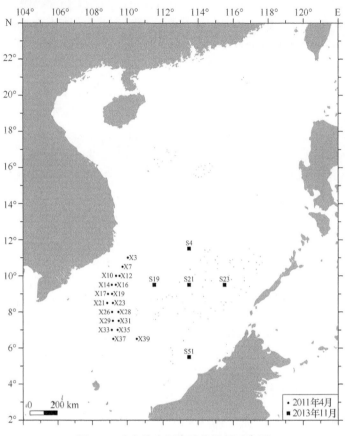

图 1.2　垂直分布调查站位设置示意图

表 1.2　2011 年 4 月垂直分布调查站位地理坐标、水深、采集深度和采集时间

站位	经度	纬度	水深（m）	采集深度（m）	采集时间
X3	110°02′E	11°00′N	490	400	0:46
X7	109°44′E	10°30′N	330	250	10:53
X10	109°22′E	10°00′N	280	200	21:05
X12	109°34′E	10°00′N	710	600	17:13
X14	109°07′E	9°30′N	130	125	12:00
X16	109°21′E	9°30′N	890	600	9:08
X17	108°54′E	9°00′N	130	90	22:18
X19	109°08′E	9°00′N	240	180	22:43
X21	108°51′E	8°30′N	120	90	9:32
X23	109°11′E	8°30′N	590	450	14:15
X26	109°08′E	8°00′N	270	200	12:07
X28	109°30′E	8°00′N	890	600	9:33
X29	109°11′E	7°30′N	260	180	15:59
X31	109°31′E	7°30′N	500	350	9:30
X33	109°07′E	7°00′N	200	120	15:16

续表

站位	经度	纬度	水深（m）	采集深度（m）	采集时间
X35	109°27′E	7°00′N	980	600	18:47
X37	109°12′E	6°30′N	145	95	13:12
X39	110°32′E	6°30′N	990	700	9:42

三、调查方法

分别使用大型浮游生物网（网长 280cm，网口内径为 80cm，网口面积为 $0.5m^2$，网孔直径为 0.505mm）和中型浮游生物网（网长 280cm，网口内径为 50cm，网口面积为 $0.2m^2$，网孔直径为 0.160mm）采集 0～200m 水层的大中型浮游动物（0.505～8.00mm）和中型浮游动物（0.160～2.00mm），群落数量分析样品用 5% 甲醛溶液固定，分子遗传学样品用 95% 乙醇固定，–20℃保存。

浮游动物垂直分层采集样品使用 MultiNet 浮游生物连续采样网（HYDRO-BIOS，德国，网口面积为 $0.25m^2$，网目大小为 300μm）进行采集，每个站位采集 1 次，共采获样品 22 份。样品的处理、保存和计数等均按《海洋调查规范 第 6 部分：海洋生物调查》（GB/T 12763.6—2007）进行。

四、数据分析

（一）种类更替率

种类更替率（R）计算公式为

$$R = \frac{a+b-2c}{a+b-c} \times 100\%$$

式中，a 与 b 分别为相邻两个季节的种数；c 为相邻两个季节共同的种数（连光山等，1990）。

（二）优势度

优势度（Y_i）计算公式为

$$Y_i = N_i / N \times f_i$$

式中，N_i 为第 i 种的个体数；N 为浮游动物总个体数；f_i 为某种生物的出现频率。

（三）群落指示种指数

群落指示种指数（$IndVal_i$）计算公式为

$$A_{ij} = \text{Nindividuals}_{ij} / \text{Nindividuals}_i$$
$$B_{ij} = \text{Nsites}_{ij} / \text{Nsites}_i$$
$$IndVal_{ij} = A_{ij} \times B_{ij} \times 100\%$$
$$IndVal_i = \max[IndVal_{ij}]$$

式中，Nindividuals_{ij}、Nindividuals_i 和 A_{ij} 分别为群落 j 中物种 i 的丰度、所有群落中物种 i 的丰度及两丰度的比值；Nsites_{ij}、Nsites_i 和 B_{ij} 分别为群落 j 中物种 i 的出现频率、所有

群落中物种 i 的出现频率及两频率的比值；IndVal$_{ij}$、IndVal$_i$ 分别表示群落 j 中物种 i 的指示种指数和群落中物种 i 所指示群落 j 的指示种指数。当 IndVal$_i$≥50% 时，物种 i 是群落指示种（Dufrêne and Legendre，1997）。

（四）马加莱夫丰富度指数

马加莱夫（Margalef）丰富度指数（D）的计算公式为

$$D = \frac{S-1}{\ln N}$$

式中，N 为浮游生物总个体数；S 为浮游生物种类数（Margalef，1951）。

（五）香农-维纳多样性指数

香农-维纳（Shannon-Wiener）多样性指数（H'）的计算公式为

$$H' = -\sum_{i=1}^{s} \frac{N_i}{N} \log_2 \frac{N_i}{N}$$

式中，N_i 为第 i 种的栖息密度；N 为浮游生物的总栖息密度（Shannon and Weaver，1949）。

（六）毗卢均匀度指数

毗卢（Pielou）均匀度指数（J）的计算公式为

$$J = \frac{H'}{\log_2 S}$$

式中，H' 为香农-维纳多样性指数；S 为浮游生物种类数（Pielou，1969）。

（七）多样性阈值

多样性阈值（D_v）的计算公式为

$$D_v = H' \times J$$

式中，H' 为香农-维纳多样性指数；J 为毗卢均匀度指数。当 $D_v > 3.5$ 时，多样性非常丰富；当 $2.6 \leq D_v \leq 3.5$ 时，多样性丰富；当 $1.6 \leq D_v \leq 2.5$ 时，多样性较好；当 $0.6 \leq D_v \leq 1.5$ 时，多样性一般；当 $D_v < 0.6$ 时，多样性差（陈清潮等，1994）。

浮游动物群落结构的多变量分析采用非参数多变量群落结构分析方法。应用相似百分比（SIMPER）法分析各物种对群落的贡献率（Clarke，1993），并选用累计贡献率达 90% 的主要种类与种类出现频率大于 10% 的站位。栖息密度通过 $\ln(x+1)$ 转换后，构建布雷-柯蒂斯（Bray-Curtis）相似性矩阵，应用沃德（Ward）最小方差聚类法研究群落结构。数据分析与作图使用 R4.0.2 软件与 BiodiversityR 程序包（Kindt and Coe，2005）。

第二章 南沙群岛及其邻近海域浮游动物概况

第一节 种类组成与生态类型

一、种类组成

2013 年，共鉴定出浮游动物 997 种（类），分属原生动物、栉水母类、水螅水母类、管水母类、钵水母类、枝角类、介形类、桡足类、等足类、端足类、糠虾类、涟虫类、磷虾类、十足类、翼足类、多毛类、毛颚类、海樽类、有尾类和浮游幼虫（体）等 20 个类群（表 2.1）。其中，桡足类物种最为丰富，有 433 种（类），占总物种数的 43.4%，各季节桡足类物种贡献率为 40.8%～53.2%，无明显季节性差异。其他类群物种贡献率均不超过 10%，其中端足类、介形类、管水母类、浮游幼虫（体）、水螅水母类和翼足类 6 个类群的物种数相对较多，分别有 79 种（类）、73 种（类）、69 种（类）、65 种（类）、53 种（类）和 50 种（类），物种贡献率分别是 7.9%、7.3%、6.9%、6.5%、5.3% 和 5.0%；其余类群物种数较少。

表 2.1 南沙群岛及其邻近海域浮游动物物种组成 ［单位：种（类）］

类群	春季	夏季	秋季	冬季	西南陆架区	合计
原生动物	1	0	3	5	0	7
栉水母类	0	0	3	4	1	4
水螅水母类	4	14	31	16	23	53
管水母类	21	13	46	45	46	69
钵水母类	1	1	1	1	2	3
枝角类	2	1	1	1	1	2
介形类	23	14	41	40	49	73
桡足类	150	147	253	289	285	433
等足类	0	0	4	2	3	5
端足类	23	15	45	37	41	79
糠虾类	0	4	4	5	4	10
涟虫类	0	0	1	0	1	2
磷虾类	12	12	19	21	23	31
十足类	2	1	5	5	5	10
翼足类	9	9	40	36	25	50
多毛类	1	3	13	15	10	25
毛颚类	9	8	20	18	22	29
海樽类	8	14	14	10	12	22
有尾类	9	9	21	19	18	25
浮游幼虫（体）	7	13	55	44	30	65
总计	282	278	620	613	601	997

二、生态类型

按浮游动物的生态特点和分布范围，大致可分为以下几个生态类群：广温广盐类群、高温低盐类群、高温高盐类群和深水类群。

1. 广温广盐类群

广温广盐类群是能忍受较大幅度的温度和盐度变化的广分布种类，如中华哲水蚤 *Calanus sinicus*、微驼隆哲水蚤 *Acrocalanus gracilis*、针刺拟哲水蚤 *Paracalanus aculeatus*、孔雀唇角水蚤 *Labidocera pavo*、小拟哲水蚤 *Paracalanus parvus*、真刺唇角水蚤 *Labidocera euchaeta*、太平洋纺锤水蚤 *Acartia pacifica*、拟长腹剑水蚤 *Oithona similis*、瘦尾简角水蚤 *Pontellopsis tenuicauda*、近缘双毛大眼水蚤 *Ditrichocorycaeus affinis*、短角长腹剑水蚤 *Oithona brevicornis*、小毛猛水蚤 *Microsetella norvegica*、大眼蛮蛾 *Lestrigonus macrophthalmus*、钳形四门蛾 *Tetrathyrus forcipatus*、肥胖软箭虫 *Flaccisagitta enflata*、凶形猛箭虫 *Ferosagitta ferox*、正形滨箭虫 *Aidanosagitta regularis*、太平洋镖虫 *Krohnitta pacifica*、粗壮猛箭虫 *Ferosagitta robusta*、强壮滨箭虫 *Aidanosagitta crassa*、马蹄蟾螺 *Limacina trochiformis*、胖蟾螺 *Heliconoides inflatus*、强卷螺 *Agadina stimpsoni*、锥笔帽螺 *Creseis virgula* var. *conica*、尖笔帽螺 *Creseis acicula*、玻杯螺 *Hyalocylis striata*、厚唇螺 *Diacria trispinosa*、四齿厚唇螺 *Telodiacria quadridentata*、秀丽浮蚕 *Tomopteris elegans* 和后圆真浮萤 *Euconchoecia maimai* 等。中华哲水蚤虽是温带外海种，但其大量分布在近岸水与外海水的交汇水域，常在各海区的近岸水域出现，它在南海一般出现于冬季和春季，在南沙群岛及其邻近海域仅在春季出现。

2. 高温低盐类群

高温低盐类群是偏暖水性和热带性的河口、近岸低盐种类，如尖刺唇角水蚤 *Labidocera acuta*、锥形宽水蚤 *Temora turbinata*、异尾宽水蚤 *Temora discaudata*、柱形宽水蚤 *Temora stylifera*、微刺哲水蚤 *Canthocalanus pauper*、瘦胸刺水蚤 *Centropages gracilis*、叉胸刺水蚤 *Centropages furcatus*、椭形长足水蚤 *Calanopia elliptica*、小纺锤水蚤 *Acartia negligens*、刺尾纺锤水蚤 *Acartia spinicanda*、丹氏纺锤水蚤 *Acartia danae*、坚双长腹剑水蚤 *Dioithona rigida*、双生水母 *Diphyes chamissonis*、拟细浅室水母 *Lensia subtiloides*、球型侧腕水母 *Pleurobrachia globosa*、柔弱滨箭虫 *Aidanosagitta delicata*、百陶带箭虫 *Zonosagitta bedoti*、美丽带箭虫 *Zonosagitta pulchra*、小形滨箭虫 *Aidanosagitta neglecta*、柔佛滨箭虫 *Aidanosagitta johorensis*、肥胖三角溞 *Pseudevadne tergestina*、针刺真浮萤 *Euconchoecia aculeata* 和尖突海萤 *Cypridina acuminata* 等。这些近岸种类分布在南沙群岛及其邻近海域，与沿岸水的影响密切相关。

3. 高温高盐类群

高温高盐类群是暖水性热带外海种，主要分布于南海暖流海域，是南沙群岛及其邻近海域的主要类群，如精致真刺水蚤 *Euchaeta concinna*、芦氏拟真刺水蚤 *Paraeuchaeta russelli*、海洋真刺水蚤 *Euchaeta rimana*、平滑真刺水蚤 *Euchaeta plana*、狭额次真哲水蚤 *Subeucalanus subtenuis*、角锚哲水蚤 *Rhincalanus cornutus*、厚指平头水蚤 *Candacia pachydactyla*、双刺平头水蚤 *Candacia bipinnata*、截平头水蚤 *Candacia truncata*、幼

平头水蚤 *Candacia catula*、伯氏平头水蚤 *Candacia bradyi*、粗毛简角水蚤 *Pontellopsis villosa*、普通波水蚤 *Undinula vulgaris*、长真哲水蚤 *Eucalanus elongatus*、阔节角水蚤 *Pontella fera*、腹突乳点水蚤 *Pleuromamma abdominalis*、剑乳点水蚤 *Pleuromamma xiphias*、瘦乳点水蚤 *Pleuromamma gracilis*、粗乳点水蚤 *Pleuromamma robusta*、小哲水蚤 *Nannocalanus minor*、小微哲水蚤 *Microcalanus pusillus*、粗新哲水蚤 *Neocalanus robustior*、印度隆哲水蚤 *Acrocalanus indicus*、后截唇角水蚤 *Labidocera detruncata*、长桨水蚤 *Copilia longistylis*、奥氏胸刺水蚤 *Centropages orsinii*、星叶水蚤 *Sapphirina stellata*、金叶水蚤 *Sapphirina metallina*、瘦丽哲水蚤 *Calocalanus gracilis*、克氏尖头蚖 *Oxycephalus clausi*、蚤狼蚖 *Lycaea pulex*、微小真海精蚖 *Eupronoe minuta*、触角扁鼻蚖 *Simorhynchotus antennarius*、太平洋齿箭虫 *Serratosagitta pacifica*、多变箭虫 *Decipisagitta decipiens*、纤细镖虫 *Krohnitta subtilis*、龙翼箭虫 *Pterosagitta draco*、微形中箭虫 *Mesosagitta minima*、六翼软箭虫 *Flaccisagitta hexaptera*、琴形伪箭虫 *Pseudosagitta lyra*、隔状滨箭虫 *Aidanosagitta septata*、卵形光水蚤 *Lucicutia ovalis*、四叶小舌水母 *Liriope tetraphylla*、半口壮丽水母 *Aglaura hemistoma*、双尾纽鳃樽 *Thalia democratica*、长吻纽鳃樽 *Brooksia rostrata*、长额磷虾 *Euphausia diomedeae*、柔巧磷虾 *Euphausia tenera*、长细足磷虾 *Nematoscelis atlantica*、缘长螯磷虾 *Stylocheiron affine*、长角长螯磷虾 *Stylocheiron longicorne*、间型莹虾 *Lucifer intermedius*、斑点真海精蚖 *Eupronoe maculata*、泡蜒螺 *Limacina bulimoides*、芽笔帽螺 *Creseis virgula*、棒笔帽螺 *Creseis clava*、锥棒螺 *Styliola subula*、矛头长角螺 *Clio pyramidata* var. *lanceolata*、小尾长角螺 *Clio pyramidata* var. *microcaudata*、袋长角螺 *Clio balantium*、漂泊浮蚕 *Tomopteris planktonis*、箭蚕 *Sagitella kowalevskii*、短额海腺萤 *Halocypris brevirostris*、棘状拟浮萤 *Paraconchoecia echinata*、小葱萤 *Porroecia porrecta*、多变拟浮萤 *Paraconchoecia decipiens*、宽短小浮萤 *Microconchoecia curta*、尖细浮萤 *Conchoecetta acuminata* 和长方拟浮萤 *Paraconchoecia oblonga* 等。

4. 深水类群

深水类群属高盐偏低温种类，该类群的个体数少，但种类数较多，主要出现于深水区域，如波氏袖水蚤 *Chiridius poppei*、袖水蚤 *Chiridius gracilis*、大波刺水蚤 *Undeuchaeta major*、深水磷虾 *Bentheuphausia amblyops*、尖额缝足磷虾 *Thysanopoda acutifrons*、钝形缝足磷虾 *Thysanopoda obtusifrons*、简长螯磷虾 *Stylocheiron abbreviatum*、大长螯磷虾 *Stylocheiron maximum*、前山近忧蚖 *Paratyphis promoniori*、阔喙尖头蚖 *Oxycephalus latirostris*、装饰裂腿蚖 *Schizoscelus ornatus*、砖形壮浮萤 *Conchoecissa plinthina*、斯氏后浮萤 *Metaconchoecia skogsbergi*、深海后浮萤 *Metaconchoecia abyssalis*、切齿弯萤 *Gaussicia incisa*、细齿浮萤 *Conchoecia parvidentata* 和兜甲萤 *Loricoecia loricata* 等。

三、种类组成的垂直变化

不同海洋浮游动物生活于不同水层中，从而构成一个包括种群结构、数量和总种类数在内的相对稳定的垂直分布模式，但浮游动物在各个水层的垂直分布是不均匀的，种类和数量均不相同。2013 年 11 月 18 日至 12 月 3 日在南沙群岛及其邻近海域 113°30′E 和 9°30′N 断面内设置了 5 个站位，分 0～30m、30～75m、75～150m、150～750m 4 层（S4

和 S21 站位进行了 150～500m 和 500～750m 采集，共进行了 5 层采集）进行浮游动物
调查，对南沙群岛及其邻近海域的浮游动物种类组成的垂直分布情况进行了初步分析。

在南沙群岛及其邻近海域鉴定出浮游动物 474 种（类），分属 18 个类群（表 2.2）。
其中，桡足类最多，达 248 种（类）；介形类有 35 种（类），居第二位，也体现了南沙
群岛及其邻近海域有别于其他海区的特征；管水母类有 34 种（类），列第三位；浮游幼
虫（体）有 33 种（类），列第四位；其余类群物种数均低于 30 种（类）。各个水层出现
的种类 75～150m 水层最少，150～750m 水层最多，达 269 种（类），其中 S4 和 S21 站
位的 500～750m 水层仅出现 59 种（类），而 150～500m 水层则出现 154 种（类），可见
150～500m 水层浮游动物出现的种类最多。

表 2.2　南沙群岛及其邻近海域不同水层的浮游动物物种组成　[单位：种（类）]

类群	水层（m）				全海域
	0～30	30～75	75～150	150～750	
原生动物	3	2	2	1	4
水螅水母类	6	5	1	2	7
管水母类	18	20	18	10	34
栉水母类	2	0	0	0	2
枝角类	2	1	2	1	3
桡足类	89	121	103	171	248
端足类	2	10	6	3	17
磷虾类	2	3	1	8	14
十足类	2	1	0	0	2
糠虾类	2	1	0	1	2
等足类	1	1	1	1	2
介形类	12	21	21	26	35
翼足类	16	11	10	5	24
多毛类	4	6	3	5	14
毛颚类	11	10	7	11	15
有尾类	11	7	8	2	13
海樽类	3	3	2	4	5
浮游幼虫（体）	27	18	21	18	33
合计	213	241	206	269	474

表 2.2 列出了各水层不同类群出现的物种数，反映出不同类群对栖息水层有一定的
选择性。十足类和栉水母类分别只分布于 0～75m 和 0～30m 水层。总的来看，水螅水
母类、管水母类、翼足类、有尾类和端足类的物种数随水深增加呈现明显的递减趋势，
表明这些种类更适于上层海洋环境。磷虾类和介形类的物种数则随水深的增加而明显增
加，反映出磷虾类和介形类更适于较深层的环境。

各水层均出现的种类有 59 种（类），仅在 0～30m 水层出现的特有种类有小形滨
箭虫、百陶带箭虫、正型莹虾、球型侧腕水母、大桨水蚤 *Copilia lata*、柱形宽水蚤和

拟长腹剑水蚤等 31 种（类），这些种类以高温低盐种为主；30～75m 水层有吕宋小泉蛾 *Hyperietta luzoni*、细长真浮萤 *Euconchoecia elongata*、针刺拟哲水蚤、纪氏光刺水蚤 *Nullosetigera giesbrechti* 和漂泊浮蚤等 36 种（类），广温广盐类群和高温高盐类群均有；75～150m 水层有牛头慎蛾 *Phronima bucephala*、拉氏海神蛾 *Primno latreillei*、齿形拟浮萤、短角枪水蚤和褐明螺等 23 种（类）；150～750m 水层有寻觅坚箭虫 *Solidosagitta zetesios*、钩状真镖虫 *Eukrohnia hamata*、六翼软箭虫 *Flaccisagitta hexapter*、琴形伪箭虫 *Pseudosagitta lyra*、枪水蚤属、小厚壳水蚤属、暗哲水蚤属、全羽水蚤属、亮羽水蚤属、光刺水蚤属、摩门虱和长腹水蚤属等 122 种（类）。在特定水层出现的物种数占总物种数的 44.6%，各水层均出现的物种数仅占总物种数的 12.4%，这表明各水层浮游动物的种类组成有一定的差异，垂直变化较为明显。

第二节　优势种组成及其季节变化

浮游动物优势种由桡足类、浮游幼虫（体）、介形类、毛颚类和枝角类组成，以桡足类为主，浮游幼虫（体）和介形类次之。其中，浮游幼虫（体）除桡足纲幼体外，还有多毛纲担轮幼虫。各水层优势种中均有桡足纲幼体，而多毛纲担轮幼虫优势地位主要体现在 30～150m 水层，介形类的优势地位在 75～750m 水层有所体现，枝角类的优势地位仅在 150～750m 水层有所体现。各水层优势种的组成均较为复杂，以 75～150m 水层优势种的组成最为复杂，有 13 种。除 0～30m 水层第一优势种的优势地位较为显著外，其他水层单一种的优势地位均不突出。150～750m 水层优势种组成最为简单（8 种），但各种之间的优势度差值最小。

海水温度和盐度是影响浮游动物分布的重要因素。调查期间，在 0～500m 水层，随深度的增加海水温度逐渐降低、盐度逐渐升高，平均变化率分别为 0.04℃/m 和 0.004/m，表明南沙群岛及其邻近海域海水温度和盐度沿水深的梯度变化较为明显。从各水层浮游动物优势种的组成来看，各水层间优势种的平均更替率为 84%，75～150m 和 150～750m 水层之间的更替率高达 95%。除桡足纲幼体为各水层的共有优势种外，各水层的优势种均有所变化（表 2.3），表明南沙群岛及其邻近海域浮游动物优势种的垂直变化明显。在 30m 以浅，海水温度为 28.21～29.05℃、盐度为 31.63～32.66，以暖水种驼背羽刺大眼水蚤和广温广盐类群羽长腹剑水蚤为主要优势种。在 30～75m 水层，海水温度为 21.80～29.19℃、盐度为 32.49～34.27，以羽长腹剑水蚤和桡足纲幼体占优。在 75～150m 水层，海水温度为 17.01～28.30℃、盐度为 33.14～34.53，以羽长腹剑水蚤和高盐的热带种等刺隆水蚤为主。在 150～750m 水层，以高盐种瘦隆水蚤和角三锥水蚤为主要优势种。

表 2.3　南沙群岛及其邻近海域浮游动物优势种组成的垂直变化

种名	优势度（Y）			
	0～30m	30～75m	75～150m	150～750m
驼背羽刺大眼水蚤 *Farranula gibbula*	0.12			
羽长腹剑水蚤 *Oithona plumifera*	0.06	0.07	0.09	
微刺哲水蚤 *Canthocalanus pauper*	0.04			

续表

种名	优势度（*Y*）			
	0～30m	30～75m	75～150m	150～750m
小基齿哲水蚤 *Clausocalanus minor*	0.04			
长尾基齿哲水蚤 *Clausocalanus furcatus*	0.04	0.03		
小纺锤水蚤 *Acartia negligens*	0.03			
桡足纲幼体 Copepoda larva	0.03	0.04	0.03	0.03
中隆水蚤 *Oncaea media*	0.03	0.02	0.03	
滑基齿哲水蚤 *Clausocalanus farrani*	0.02			
普通波水蚤 *Undinula vulgaris*	0.02			
等刺隆水蚤 *Oncaea mediterranea*	0.02		0.04	0.02
宽基齿哲水蚤 *Clausocalanus laticeps*		0.03		
肥胖软箭虫 *Flaccisagitta enflata*		0.02		
多毛纲担轮幼虫 Polychaeta trochophora		0.02	0.02	
哲胸刺水蚤 *Centropages calaninus*		0.02		
瘦隆水蚤 *Oithona tenuis*		0.02		
黄角光水蚤 *Lucicutia flavicornis*		0.02		
长角全羽水蚤 *Haloptilus longicornis*			0.03	
细角间哲水蚤 *Mesocalanus tenuicornis*			0.03	
刺额葱萤 *Porroecia spinirostris*			0.02	
角锚哲水蚤 *Rhincalanu cornutus*			0.02	
瘦长腹剑水蚤 *Oncaea tenuis*			0.02	
拟三锥水蚤 *Triconia similis*			0.02	
粗大后浮萤 *Metaconchoecia macromma*			0.02	
瘦隆水蚤 *Oncaea gracilis*				0.07
角三锥水蚤 *Triconia conifera*				0.04
剑乳点水蚤 *Pleuromamma xiphias*				0.02
宽短小浮萤 *Microconchoecia curta*				0.02
乳点水蚤属幼体 *Pleuromamma* larva				0.02
腹突乳点水蚤 *Pleuromamma abdominalis*				0.02

注：空白处优势度低于 0.02

第三节　数量分布与季节变化

一、大型浮游动物

（一）栖息密度

春季，南沙群岛及其邻近海域大型浮游动物平均栖息密度为 8.02ind./m³，变化范围

为 0.10~20.80ind./m³，变化幅度较小（SD=6.6）。各测站中 S38 站位栖息密度最高；S47
站位次之，为 18.29ind./m³；S43 站位最低（表 2.4）。栖息密度的空间分布呈现明显的中
部低、四周高，近岸高于外海的趋势。南沙群岛及其邻近海域北部、西北部、西南部、
东北部和中东部均有高栖息密度中心出现，中东部的巴拉望岛和加里曼丹岛之间的海域
栖息密度最高，高于 16.00ind./m³，而中部海域栖息密度低于 4.00ind./m³，见图 2.1。

表 2.4 南沙群岛及其邻近海域大型浮游动物栖息密度和生物量变化

站位	栖息密度（ind./m³）				生物量（mg/m³）			
	春季	夏季	秋季	冬季	春季	夏季	秋季	冬季
S1	/	20.50	/	/	/	34.83	/	/
S2	10.50	8.70	22.01	6.33	15.10	18.40	26.89	4.90
S3	/	10.10	/	/	/	29.88	/	/
S4	17.90	8.10	75.41	2.52	17.30	11.69	57.89	1.62
S6	13.01	9.20	14.48	15.23	8.30	33.97	12.88	11.73
S8	/	14.00	16.03	/	/	17.33	9.76	/
S9	14.80	10.50	60.60	/	20.60	21.76	35.47	/
S10	/	10.80	/	/	/	16.88	/	/
S11	0.29	8.40	17.31	/	0.50	15.54	9.79	/
S13	13.60	6.80	26.07	11.27	17.80	18.15	27.47	8.55
S14	/	/	/	7.90	/	/	/	1.73
S15	0.22	7.20	15.04	12.78	3.20	11.51	11.69	9.71
S17	11.60	21.08	50.68	/	24.10	14.08	27.47	/
S19	12.90	13.50	16.41	1.97	15.60	17.64	20.12	1.93
S21	0.84	8.20	16.52	14.01	4.60	15.65	10.55	13.70
S23	14.10	8.20	14.87	15.49	14.00	25.37	52.79	15.66
S25	/	10.00	/	/	/	16.12	/	/
S26	14.51	10.20	/	13.06	15.50	18.17	/	8.70
S28	4.00	11.00	24.41	/	1.60	16.95	11.04	/
S30	2.70	8.10	32.92	23.06	3.10	7.310	21.46	15.95
S32	2.60	14.50	35.67	14.91	2.70	22.46	30.65	7.62
S34	2.70	10.50	32.60	/	4.00	19.93	23.26	/
S36	6.70	10.20	39.65	/	6.00	18.13	36.85	/
S38	20.80	9.60	34.01	8.48	47.00	16.66	15.2	5.09
S39	/	10.40	/	/	/	24.80	/	/
S40	/	/	/	14.71	/	/	/	11.53
S41	4.70	10.60	52.27	/	8.90	21.70	36.59	/
S43	0.10	6.30	39.61	/	3.50	22.03	32.54	/
S44	/	/	/	23.85	/	/	/	13.11
S45	1.26	8.90	47.37	27.49	2.20	22.99	18.58	21.57

续表

站位	栖息密度（ind./m³）				生物量（mg/m³）			
	春季	夏季	秋季	冬季	春季	夏季	秋季	冬季
S47	18.29	17.60	21.34	64.88	15.73	27.64	13.73	76.88
S49	5.70	21.00	36.13	/	5.70	39.44	23.18	/
S51	11.70	10.00	54.79	6.14	10.90	23.70	31.2	3.74
S53	0.52	26.13	/	/	7.390	50.46	/	/
S55	2.53	/	/	/	10.00	/	/	/
S56	/	28.00	/	/	/	282.80	/	/
A1	/	11.10	/	/	/	12.60	/	/
A2	/	15.10	/	/	/	19.08	/	/
A3	/	2.60	/	/	/	3.81	/	/
A9	/	11.50	/	/	/	15.01	/	/
A10	/	8.10	/	/	/	17.50	/	/
均值	8.02±6.6	11.80±5.4	33.17±16.8	15.78±14.0	10.97±9.8	27.62±44.0	24.88±13.0	12.98±16.9

/ 表示未进行计算

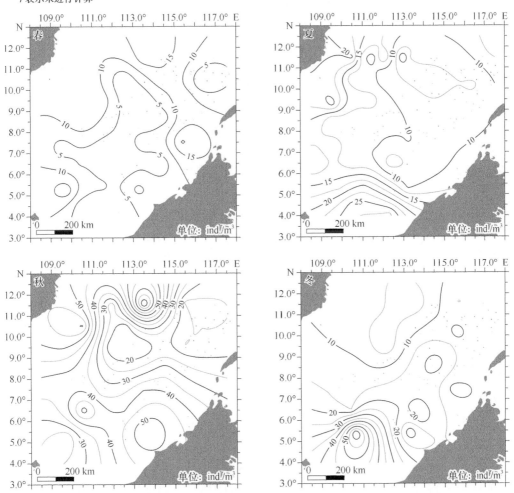

图 2.1　南沙群岛及其邻近海域大型浮游动物栖息密度平面分布季节变化

夏季，南沙群岛及其邻近海域大型浮游动物平均栖息密度为 11.80ind./m³，变化范围为 2.60～28.00ind./m³，变化幅度较小（SD=5.4）。各测站中 S56 站位栖息密度最高；S53 站位次之，为 26.13ind./m³；A3 站位最低（表 2.4）。栖息密度的空间分布呈现南高、北低的格局。在 4.5°N 以南的海域，栖息密度最高，高于 25.00ind./m³，而调查区东北海域栖息密度低于 5.00ind./m³。

秋季，南沙群岛及其邻近海域大型浮游动物平均栖息密度为 33.17ind./m³，变化范围为 14.48～75.41ind./m³，变化幅度较大（SD=16.8）。各测站中 S4 站位栖息密度最高；S9 站位次之，为 60.60ind./m³；S6 站位最低（表 2.4）。栖息密度的空间分布呈现中部明显低于四周（东北角除外），近岸高于外海的趋势。在南沙群岛及其邻近海域的北部、西北部与南部，均有高栖息密度中心出现，双子群礁西部海域（存在上升流）的栖息密度最高，高于 50.00ind./m³，而南沙群岛及其邻近海域中部栖息密度低于 20.00ind./m³。

冬季，南沙群岛及其邻近海域大型浮游动物平均栖息密度为 15.78ind./m³，变化范围为 1.97～64.88ind./m³，变化幅度较大（SD=14.0）。各测站中 S47 站位栖息密度最高；S45 站位次之，为 27.49ind./m³；S19 站位最低（表 2.4）。栖息密度的空间分布呈现从南向北递减、东南部高于西北部的特征。栖息密度高值区为南沙群岛及其邻近海域西南部，栖息密度高于 35ind./m³，西北部则普遍偏低。

（二）生物量

春季，南沙群岛及其邻近海域大型浮游动物平均生物量为 10.97mg/m³，各测站之间的生物量变化幅度较密度大（SD=9.8），变化范围为 0.50～47.00mg/m³。各测站中 S38 站位生物量最高；S17 站位次之，为 24.10mg/m³；S11 站位最低（表 2.4）。生物量的空间分布呈现明显的中部低、四周高，近岸高于外海的趋势。南沙群岛及其邻近海域的北部、西北部、西南部、东北部和中东部有高生物量中心出现，中东部的巴拉望岛和加里曼丹岛之间的海域生物量最高，高于 20.00mg/m³，而南沙群岛及其邻近海域中部生物量低于 10.00mg/m³，见图 2.2。

夏季，南沙群岛及其邻近海域大型浮游动物平均生物量为 27.62mg/m³，各测站之间的生物量变化幅度较密度大（SD=44.0），变化范围为 3.81～282.80mg/m³。各测站中 S56 站位生物量最高；S53 站位次之，为 50.46mg/m³；A3 站位最低（表 2.4）。生物量的空间分布呈现南高、北低的格局。在 4.5°N 以南的海域，生物量最高，达 50.00mg/m³ 以上，低生物量区（＜15.00mg/m³）以斑块形式分布于南沙群岛及其邻近海域中北部。

秋季，南沙群岛及其邻近海域大型浮游动物平均生物量为 24.88mg/m³，各测站之间的生物量变化幅度较栖息密度小（SD=13.0），变化范围为 9.76～57.89mg/m³。各测站中 S4 站位生物量最高；S23 站位次之，为 52.79mg/m³；S8 站位最低（表 2.4）。生物量的空间分布呈现中部明显低于四周（东北角除外），近岸高于外海的趋势。南沙群岛及其邻近海域北部、西北部与南部均有高生物量中心出现，双子群礁西部海域（存在上升流）生物量最高，达到 40.00mg/m³ 以上，而南沙群岛及其邻近海域中部生物量低于 15.00mg/m³。此外，高生物量区还出现在巴拉望岛西部海域（美济礁与仙娥礁之间的海域）。

冬季，南沙群岛及其邻近海域大型浮游动物平均生物量为 12.98mg/m³，各测站之间的生物量变化幅度较栖息密度大（SD=16.9），变化范围为 1.62～76.88mg/m³。各测站中

S47 站位生物量最高，S45 站位次之，为 21.57mg/m³，S4 站位最低（表 2.4）。生物量的空间分布呈现从南向北递减、东南部高于西北部的特征。生物量高值区出现在调查海域的西南部，生物量高于 40.00mg/m³，西北部则普遍偏低。

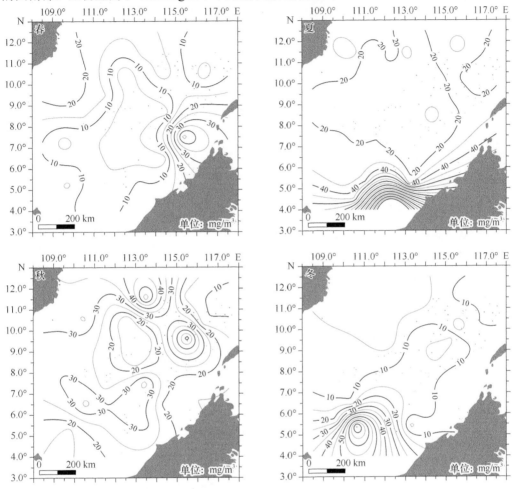

图 2.2　南沙群岛及其邻近海域大型浮游动物生物量平面分布季节变化

二、中小型浮游动物

（一）栖息密度

1. 空间分布和季节变化

春季，南沙群岛及其邻近海域中小型浮游动物平均栖息密度为 31.58ind./m³，变化范围为 1.87~52.75ind./m³，变化幅度较大（SD=15.6）。各测站中 S2 站位栖息密度最高；S47 站位次之，为 52.56ind./m³；S53 站位最低（表 2.5）。栖息密度的空间分布大致呈现西高、东低，中部高、南部和北部低的趋势。南沙群岛及其邻近海域东北部和东南部分别出现 2 个栖息密度低值区，其余区域栖息密度均较高。栖息密度在南沙群岛及其邻近海域中部最高，高于 40ind./m³，见图 2.3。

表 2.5　南沙群岛及其邻近海域中小型浮游动物栖息密度和生物量变化

站位	栖息密度（ind./m³）				生物量（mg/m³）			
	春季	夏季	秋季	冬季	春季	夏季	秋季	冬季
S1	/	22.00	/	/	/	40.68	/	/
S2	52.75	31.50	421.99	65.10	46.50	26.85	32.52	8.57
S3	/	26.50	/	/	/	44.58	/	/
S4	31.50	60.25	919.30	149.79	36.75	32.20	116.49	23.65
S6	34.75	25.20	78.54	99.09	54.25	44.68	0.98	9.05
S8	/	28.75	323.03	/	/	30.05	18.51	/
S9	39.00	14.75	675.67	/	50.25	12.32	81.29	/
S10	/	34.25	/	/	/	29.10	/	/
S11	39.75	25.50	585.11	/	34.25	21.35	36.69	/
S13	9.75	22.50	681.43	162.18	23.50	18.78	67.19	8.57
S14	/	/	/	46.15	/	/	/	0.51
S15	33.75	24.25	381.77	109.38	44.75	20.20	57.73	9.71
S17	45.00	31.50	394.15	/	84.50	16.25	35.46	/
S19	46.28	12.00	563.24	90.74	61.75	8.38	45.89	13.40
S21	46.25	14.75	122.05	96.61	62.25	47.18	12.53	22.25
S23	1.87	28.20	218.97	124.49	17.00	21.90	40.70	13.04
S25	/	28.75	/	/	/	26.88	/	/
S26	26.00	35.90	/	147.63	47.75	29.90	/	91.45
S28	39.35	26.50	61.82	/	49.75	22.08	2.00	/
S30	31.75	18.25	78.85	106.90	36.50	21.75	2.96	12.71
S32	47.28	13.25	673.93	123.87	46.75	9.60	86.88	2.89
S34	43.00	29.00	414.70	/	20.50	25.35	37.79	/
S36	50.00	19.25	170.80	/	65.00	16.05	8.35	/
S38	31.25	33.50	744.37	175.53	64.25	47.45	99.43	24.64
S39	/	17.00	/	/	/	7.25	/	/
S40	/	/	/	145.82	/	/	/	29.81
S41	22.00	25.50	435.00	/	14.00	21.05	53.35	/
S43	17.75	16.75	512.08	/	11.75	11.30	46.16	/
S44	/	/	/	204.89	/	/	/	13.47
S45	34.25	23.25	687.94	143.41	46.75	34.55	81.26	177.96
S47	52.56	45.50	675.17	714.86	66.24	52.80	70.22	100.08
S49	24.50	34.50	252.83	/	35.50	41.35	67.12	/
S51	16.75	29.75	276.94	169.95	11.50	24.80	19.42	15.71
S53	1.85	56.00	/	/	21.74	77.80	/	/
S55	2.11	/	/	/	23.03	/	/	/
S56	/	60.33	/	/	/	225.67	/	/

续表

站位	栖息密度（ind./m³）				生物量（mg/m³）			
	春季	夏季	秋季	冬季	春季	夏季	秋季	冬季
A1	/	33.70	/	/	/	28.75	/	/
A2	/	24.75	/	/	/	20.62	/	/
A3	/	18.75	/	/	/	15.58	/	/
A9	/	28.00	/	/	/	23.35	/	/
A10	/	24.75	/	/	/	21.18	/	/
均值	31.58±15.6	28.23±11.5	431.24±242.8	159.80±144.2	41.41±19.6	32.96±35.1	46.71±32.3	32.08±45.6

/表示未进行计算

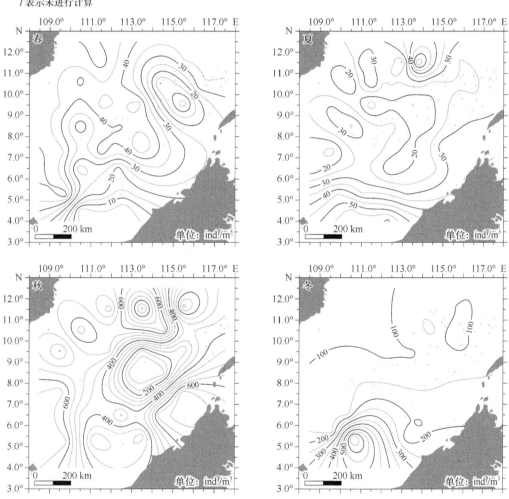

图2.3　南沙群岛及其邻近海域中小型浮游动物栖息密度平面分布季节变化

　　夏季，南沙群岛及其邻近海域中小型浮游动物平均栖息密度为28.23ind./m³，变化范围为12.00～60.33ind./m³，变化幅度较大（SD=11.5）。各测站中S56站位栖息密度最高；S4站位次之，为60.25ind./m³；S19站位最低（表2.5）。栖息密度的空间分布大致呈现南北两端高、中间低的格局。南沙群岛及其邻近海域南部栖息密度明显高于中北部，5°N以南海域栖息密度在40ind./m³之上，并向中部呈递减趋势，于中部形成泛低值区，栖息密度在 25ind./m^3 以下；北部整体高于中部，高栖息密度区（＞30ind./m^3）呈斑块化分布。

秋季，南沙群岛及其邻近海域中小型浮游动物平均栖息密度为 431.24ind./m^3，变化范围为 61.82～919.30ind./m^3，变化幅度较大（SD=242.8）。各测站中 S3 站位栖息密度最高；S38 站位次之，为 744.37ind./m^3；S28 站位最低（表 2.5）。栖息密度的空间分布大致呈现两侧高、中间低的趋势，低值区从东北穿过中部，延伸到南部，将高值区域分割成西部一片与东南一角。南沙群岛及其邻近海域中部和东北部分别出现 2 个栖息密度低值区，其余区域栖息密度均较高。栖息密度在调查区北部海域（双子群礁西部海域）最高，在 700ind./m^3 之上。

冬季，南沙群岛及其邻近海域中小型浮游动物平均栖息密度为 159.80ind./m^3，变化范围为 46.15～714.86ind./m^3，变化幅度较大（SD=144.2）。各测站中 S47 站位栖息密度最高；S44 站位次之，为 204.89ind./m^3；S14 站位最低（表 2.5）。栖息密度的空间分布趋势与大型浮游动物相似，大致呈现从南向北递减的趋势，高栖息密度区出现在东南部，栖息密度在 350ind./m^3 以上。

2. 垂直分布变化

冬季，在 S4、S19、S21、S23 及 S51 站位进行垂直分布调查，0～30m 水层的中小型浮游动物平均栖息密度为 215.49ind./m^3，变化范围为 191.33～267.07ind./m^3，S4 站位最高，S21 站位最低；30～75m 水层的平均栖息密度为 177.10ind./m^3，各测站之间的变幅较大（SD=156.93），变化范围为 28.98～421.24ind./m^3，S4 站位最高，S51 站位最低；75～150m 水层的平均栖息密度为 54.10ind./m^3，变化范围为 22.67～88.96ind./m^3，S21 站位最高，S51 站位最低；150～750m 水层的平均栖息密度为 13.14ind./m^3，变化范围为 3.10～19.95ind./m^3，S21 站位最高，S51 站位最低（表 2.6）。

表 2.6 南沙群岛及其邻近海域中小型浮游动物栖息密度垂直分布变化 （单位：ind./m^3）

水层（m）	S19	S21	S51	S4	S23	均值
0～30	224.40	191.33	199.33	267.07	195.33	215.49±31.58
30～75	80.98	239.29	28.98	421.24	115.02	177.10±156.93
75～150	65.97	88.96	22.67	58.61	34.29	54.10±26.25
150～750	16.21	19.95	3.10	14.59	11.86	13.14±6.33

（二）生物量

1. 空间分布和季节变化

春季，南沙群岛及其邻近海域中小型浮游动物平均生物量为 41.41mg/m^3，各测站之间的生物量变化幅度较栖息密度大（SD=19.6），变化范围为 11.50～84.50mg/m^3。各测站中 S17 站位生物量最高；S47 站位次之，为 66.24mg/m^3；S51 站位最低（表 2.5）。生物量的空间分布大致呈现西高、东低，中部高、南部和北部低的趋势。南沙群岛及其邻近海域东北部和东南部分别出现 2 个生物量低值区，其余区域生物量均较高，西北部和西南部生物量最高，高于 60.00mg/m^3，见图 2.4。

夏季，南沙群岛及其邻近海域中小型浮游动物平均生物量为 32.96mg/m^3，各测站之间的生物量变化幅度较栖息密度大（SD=35.1），变化范围为 7.25～225.67mg/m^3。各测站中 S56 站位生物量最高；S53 站位次之，为 77.80mg/m³；S39 站位最低（表 2.5）。生物量的空间分布大致呈现南北两端高、中间低的格局。南沙群岛及其邻近海域南部生物量明显高于中北部，5°N 以南海域生物量在 50mg/m³ 之上，并向中部呈递减趋势，于中部形成泛低值区，生物量在 30mg/m³ 以下，其中，生物量在西部更低，存在大片低值区（<20mg/m³）。

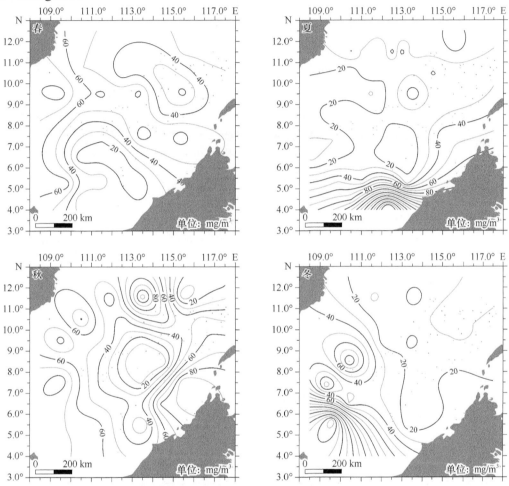

图 2.4　南沙群岛及其邻近海域中小型浮游动物生物量平面分布季节变化

秋季，南沙群岛及其邻近海域中小型浮游动物平均生物量为 46.71mg/m³，各测站之间的生物量变化幅度较栖息密度大（SD=32.3），变化范围为 0.98～116.49mg/m³。各测站中 S4 站位生物量最高；S38 站位次之，为 99.43mg/m³；S6 站位最低（表 2.5）。生物量的空间分布大致呈现两侧高、中间低的趋势，生物量低值区从东北穿过中部，延伸到南部，将高值区分割成西部一片与东南一角。南沙群岛及其邻近海域中部和东北部分别出现 2 个生物量低值区，其余区域生物量均较高，调查区北部海域（双子群礁西部海域）生物量最高，在 80mg/m³ 之上。

冬季，南沙群岛及其邻近海域中小型浮游动物平均生物量为 32.08mg/m³，各测站之间的生物量变化幅度较栖息密度小（SD=45.6），变化范围为 0.51～177.96mg/m³。各测站中 S45 站位生物量最高；S47 站位次之，为 100.08mg/m³；S14 站位最低（表 2.5）。生物量的空间分布呈现西部高于东部的格局，并在西部形成两个高生物量中心，一个位于南沙群岛及其邻近海域东南角，另一个则北移了 180n mile，生物量都在 60mg/m³ 之上。

2. 垂直分布变化

冬季，分别在 S4、S19、S21、S23 及 S51 站位进行垂直分布调查，0～30m 水层中小型浮游动物平均生物量为 38.40mg/m³，变化范围为 21.87～62.80mg/m³，S4 站位最高，S19 站位最低；30～75m 水层的平均生物量为 31.95mg/m³，变化范围为 6.40～60.80mg/m³，S4 站位最高，S21 站位最低；75～150m 水层的平均生物量为 4.17mg/m³，变化范围为 0.96～8.69mg/m³，S51 站位最高，S21 站位最低；150～750m 水层的平均生物量为 11.00mg/m³，变化范围为 1.01～29.12mg/m³，S21 站位最高，S19 站位最低（表 2.7）。

表 2.7 南沙群岛及其邻近海域中小型浮游动物生物量垂直分布变化　　　（单位：mg/m³）

水层（m）	S19	S21	S51	S4	S23	均值
0～30	21.87	45.87	30.13	62.80	31.33	38.40±16.15
30～75	38.49	6.40	29.07	60.80	24.98	31.95±19.90
75～150	2.67	0.96	8.69	2.56	5.97	4.17±3.12
150～750	1.01	29.12	13.63	6.51	4.74	11.00±11.12

第四节　生物多样性与群落结构

一、生物多样性

各季节南沙群岛及其邻近海域浮游动物马加莱夫丰富度指数（D）、香农-维纳多样性指数（H'）与皮卢均匀度指数（J）的均值分别为 23.81～39.57、5.11～5.53 和 0.72～0.80，表明多样性季节差异不明显（表 2.8）。各季节多样性阈值（D_v）平均为 3.8～4.1，春季多样性水平低于其他三季。

表 2.8 南沙群岛及其邻近海域浮游动物多样性指数季节分布

季节	D	H'	J	D_v
春季	27.57	5.11	0.75	3.8
夏季	23.81	5.18	0.80	4.1
秋季	37.24	5.52	0.72	4.0
冬季	39.57	5.53	0.74	4.1
均值	32.05	5.34	0.75	4.0

南沙群岛及其邻近海域浮游动物马加莱夫丰富度指数平面分布季节变化（图 2.5）显示，春季丰富度东部、西中部和南中部较高，西北部、北部以及从中部斜至西南部较低；夏季丰富度低值区呈斑块化分布，位于西南部、中部至南中部以及北中部和东北部，高

值区位于中部；秋季丰富度呈现中部、西北部和东北部高，南部和北中部低的格局；冬季丰富度整体趋势转变为从北向南降低。

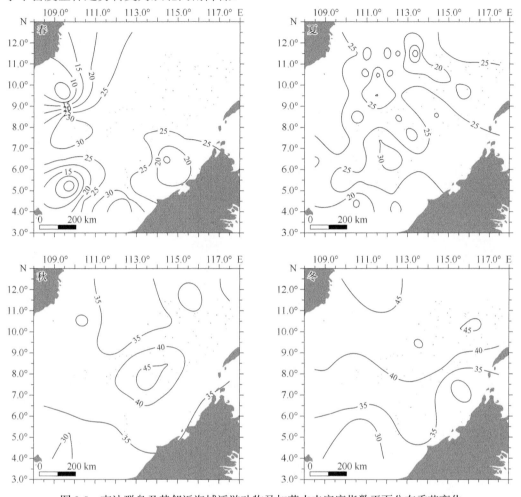

图 2.5　南沙群岛及其邻近海域浮游动物马加莱夫丰富度指数平面分布季节变化

　　南沙群岛及其邻近海域浮游动物多样性阈值平面分布季节变化（图 2.6）显示，春季多样性阈值从中间向西部、东南部降低；夏季多样性阈值分布类似春季，但低值区有所改变，并且呈斑块化分布；秋季东南部的多样性阈值高值区在夏季为低值区，秋季低值区位于中部，夏季西南部和东北部的低值区在秋季消失；不同于秋季，冬季多样性阈值高值区位于西北部、中部偏东和东北部，低值区范围明显扩大，分布在整个南部区域和中北部区域。物种丰富度与生物多样性水平平面分布呈现明显的季节变动。

二、群落结构

　　聚类分析结果表明，南沙群岛及其邻近海域四个季节浮游动物可分为 6 个群落，群落Ⅰ、Ⅴ、Ⅵ分别为春季群落、秋季群落和冬季群落，在对应季节基本遍布该海域；群落Ⅱ、Ⅳ分别是春—夏季过渡群落和夏季群落，两群落分布区域面积相当；群落Ⅲ为春季陆架群落，分布于南沙群岛及其邻近海域的东南陆架区（图 2.7）。

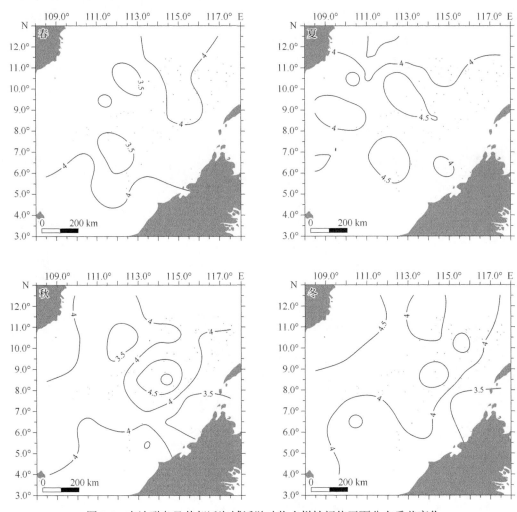

图 2.6　南沙群岛及其邻近海域浮游动物多样性阈值平面分布季节变化

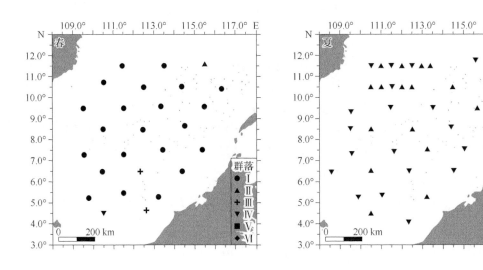

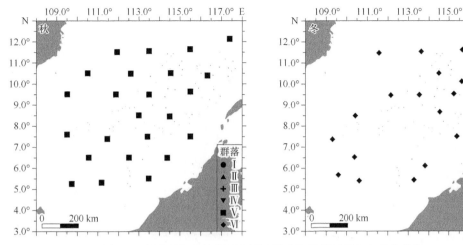

图 2.7   南沙群岛及其邻近海域浮游动物群落平面分布季节变化

第五节   季风环流对浮游动物群落的影响

浮游生物分布受风、水团与垂直混合等外在因素的驱动（Woodward，2012），故海洋环流、水团以及海流的改变会引起浮游动物分布变动（Young，1989）。对于东海、台湾海峡、南海中北部的研究均表明，浮游动物的分布受到沿岸低盐水、黑潮等水团的影响（蒋玫等，2004；林景宏和陈瑞祥，1988，1994；Lin and Chen，1995）。在东太平洋近海，浮游动物分布随加利福尼亚寒流的变化而变化（Lavaniegos and Hereu，2009）。

南沙群岛及其邻近海域地处中国最南端，为中南半岛、加里曼丹岛与巴拉望岛所环抱，与泰国湾、苏禄海、爪哇海、安达曼海相通，近封闭的地理特征使得局地强迫成为南海环流的主要驱动因素。南沙群岛及其邻近海域受季风影响，海洋环流结构呈现明显的季节差异（李立，2002）。

一、南沙群岛及其邻近海域表层环流的季节变化

南海受东亚季风气候控制。通常，11 月至翌年 3 月盛行东北季风，6～8 月盛行西南季风，4～5 月与 9～10 月为季风转换期。南海流场随季风转换而出现季节性变动。调查期间，南沙群岛及其邻近海域表层环流随季风的季节转换而变动（图 2.8）。春季，东北季风开始减弱，南沙群岛及其邻近海域东西沿岸海流整体向南；北部为南海反气旋环流所控制；东北局部受吕宋岛西南气旋性环流的影响；中间区域西部以 3 个小型气旋涡为中心形成局部的气旋性环流，中间区域东部以 2 个小型反气旋涡为中心形成 2 个局部的反气旋环流；苏禄海表层海水从巴拉巴克海峡和民都洛海峡侵入南沙群岛及其邻近海域。夏季，南沙群岛及其邻近海域盛行西南季风，环流整体上呈反气旋环流；海域西部为南沙反气旋环流所控制，东部无明显涡旋存在，北缘存在 2 个小型反气旋涡；南海急流从加里曼丹岛向西，遇南沙反气旋环流后转向北，先后与巽他陆架北上海流、湄公河冲淡水汇合，继续北上，与北缘西部反气旋涡相互作用后，汇入南海反气旋环流；苏禄海表层海水从民都洛海峡侵入南沙群岛及其邻近海域。秋季，南沙群岛及其邻近海域仍盛行西南季风，环流整体上与夏季相似，但南沙反气旋环流控制区域扩大，且南沙反气

旋环流的北反气旋涡强化，与北侧气旋涡（越南外海以东的气旋涡）相互作用，使得南海急流明显转向东北。冬季，南沙群岛及其邻近海域盛行东北季风，环流整体上呈气旋性环流，越南沿岸流随南沙气旋性环流将沿岸水扩散到海区东部，部分从巴拉巴克海峡进入苏禄海。

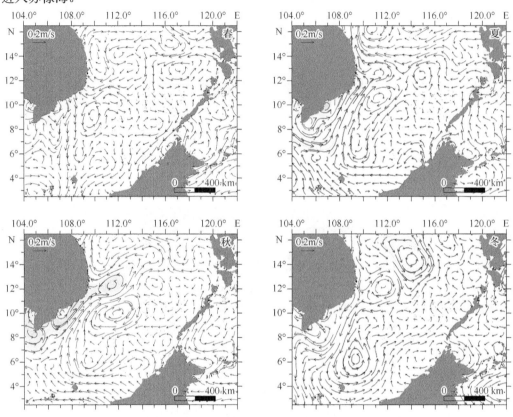

图 2.8　南沙群岛及其邻近海域表层流场的季节变化

各季节表层流场图为各季节采样期间均值场图

二、群落时空分布与季风转换的关系

南沙群岛及其邻近海域浮游动物群落分为春季群落（群落Ⅰ）、春季陆架群落（群落Ⅲ）、夏季群落（群落Ⅳ）、春—夏季过渡群落（群落Ⅱ）、秋季群落（群落Ⅴ）与冬季群落（群落Ⅵ）6个群落（图2.9）。各群落指示种分布为：春季群落指示种有偏近岸分布的广温种宽额假磷虾 *Pseudeuphausia latifrons*、深水种节僵异肢水蚤 *Heterorhabdus ankylocolus*、热带大洋种小葱萤 *Porroecia porrecta*；春季陆架群落指示种有广温种小细足磷虾 *Nematoscelis microps*、暖水广布种短钩大眼水蚤 *Onychocorycaeus giesbrechti*；夏季群落指示种有热带广布种正形滨箭虫 *Aidanosagitta regularis*、热带大洋种中型住囊虫 *Oikopleura intermedia* 和单胃住筒虫 *Fritillaria haplostoma*、热带广布种秀丽孔雀水蚤 *Parvocalanus elegans*；春—夏季过渡群落指示种有暖水广布种球形水肌螺 *Hydromyles globulosus* 和尖真刺水蚤 *Euchaeta acuta*；秋季群落指示种有大洋广布种双生水母 *Diphyes chamissonis*、暖水广布种晶浆水蚤 *Copilia vitrea*、暖水大洋种双叉真浮萤 *Euconchoecia bifurata*、热带大洋种赫氏巨囊虫 *Megalocercus huxleyi*、暖水近岸种齿形拟

浮萤 *Paraconchoecia dentata*、暖水种双突真胖水蚤 *Euchirella bitumida*、暖水广布种东方组鳃樽 *Thalia orientalis*、热带种安氏隆哲水蚤 *Acrocalanus andersoni*、深水种三刺缤足磷虾 *Thysanopoda tricuspidata*、深水种长须全羽水蚤 *Haloptilus longicirrus*、热带大洋种隆状直浮萤 *Orthoconchoecia atlantica*；冬季群落指示种有暖水大洋种小翼萤 *Alacia minor*、暖水种雅真胖水蚤 *Euchirella venusta*、暖水大洋种略大翼萤 *Alacia major*、热带广布种椭形长足水蚤 *Calanopia elliptica*、暖水大洋种角锚哲水蚤 *Rhincalanus cornutus*、热带大洋种刺额葱萤 *Porroecia spinirostris*。

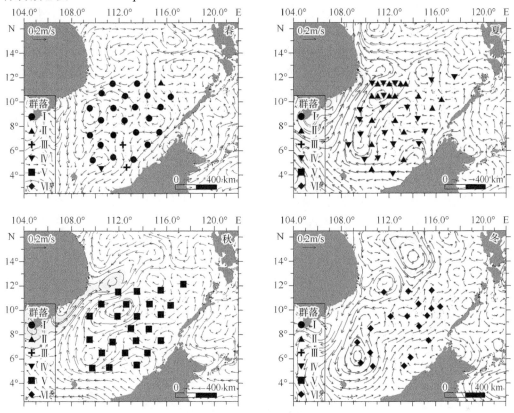

图 2.9　南沙群岛及其邻近海域浮游动物群落结构与表层流场的季节关系

南沙群岛及其邻近海域浮游动物群落呈现明显的季节变化，其中，夏季群落和春季陆架群落与其他 4 个群落的差异最为明显，秋季群落和冬季群落相似度较高，与各季节所处季风期相关（春季为东北-西南季风转换期、夏季为西南季风期、秋季为西南-东北季风转换期，冬季为东北季风期）。

春季为季风转换期，南沙群岛及其邻近海域因受越南沿岸流的影响，春季群落出现偏近岸分布的广温性指示种宽额假磷虾。夏季为西南季风期，海区西部受南沙反气旋环流控制，边缘区域为南海急流区，夏季群落指示种中广盐种与大洋种数量相当，以及春—夏季过渡群落指示种全是广布种都反映了近岸水团的影响。秋季为季风转换期，南沙海区表层流场结构与夏季相似，秋季群落指示种以大洋种和广盐种为主。冬季为东北季风期，南下的越南沿岸流与南沙气旋性环流控制海区大部，冬季群落指示种由大洋种和广盐种组成。春季群落和秋季群落指示种中还包含深水种，反映了上升流水团在这两个季节的影响较为明显。可见，南沙群岛及其邻近海域浮游动物群落的演替是对季风变换引起环流改变后，沿岸低盐水团势力对海区影响程度的响应。

三、数量时空分布与季风转换的关系

南沙群岛及其邻近海域浮游动物栖息密度呈现秋季明显高于其他三季的特征，与南海中部四季无明显差异不同。南沙群岛及其邻近海域浮游动物栖息密度平面分布的季节变化，受季风驱动的表层环流的季节变化和水团季节性消长的影响（尹健强等，2006；王亮根等，2015）。春季为东北-西南季风转换期，北上急流、越南沿岸流与中部南下海流受北南沙反气旋环流的影响，在海区东北角发生弯曲；苏禄海入侵海水受巴拉巴克海峡西部海域的东南沙反气旋环流的影响，向南弯曲并呈气旋性环流运动（鲍李峰等，2005；李秀珍等，2011；廖秀丽等，2015）（图2.10）。在南海急流发生弯曲处的东北角与东南沙反气旋环流和苏禄海入侵海水共同影响的巴拉巴克海峡口，形成并出现了浮游动物高栖息密度区。夏季为西南季风期，海区表层整体上受南沙反气旋的控制，西部陆缘区受南海季风急流的影响，在纳土纳群岛和万安滩形成中尺度气旋式涡旋（方文东等，1997；李立，2002；鲍李峰等，2005；廖秀丽等，2015）。浮游动物栖息密度沿陆缘形成"C"形条带，与南沙反气旋环流和南海季风急流流向一致，呈现西南部高于东北部的特点；浮游动物高栖息密度区则位于南部陆缘近涡旋区。秋季是西南-东北季风转换期，海区西北部仍在南沙反气旋环流的控制下，南部则出现3个中尺度气旋性环流（鲍李峰等，2005；刘岩松等，2014；廖秀丽等，2015），浮游动物栖息密度平面分布差异最小，以南

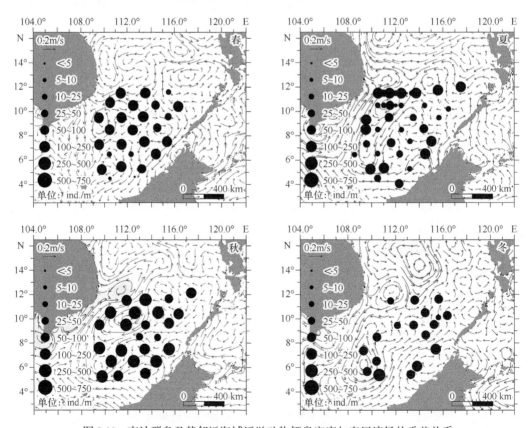

图2.10　南沙群岛及其邻近海域浮游动物栖息密度与表层流场的季节关系

部相对较高。冬季是东北季风期，气旋特征已经显现，加里曼丹岛西北部受哑铃状反气旋环流——东南沙反气旋环流的影响，南沙气旋性环流位于海区西部，呈哑铃状长椭圆形（方文东等，1997；鲍李峰等，2005；刘岩松等，2014；廖秀丽等，2015），在两个哑铃状环流的两端圆形影响区之间，形成了两个浮游动物高栖息密度区，而南部受沿岸水影响较强，其栖息密度更高。可见，浮游动物丰富区主要位于气旋性环流区与反气旋环流和气旋性环流间的海洋锋面区，平面分布的季节变化受季风驱动的环流结构变换的影响。

四、生态类群数量分布与流场的关系

不同生态类群的生物生活于特定水团区，如沿岸生态类群适应盐度相对较低的环境，多分布于沿岸低盐水区；深水类群分布于500m以深的水域，适应低温高盐环境，是上升流的指示类群。

以中华哲水蚤 *Calanus sinicus*、强壮滨箭虫 *Aidanosagitta crassa*、近缘双毛大眼水蚤 *Ditrichocorycaeus affinis*、拟帽水母 *Paratiara digitalis* 为代表的暖温沿岸类群四季均有分布（图2.11）。春季，该类群主要分布在海区东北部气旋涡-反气旋涡交互区；夏季，该类群主要局限于东南部沿岸流附近小型气旋涡边缘；秋季，该类群分布于海区东南部沿岸流北侧小型气旋涡与北部南沙反气旋环流东北侧；冬季，该类群分布于南沙气旋性环流东南侧与北部南沙气旋性环流和中沙气旋性环流交互区。可见，暖温沿岸类群多分布于沿岸流与上升流混合区，偏好聚集于南下沿岸流影响区，因此该类群可作为南下沿岸水的指示类群，夏、秋季节暖温沿岸类群仍有分布，可能是南下沿岸流的孤立水团与南部沿岸流、上升流混合产生了类似南下沿岸流温度、盐度的环境。

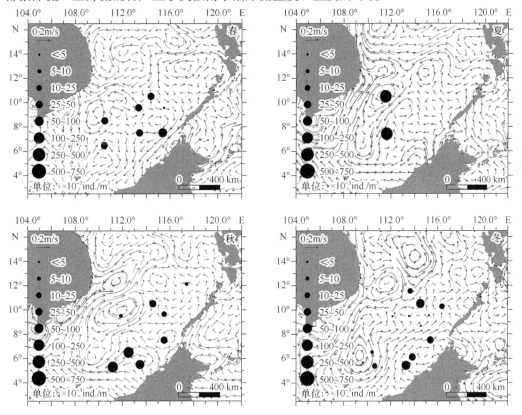

图2.11 南沙群岛及其邻近海域浮游动物暖温沿岸类群栖息密度与表层流场的季节关系

以长尾纺锤水蚤 *Acartia longiremis*、宽额假磷虾为代表的广温沿岸类群秋、冬季节广布于本海区（图2.12）。春季，该类群主要分布于海区西北部小型气旋性环流区与东部沿岸流区。夏季，该类群主要分布于南沙反气旋环流区东部与东南沿岸流区。广温沿岸类群分布指示沿岸水的影响范围。

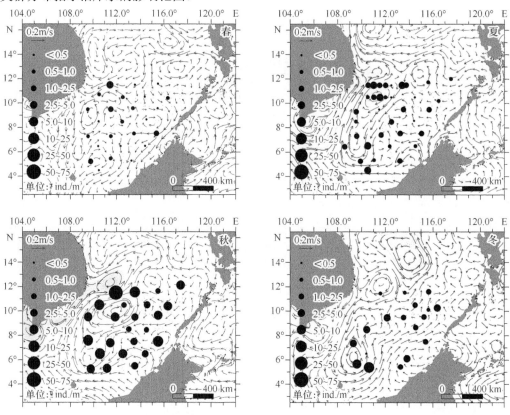

图 2.12　南沙群岛及其邻近海域浮游动物广温沿岸类群栖息密度与表层流场的季节关系

暖水沿岸类群是沿岸生态类群中最大的类群，代表种有小纺锤水蚤 *Acartia negligens*、丹氏纺锤水蚤 *Acartia danae*、红纺锤水蚤 *Acartia erythraea*、钳形歪水蚤 *Tortanus forcipatus*、小长足水蚤 *Calanopia minor*、坚双长腹剑水蚤 *Dioithona rigida*、瘦尾简角水蚤 *Pontellopsis tenuicauda*、球型侧腕水母 *Pleurobrachia globosa*、球型多管水母 *Aequorea globosa*、细小多管水母 *Aequorea parva*、顶突潜水母 *Merga tergestina* 等。该类群广泛分布于南沙群岛及其邻近海域（图2.13），春季，涡旋交互区栖息密度偏高；夏季，加里曼丹岛近海和南沙反气旋环流西南缘的南海急流路径上、南沙反气旋环流东侧的小型涡旋交互区与北部中心反气旋涡区栖息密度较高；秋季，南沙反气旋环流北部中心反气旋涡边缘栖息密度较高；冬季，南沙气旋性环流东南侧和巴拉巴克海峡口栖息密度较高。暖水沿岸类群的分布特点表明，南沙群岛及其邻近海域沿岸水通过南海涡旋体系散布于整个海区，与上升流水团汇合，形成温盐适宜、营养丰富的环境，从而形成了浮游动物密集区。

热带沿岸类群出现频率较低，代表种有隔状滨箭虫 *Aidanosagitta septata*、瘦箭虫 *Parasagitta tenuis*、长指简角水蚤 *Pontellopsis macronyx*，春季分布于东北部苏禄海入侵海水影响区；秋季，东南部陆架水影响区数量最为丰富（图2.14）。热带沿岸类群分布指示高温沿岸水团的影响范围，在南沙群岛及其邻近海域北部出现则暗示了苏禄海入侵海水的影响。

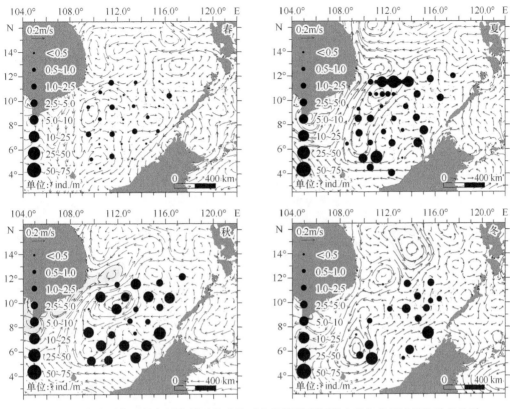

图 2.13 南沙群岛及其邻近海域浮游动物暖水沿岸类群栖息密度与表层流场的季节关系

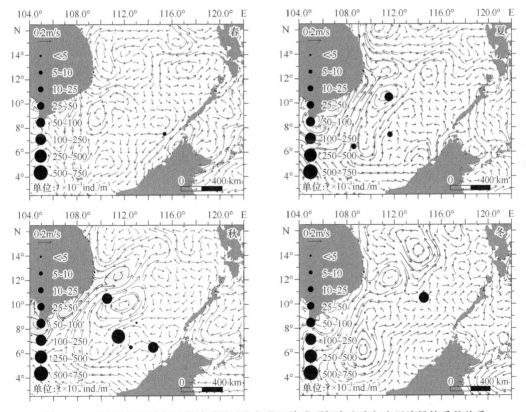

图 2.14 南沙群岛及其邻近海域浮游动物热带沿岸类群栖息密度与表层流场的季节关系

　　深水类群种类较多，但数量相对偏低，代表种有小小厚壳水蚤 *Scolecithricella minor*、大长腹水蚤 *Metridia macrura*、瘦柔壳水蚤 *Amallothrix gracilis*、梅拟真刺水蚤 *Paraeuchaeta prudens*、三刺缝足磷虾 *Thysanopoda tricuspidata*、短光水蚤 *Lucicutia curta*、深渊伪柔壳水蚤 *Pseudoamallothrix profunda*、中型波刺水蚤 *Undeuchaeta intermedia*、尖双钟水母 *Amphicaryon acaule* 等。春季，深水类群栖息密度在气旋涡附近的反气旋涡外围相对较高；夏季，南沙反气旋环流南北边缘与东部三个气旋涡之间的交互区深水类群栖息密度较高；秋季，东南南沙气旋涡北部边缘区以及南沙反气旋环流南缘深水类群栖息密度较高；冬季，中沙气旋性环流南缘深水类群栖息密度明显高于其他区域（图 2.15）。深水类群分布指示南沙群岛及其邻近海域上升流水团的影响范围，多出现于气旋涡区、反气旋涡-反气旋涡间的交互区、气旋涡-反气旋涡间的锋面区，能直接反映南沙群岛及其邻近海域涡旋的分布特征。

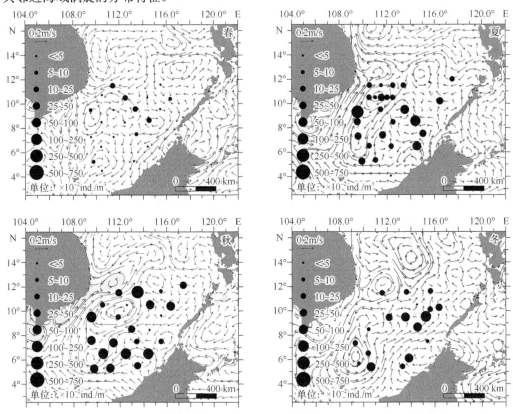

图 2.15　南沙群岛及其邻近海域浮游动物深水类群栖息密度与表层流场的季节关系

　　不同生态类群的分布特点反映了不同水团的分布特征。不同水团间的汇合由洋流驱动，南沙群岛及其邻近海域流场是一个典型的季风驱动的涡旋体系，沿岸水通过大小不同的环流从近岸向外海扩散。近岸类群生物随沿岸水散布，遇到上升流带来的深层营养物质而形成聚集斑块。深水类群生物聚集斑块环绕上升流区分布。浮游动物不同生态类群的季节分布随季风转换驱动的流场季节变化而引起的不同水团季节空间分布差异而变化。

第三章　南沙群岛及其邻近海域浮游动物主要种类生态学特征

第一节 甲壳动物

甲壳动物是节肢动物门 Arthropoda 甲壳动物亚门 Crustacea 的统称，全球海洋记录有 51 712 种。其中，桡足纲有 11 026 种，含哲水蚤目 Calanoida 2072 种、剑水蚤目 Cyclopoida 3003 种、猛水蚤目 Harpacticoida 3437 种、管口虱目 Siphonostomatoida 2190 种、怪水蚤目 Monstrilloida 172 种、小虱目 Misophrioida 36 种、摩门虱目 Mormonilloida 4 种；端足目 Amphipoda 有 8059 种，含蛾亚目 Hyperiidea 286 种；十足目 Decapoda 有 6076 种；涟虫目 Cumacea 有 1735 种；糠虾目 Mysida 有 1164 种；磷虾目 Euphausiacea 有 86 种；介形纲 Ostracoda 有 5947 种；双甲总目 Diplostraca 有 85 种。

一、桡足类

浮游桡足类，即浮游习性的桡足纲动物，是仔稚鱼、大型肉食性浮游动物和小型鱼类等海洋生物的重要饵料。浮游桡足类的分布随海洋流场的变化而变化，可指示海洋水团与气候的变化。中国海洋已记录浮游桡足类 1089 种，南海有浮游桡足类 415 种，其中哲水蚤目物种最多，约占浮游桡足类物种的 80%（连光山等，2018）。浮游桡足类按体长大小可划分为小型桡足类（体长不超过 1mm）和中大型桡足类（体长大于 1mm）。小型桡足类是鱼类重要的开口饵料和肉食性浮游动物的重要饵料，南沙群岛及其邻近海域小型桡足类以长腹剑水蚤属 Oithona、基齿哲水蚤属 Clausocalanus、拟哲水蚤属 Paracalanus、羽刺大眼水蚤属 Farranula、丽哲水蚤属 Calocalanus、三锥水蚤属 Triconia 和隆水蚤属 Oncaea 等 7 属为主，贡献了总数量的 79%，约是中大型桡足类的 10 倍。南沙群岛及其邻近海域中大型桡足类中的波水蚤属 Undinula、次真哲水蚤属 Subeucalanus、锚哲水蚤属 Rhincalanus、桨水蚤属 Copilia、筛哲水蚤属 Cosmocalanus、大眼水蚤属 Corycaeus、新哲水蚤属 Neocalanus 和乳点水蚤属 Pleuromamma 等 8 属数量居多，占中大型桡足类总数量的 44.4%。

（一）种类组成

2013 年共鉴定出浮游桡足类 106 属 361 种，含 106 种小型桡足类和 255 种中大型桡足类。四季皆出现的物种约占 40%，包括 53 种小型桡足类和 91 种中大型桡足类。约 3% 的物种出现频率超过 90%，分别是普通波水蚤 Undinula vulgaris、长尾基齿哲水蚤 Clausocalanus furcatus、丽隆水蚤 Oncaea venusta、驼背羽刺大眼水蚤 Farranula gibbula、长角全羽水蚤 Haloptilus longicornis、瘦新哲水蚤 Neocalanus gracilis、细拟真哲水蚤 Pareucalanus attenuatus、奇桨水蚤 Copilia mirabilis、达氏筛哲水蚤 Cosmocalanus darwinii 和小纺锤水蚤 Acartia negligens；约 52% 的物种出现频率低于 10%。浮游桡足类的季节更替率为 17%～39%，物种组成无季节性差异。

（二）生态类群

南沙群岛及其邻近海域为典型的热带寡营养环境，依据浮游桡足类的生态习性与地理分布，可将其分为暖温近岸种、暖水近岸种、大洋广布种、大洋狭布种、大洋深水种和世界广布种等生态类群（Bradford-Grieve et al.，1999；王亮根等，2015；连光山等，2018）。

暖温近岸种能适应低温广盐的海水环境，有 3 种，分别是中华哲水蚤 *Calanus sinicus*、长尾纺锤水蚤 *Acartia longiremis* 和近缘双毛大眼水蚤 *Ditrichocorycaeus affinis*，主要出现在春季和秋季，反映了越南沿岸流对调查海区的影响。其中，长尾纺锤水蚤适温能力很强，可分布于热带沿岸。

暖水近岸种对温度和盐度的适应性较强，可分布至盐度偏低的近岸水域，约占总物种数的 5%，代表性种类有小纺锤水蚤 *Acartia negligens*、坚双长腹剑水蚤 *Dioithona rigida*、锥形宽水蚤 *Temora turbinata*、短角长腹剑水蚤 *Oithona brevicornis*、尖刺唇角水蚤 *Labidocera acuta* 和真刺唇角水蚤 *Labidocera euchaeta*。长指简角水蚤 *Pontellopsis macronyx* 和小齿唇角水蚤 *Labidocera laevidentata* 主要分布于热带沿海。

大洋广布种能适应高温广盐的海水环境，种类最为丰富，约占总物种数的 34%，代表性种类有粗乳点水蚤 *Pleuromamma robusta*、羽长腹剑水蚤 *Oithona plumifera*、角三锥水蚤 *Triconia conifera*、克氏光水蚤 *Lucicutia clausi*、普通波水蚤 *Undinula vulgaris*、微驼隆哲水蚤 *Acrocalanus gracilis*、精致真刺水蚤 *Euchaeta concinna* 和叉胸刺水蚤 *Centropages furcatus* 等。

大洋狭布种能适应高温高盐的海水环境，约占总物种数的 20%，代表性种类有隆线似哲水蚤 *Calanoides carinatus*、高斯光水蚤 *Lucicutia gaussae*、裸桂水蚤 *Delius nudus*、角锚哲水蚤 *Rhincalanus cornutus*、乳突异肢水蚤 *Heterorhabdus papilliger*、长刺尾大眼水蚤 *Urocorycaeus longistylis* 和马氏梭水蚤 *Lubbockia marukawai* 等。

大洋深水种大多分布于南海最深处（超过 5000m），约占总物种数的 31%，代表种有叶小厚壳水蚤 *Scolecithricella dentata*、大长腹水蚤 *Metridia macrura*、卵形光水蚤 *Lucicutia ovalis*、深海小厚壳水蚤 *Scolecithricella abyssalis*、羽波刺水蚤 *Undeuchaeta plumosa*、刺额异肢水蚤 *Heterorhabdus spinifrons*、长须全羽水蚤 *Haloptilus longicirrus*、梅拟真刺水蚤 *Paraeuchaeta prudens*、亚刺异肢水蚤 *Heterorhabdus subspinifrons*、武装鹰嘴水蚤 *Aetideus armatus* 等，以大中型桡足类为主，约占大洋深水种物种数的 87%。小小厚壳水蚤 *Scolecithricella minor*、瘦隆水蚤 *Oncaea gracilis*、小摩门虫 *Mormonilla minor* 和长毛摩门虫 *Mormonilla phasma* 4 种可出现在中层和深层，尖头全羽水蚤 *Haloptilus oxycephalus* 可出现于上层至深层。

世界广布种能适应较广的温度和盐度范围，广布于世界海洋，有 8 种，分别是拟长腹剑水蚤 *Oithona similis*、宽基齿哲水蚤 *Clausocalanus laticeps*、小毛猛水蚤 *Microsetella norvegica*、瘦长毛猛水蚤 *Macrosetella gracilis*、尖额谐猛水蚤 *Euterpina acutifrons*、红小毛猛水蚤 *Microsetella rosea*、硬鳞暴猛水蚤 *Clytemnestra scutellata* 和喙额盔头猛水蚤 *Goniopsyllus rostratus*，均为小型桡足类。

此外，黄棒剑水蚤 *Ratania flava* 和深角剑水蚤 *Pontoeciella abyssicola* 营寄生或共生生活。

（三）数量分布

南沙群岛及其邻近海域桡足类年均栖息密度为 139ind./m³；秋季平均栖息密度最高，

为275ind./m³；春季居次，为117ind./m³；冬季比春季略低，为97ind./m³；夏季最低，为68ind./m³（表3.1）。小型桡足类占桡足类总数量的90%以上，栖息密度季节变化趋势与桡足类总栖息密度一致。大中型桡足类年均栖息密度为12ind./m³，是小型桡足类年均栖息密度的9.2%；季节变化趋势上，与小型桡足类的差异在于春季、冬季栖息密度相近。

表3.1　南沙群岛及其邻近海域桡足类平均栖息密度的季节分布　（单位：ind./m³）

季节	小型桡足类	大中型桡足类	桡足类
春季	111	10	117
夏季	67	8	68
秋季	256	18	275
冬季	88	10	97
均值	130	12	139

注：南沙群岛及其邻近海域各季节桡足类栖息密度均值通过克里金插值法直接估算

1. 平面分布

南沙群岛及其邻近海域桡足类栖息密度平面分布呈现明显的季节变化（图3.1）。春季，栖息密度呈现西北部高、东北部与南部低的特征，其中，西北部栖息密度最高达243ind./m³，东北部与南部最低栖息密度分别低于30ind./m³和10ind./m³。夏季，栖息密度呈现西北部和东南部高、中部低的特征，其中，西北部高值中心的栖息密度超过200ind./m³，东南部高值中心的栖息密度超过170ind./m³，中部的栖息密度普遍低于50ind./m³。秋季，栖息密度平面分布呈现西北部和东南部高、中部和东北部低的特征，其中，东南部高值中心栖息密度超过420ind./m³，西北部有3个栖息密度超过400ind./m³的高值中心，中部和东北部各有一个栖息密度低于100ind./m³的低值中心。冬季，栖息密度从西北部向南部升高，栖息密度超过200ind./m³的区域仅局限于南部陆架区及边缘，栖息密度最高达389ind./m³。

南沙群岛及其邻近海域小型桡足类栖息密度平面分布季节变化（图3.2）与桡足类高度相似（皮尔逊相关，$r=0.999$，$p<0.01$）。春季，栖息密度呈现西北部高、东北部与南部低的特征，其中，西北部有一个栖息密度超过200ind./m³的高值斑块，东北部和南部各有一个栖息密度低于50ind./m³的低值斑块。夏季，栖息密度呈现西北部和东南

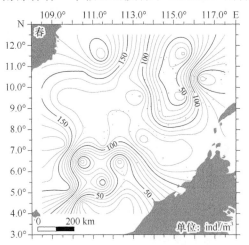
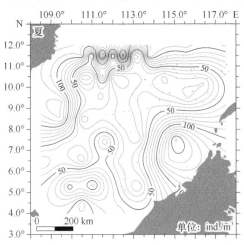

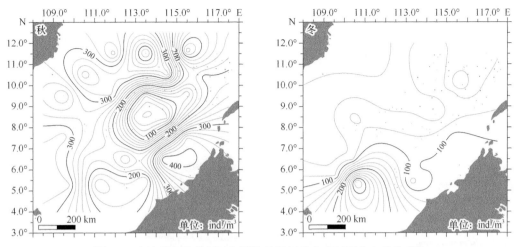

图 3.1　南沙群岛及其邻近海域桡足类栖息密度平面分布季节变化

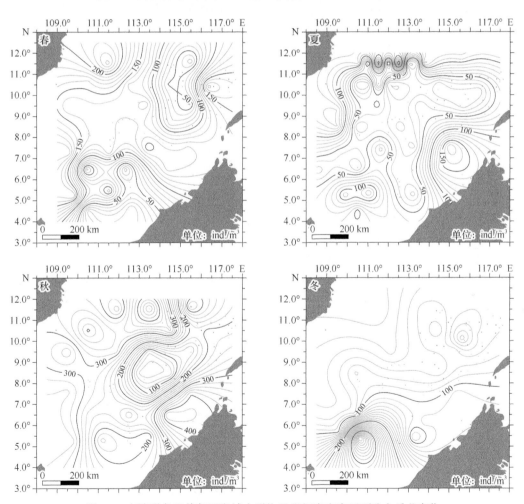

图 3.2　南沙群岛及其邻近海域小型桡足类栖息密度平面分布季节变化

部高、中部低的特征，其中，西北部高值中心栖息密度最高达 200ind./m³，东南部高值中心栖息密度超过 160ind./m³，中部栖息密度普遍低于 50ind./m³。秋季，栖息密度平面分布呈现西北部和东南部高、中部低的特征，其中，东南部高值中心的栖息密度超过 400ind./m³，西北部高值中心的栖息密度超过 440ind./m³，中部和东北部各有一个栖息密度低于 100ind./m³ 的低值中心。冬季，栖息密度呈现南高北低的特征，海区大部栖息密度低于 100ind./m³，栖息密度高于 200ind./m³ 的高值区仅局限于南部陆架区及边缘，栖息密度最高达 340ind./m³。

南沙群岛及其邻近海域大中型桡足类栖息密度平面分布季节变化（图 3.3）与桡足类明显相似（皮尔逊相关，$r=0.732$，$p<0.01$）。春季，栖息密度呈现西高东低的特征，西北部和西南部各有一个栖息密度超过 20ind./m³ 的高值斑块，东部栖息密度普遍低于 10ind./m³，零星分布有栖息密度低于 5ind./m³ 的低值斑块，南部多数区域栖息密度低于 5ind./m³。夏季，海区大部栖息密度低于 10ind./m³，仅北部边缘、东南部和南部局部区域栖息密度高于 10ind./m³，中部分布有 6 个栖息密度低于 5ind./m³ 的低值斑块。秋季，栖息密度平面分布呈现西高东低的特征，西北部和西南角栖息密度超过 25ind./m³，东部大部栖息密度低于 15ind./m³。冬季，栖息密度分布呈现南高北低的特征，海区大部栖息密度低于 10ind./m³，南部陆架区及边缘区域栖息密度较高，最高达 49ind./m³。

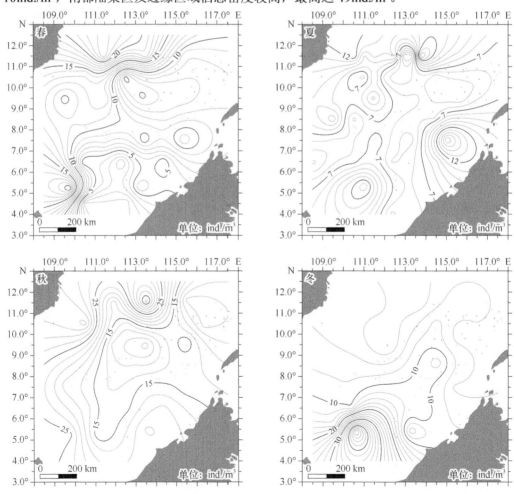

图 3.3　南沙群岛及其邻近海域大中型桡足类栖息密度平面分布季节变化

桡足类栖息密度平面分布与表层流场的关系（图 2.8，图 3.1～图 3.3）显示，桡足类主要聚集于两个涡旋环流交互区与涡旋环流和沿岸流交互区，在涡旋环流和沿岸流交互区桡足类往往最为丰富。

2. 垂直分布

南沙群岛及其邻近海域冬季桡足类平均栖息密度的垂直分布（表 3.2）显示，桡足类主要集中分布在 0～30m 水层，平均栖息密度达 149ind./m³，占总数量的 41.6%；其次是 30～75m 水层，平均栖息密度为 110ind./m³，占总数量的 30.8%；75～150m 水层的平均栖息密度为 35ind./m³，占总数量的 13.0%；150～750m 水层分布最少，平均栖息密度为 8ind./m³，占总数量的 14.6%。大中型、小型桡足类栖息密度垂直变化与桡足类垂直变化趋势相似。小型桡足类对桡足类总数量的贡献率从 0～30m 水层的 72.5% 降低至 75～150m 水层的 50.0%，表明小型桡足类更为集中地分布于 0～30m 水层，占小型桡足类总数量的 47.0%；大中型桡足类对桡足类总数量的贡献率则从 0～30m 水层的 27.5% 向下增至 150～750m 水层的 50.0%，75～750m 水层的大中型桡足类数量占全水柱总数量的 36.5%。

表 3.2 南沙群岛及其邻近海域冬季桡足类平均栖息密度的垂直分布 （单位：ind./m³）

水层（m）	小型桡足类	大中型桡足类	桡足类
0～30	108	41	149
30～75	70	40	110
75～150	21	14	35
150～750	4	4	8
全水柱	23	13	36

（四）多样性

各季节南沙群岛及其邻近海域小型桡足类马加莱夫丰富度指数（D）、香农-维纳多样性指数（H'）、毗卢均匀度指数（J）和多样性阈值（D_v）的均值分别是 3.56～4.62、3.98～4.47、0.84～0.85 和 3.4～3.8，夏季丰富度和多样性水平都略低于其他三季；各季节南沙群岛及其邻近海域大中型桡足类 D、H'、J 和 D_v 的均值分别是 5.42～7.68、4.26～4.33、0.74～0.84 和 3.2～3.6，夏季丰富度低于其他三季，春、夏两季多样性水平高于秋、冬两季（表 3.3）。大中型桡足类丰富度整体上高于小型桡足类，两个类群多样性水平相近。

表 3.3 南沙群岛及其邻近海域桡足类多样性指数季节分布

桡足类	季节	D	H'	J	D_v
小型桡足类	春季	4.62	4.26	0.85	3.6
	夏季	3.56	3.98	0.85	3.4
	秋季	4.32	4.47	0.84	3.8
	冬季	4.17	4.24	0.85	3.6
	均值	4.17	4.24	0.85	3.6

续表

桡足类	季节	D	H'	J	D_v
大中型桡足类	春季	7.20	4.30	0.81	3.5
	夏季	5.42	4.30	0.84	3.6
	秋季	7.64	4.33	0.74	3.2
	冬季	7.68	4.26	0.75	3.2
	均值	6.99	4.30	0.79	3.4

　　南沙群岛及其邻近海域小型桡足类马加莱夫丰富度指数平面分布季节变化（图3.4）显示，春季，小型桡足类高丰富度区位于西南角和东部；夏季，不同丰富度水平区交错分布，海区西部、东南部和中南部物种相对较为丰富；秋季，海区西部南沙反气旋环流区丰富度水平偏低，高丰富度区位于南沙反气旋环流区东侧；冬季，丰富度整体上呈现北高南低的特征，海区东南角和南部陆架区及边缘区物种较为丰富。

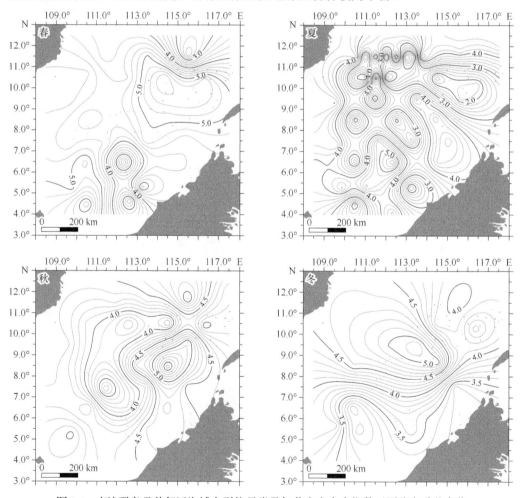

图3.4　南沙群岛及其邻近海域小型桡足类马加莱夫丰富度指数平面分布季节变化

　　南沙群岛及其邻近海域大中型桡足类马加莱夫丰富度指数同样呈现明显的季节变化（图

3.5）。春季，中部海区多数区域马加莱夫丰富度指数超过 7.0，海区东南角物种最为丰富；东部和南部区域丰富度较低，南部丰富度最低。夏季，多数海区丰富度相近，海区东南角物种最为丰富，达到了春季水平，西南陆架边缘区丰富度偏低，与该区域丰富度相近的其他区域以斑块形式镶嵌于海区中北部。秋季，与春季相似，海区多数区域马加莱夫丰富度指数超过 7.0，其中，西北部物种最为丰富，在其东侧和海区东部丰富度偏低。冬季，海区多数区域马加莱夫丰富度指数同样超过 7.0，东部边缘和中部物种较丰富，东北角丰富度最低。

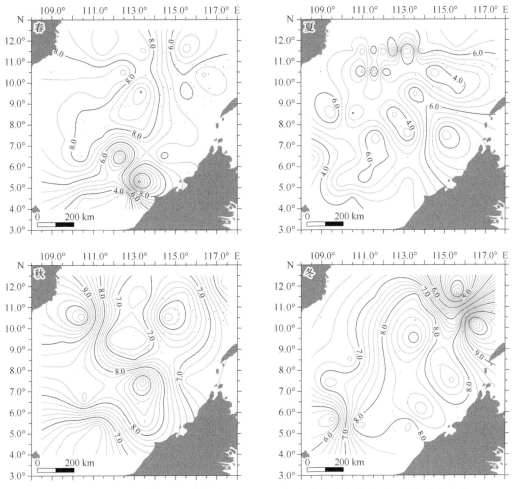

图 3.5 南沙群岛及其邻近海域大中型桡足类马加莱夫丰富度指数平面分布季节变化

　　南沙群岛及其邻近海域各季节小型桡足类多样性水平多为非常丰富，小部分区域多样性水平为丰富或较好（图 3.6）。春季，多样性水平为丰富的区域位于海区东南部。夏季，多样性水平为丰富的区域位于海区西部与北部，北部局部区域多样性水平为较好。秋季，多样性水平为丰富的区域分成两部分，一部分在西北部，另一部分在中东部。冬季与秋季类似，多样性水平为丰富的区域分成两部分，但位置不同，一部分在东南部，另一部分在中西部。可见，小型桡足类丰富度与多样性水平平面分布呈现明显的季节变动。

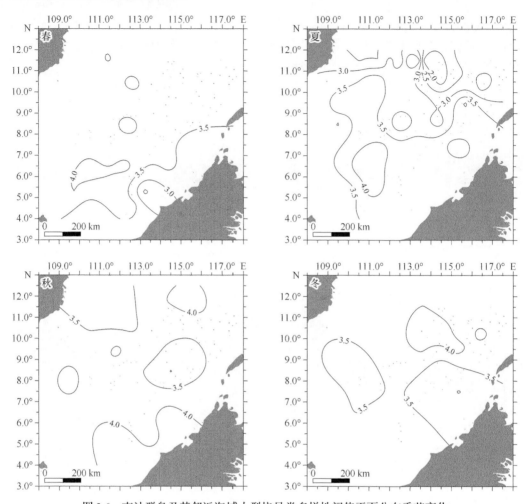

图 3.6　南沙群岛及其邻近海域小型桡足类多样性阈值平面分布季节变化

　　南沙群岛及其邻近海域各季节大中型桡足类多样性水平处于较好或非常丰富（图3.7）。春季，多样性非常丰富区集中于海区中北部，北部和中南部多为多样性丰富区。夏季，多样性非常丰富区位于海区东部和南部，多样性丰富区分成两部分，一部分从海

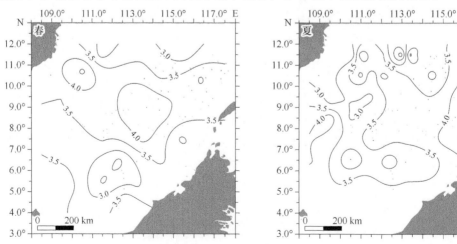

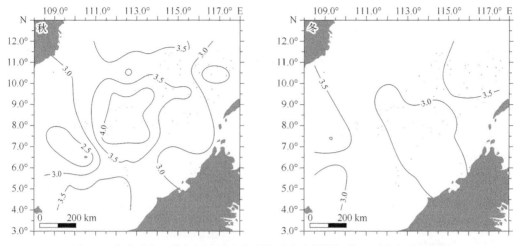

图 3.7　南沙群岛及其邻近海域大中型桡足类多样性阈值平面分布季节变化

区西北部呈舌状伸向海区中南部，另一部分位于海区北部。秋季，海区多为多样性丰富，多样性较好区和多样性非常丰富区镶嵌其中，多样性非常丰富区有 3 个斑块：北部、中部和南部。冬季，海区绝大部分为多样性丰富，东北角和西部局部区域为多样性非常丰富。

（五）优势种

1. 小型桡足类优势种

以优势度（*Y*）≥0.02 为优势种标准，南沙群岛及其邻近海域小型桡足类的年度优势种有齿三锥水蚤 *Triconia dentipes*、驼背羽刺大眼水蚤 *Farranula gibbula*、羽长腹剑水蚤 *Oithona plumifera*、针丽哲水蚤 *Calocalanus styliremis*、拟长腹剑水蚤 *Oithona similis* 等 13 种，占小型桡足类年度总数量的 56.7%（表 3.4）。春季、夏季、秋季和冬季的优势种分别有 15 种、12 种、14 种和 16 种，各季节优势种对小型桡足类栖息密度的贡献水平无明显差异（57.5%～72.0%）。冬季，羽长腹剑水蚤优势地位显著。各季节共同优势种有齿三锥水蚤、驼背羽刺大眼水蚤、羽长腹剑水蚤、针丽哲水蚤、长尾基齿哲水蚤 *Clausocalanus furcatus*、中隆水蚤 *Oncaea media*、小纺锤水蚤 *Acartia negligens* 7 种。

表 3.4　南沙群岛及其邻近海域小型桡足类优势种的优势度指数（DI）与优势度（*Y*）

种名	DI（%）					*Y*				
	春季	夏季	秋季	冬季	年度	春季	夏季	秋季	冬季	年度
齿三锥水蚤 *Triconia dentipes*	9.0	7.8	8.1	7.9	8.2	0.08	0.04	0.08	0.07	0.07
驼背羽刺大眼水蚤 *Farranula gibbula*	8.8	7.6	7.1	6.5	7.5	0.08	0.06	0.07	0.06	0.07
羽长腹剑水蚤 *Oithona plumifera*	5.9	7.8	4.7	11.2	6.4	0.05	0.04	0.05	0.11	0.05
针丽哲水蚤 *Calocalanus styliremis*	5.0	7.1	5.2	5.3	5.5	0.05	0.04	0.05	0.05	0.05
拟长腹剑水蚤 *Oithona similis*	5.0	6.8	6.0		5.4	0.04		0.06		0.04
长尾基齿哲水蚤 *Clausocalanus furcatus*	5.4	2.0	3.9	3.6	3.8	0.05	0.02	0.04	0.04	0.04
中隆水蚤 *Oncaea media*	6.5	3.5	3.7	5.1	4.5	0.06	0.02	0.04	0.05	0.04
小纺锤水蚤 *Acartia negligens*	3.7	2.8	2.3	4.4	2.9	0.03	0.03	0.02	0.03	0.03

续表

种名	DI（%）					Y				
	春季	夏季	秋季	冬季	年度	春季	夏季	秋季	冬季	年度
矮拟哲水蚤 *Paracalanus nanus*			5.1	5.1	3.6			0.05	0.05	0.03
小毛猛水蚤 *Microsetella norvegica*			5.3		3.3			0.05		0.02
克氏长角哲水蚤 *Mecynocera clausi*			1.8	2.8	1.8			0.02	0.03	0.02
精致羽刺大眼水蚤 *Farranula concinna*		3.2			1.8		0.03			0.02
瘦长毛猛水蚤 *Macrosetella gracilis*	1.9		2.7		2.0	0.02		0.02		0.02
孔雀丽哲水蚤 *Calocalanus pavo*		2.1		2.1			0.02		0.02	
等刺隆水蚤 *Oncaea mediterranea*	2.3			2.2		0.02			0.02	
背突隆水蚤 *Oncaea clevei*			3.3	3.2				0.03	0.03	
宽基齿哲水蚤 *Clausocalanus laticeps*			4.7					0.04		
瘦长腹剑水蚤 *Oithona tenuis*		2.5		2.9			0.02		0.03	
小基齿哲水蚤 *Clausocalanus minor*	2.1			3.1		0.02			0.03	
拟额羽刺大眼水蚤 *Farranula rostratus*	2.0					0.02				
滑基齿哲水蚤 *Clausocalanus farrani*				3.1					0.03	
羽丽哲水蚤 *Calocalanus plumulosus*	1.9					0.02				
丹氏纺锤水蚤 *Acartia danae*	2.3					0.02				
秀丽孔雀水蚤 *Parvocalanus elegans*	3.7	4.3				0.02	0.02			
拟三锥水蚤 *Triconia similis*				3.5					0.02	

注：优势度空白处优势度低于0.02，相应的优势度指数也空白

齿三锥水蚤是南沙群岛及其邻近海域小型桡足类第一优势种，是最为常见的大洋广布种之一。南沙群岛及其邻近海域齿三锥水蚤年均栖息密度为10ind./m³，占小型桡足类总数量的8.2%，其中，秋季平均栖息密度最高，为11ind./m³，春季次之，为10ind./m³，冬季为7ind./m³，处于第三，夏季最低，为6ind./m³；优势度指数（DI）春季最高（DI=9.0%），其他三季无明显差异（DI=7.8%～8.1%）（表3.4）。南沙群岛及其邻近海域齿三锥水蚤栖息密度平面分布季节变化如图3.8所示，春

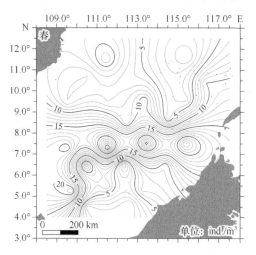
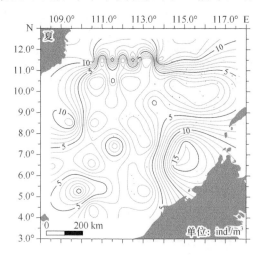

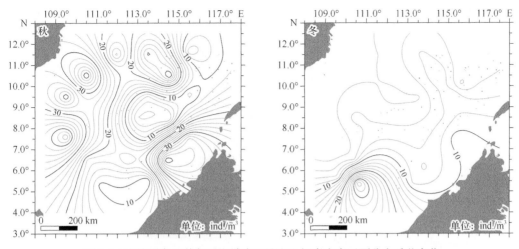

图 3.8　南沙群岛及其邻近海域齿三锥水蚤栖息密度平面分布季节变化

季，齿三锥水蚤的栖息密度呈现南北部低、中部高的特征，其中，南北部最贫瘠处的栖息密度低于 1ind./m³，中部数量丰富区最高栖息密度达 27ind./m³；夏季，齿三锥水蚤的栖息密度呈现西部、北部、东南部等边缘区高，中部、东北部和南部低的特征，其中，东南部数量最丰富，栖息密度高达 16ind./m³，数量最贫瘠处栖息密度小于 1ind./m³；秋季，齿三锥水蚤的栖息密度呈现西北部和东南部高、中部低的特征，其中，东南部数量最丰富，栖息密度高达 45ind./m³，数量最贫瘠处栖息密度小于 2ind./m³；冬季，齿三锥水蚤的栖息密度分布与桡足类的总栖息密度一致，其多聚集于南部陆架区及边缘区，栖息密度超过 20ind./m³，北部区域栖息密度多低于 10ind./m³。

　　驼背羽刺大眼水蚤是南沙群岛及其邻近海域小型桡足类并列第一优势种，是最为常见的大洋广布种之一。南沙群岛及其邻近海域驼背羽刺大眼水蚤年均栖息密度为 9ind./m³，占小型桡足类总数量的 7.5%，其中，秋季平均栖息密度最高，为 18ind./m³，春季次之，为 8ind./m³，冬季为 6ind./m³，处于第三，夏季最低，为 5ind./m³；优势度指数（DI）从春季到冬季依次降低（DI=6.5%～8.8%）（表 3.4）。南沙群岛及其邻近海域驼背羽刺大眼水蚤栖息密度平面分布季节变化如图 3.9 所示，春季，驼背羽刺大眼水蚤的栖息密度从海区西北部向东南部降低，其中，西北角栖息密度超过 20ind./m³，海区大部栖息密度低

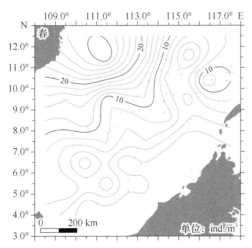
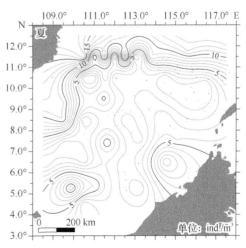

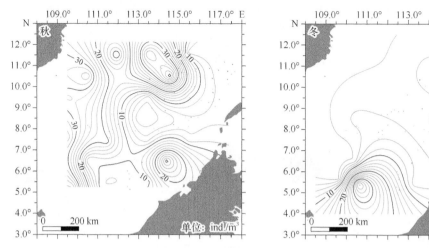

图3.9 南沙群岛及其邻近海域驼背羽刺大眼水蚤栖息密度平面分布季节变化

于10ind./m³；夏季，驼背羽刺大眼水蚤的栖息密度在海区西北部和北部边缘较高，超过10ind./m³，其他区域栖息密度多在5ind./m³以下；秋季，驼背羽刺大眼水蚤的栖息密度西高东低，西部栖息密度大多超过30ind./m³，东北部和东中部栖息密度低于10ind./m³；冬季，驼背羽刺大眼水蚤聚集至海区南部陆架区，栖息密度最高达38ind./m³，其他区域栖息密度不超过10ind./m³。

羽长腹剑水蚤是南沙群岛及其邻近海域小型桡足类第三优势种，是最为常见的大洋广布种之一。南沙群岛及其邻近海域羽长腹剑水蚤年均栖息密度为8ind./m³，占小型桡足类总数量的6.4%，其中，秋季平均栖息密度最高，为11ind./m³，冬季次之，为10ind./m³，春季为6ind./m³，处于第三，夏季最低，为4ind./m³；优势度指数（DI）冬季最高（DI=11.2%），夏季次之（DI=7.8%），春季再次之（DI=5.9%），秋季最低（DI=4.7%）（表3.4）。南沙群岛及其邻近海域羽长腹剑水蚤栖息密度平面分布季节变化如图3.10所示，春季，从海区西南部至东北部羽长腹剑水蚤栖息密度呈"W"形高低交错分布，其中，东南部数量最丰富，栖息密度达18ind./m³，海区大部栖息密度低于10ind./m³，西南部、东北部和中北部各有一个栖息密度超过10ind./m³的次高值斑块，其他区域栖息密度多低于5ind./m³；夏季，羽长腹剑水蚤多聚集于海区北部边缘，栖息密度超过10ind./m³，其他区

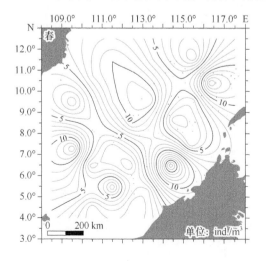
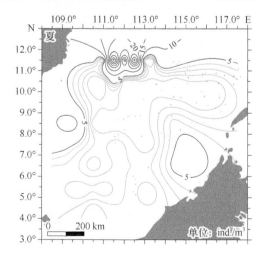

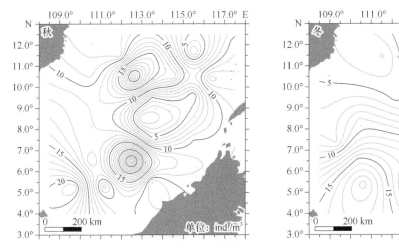

图 3.10　南沙群岛及其邻近海域羽长腹剑水蚤栖息密度平面分布季节变化

域栖息密度多在 1ind./m³ 以下；秋季，海区大部羽长腹剑水蚤栖息密度超过 10ind./m³，中部偏南数量最丰富，栖息密度最高达 30ind./m³，海区东南部、北部和中部偏东北区域数量相对较低，栖息密度低于 10ind./m³，其中部偏东北区域数量最低，栖息密度低至 1ind./m³；冬季，羽长腹剑水蚤栖息密度从西北部向东南部升高，栖息密度为 2～19ind./m³。

2. 大中型桡足类优势种

以优势度（Y）≥0.02 为优势种标准，南沙群岛及其邻近海域大中型桡足类年度优势种有普通波水蚤 *Undinula vulgaris*、达氏筛哲水蚤 *Cosmocalanus darwinii*、瘦新哲水蚤 *Neocalanus gracilis*、长角全羽水蚤 *Haloptilus longicornis*、微刺哲水蚤 *Canthocalanus pauper* 等 16 种，占大中型桡足类年度总数量的 57.4%（表 3.5），其中，普通波水蚤优势地位明显。春季、夏季、秋季和冬季优势种分别有 14 种、15 种、16 种和 18 种，各季节优势种对大中型桡足类数量的贡献率为 49.5%～72.5%。春季优势种优势地位最弱，冬季最强，夏、秋两季相当，其中，普通波水蚤在秋、冬两季优势地位明显，瘦新哲水蚤在夏季优势地位明显。各季节共同优势种有普通波水蚤、达氏筛哲水蚤、瘦新哲水蚤、长角全羽水蚤、微刺哲水蚤、奇桨水蚤 *Copilia mirabilis*、细角间哲水蚤 *Mesocalanus tenuicornis* 7 种。

表 3.5　南沙群岛及其邻近海域大中型桡足类优势种的优势度指数（DI）与优势度（Y）

种名	DI（%）					Y				
	春季	夏季	秋季	冬季	年度	春季	夏季	秋季	冬季	年度
普通波水蚤 *Undinula vulgaris*	7.3	8.0	12.1	16.9	10.8	0.07	0.08	0.12	0.17	0.10
达氏筛哲水蚤 *Cosmocalanus darwinii*	6.5	5.9	3.2	4.1	4.8	0.06	0.05	0.03	0.04	0.04
瘦新哲水蚤 *Neocalanus gracilis*	2.9	10.1	1.6	3.5	4.4	0.03	0.09	0.02	0.03	0.04
长角全羽水蚤 *Haloptilus longicornis*	2.5	4.0	3.1	5.1	3.5	0.02	0.04	0.04	0.05	0.03
微刺哲水蚤 *Canthocalanus pauper*	2.5	3.6	5.2	2.0	3.7	0.02	0.02	0.05	0.02	0.03
亚强次真哲水蚤 *Subeucalanus subcrassus*	3.4	2.8	6.6		4.0			0.06		0.03
奇桨水蚤 *Copilia mirabilis*	2.5	3.8	3.1	1.5	2.9	0.02	0.04	0.03	0.02	0.03
丽隆水蚤 *Oncaea venusta*	4.1	2.6	2.6		2.7	0.04	0.02	0.03		0.03
角锚哲水蚤 *Rhincalanus cornutus*			2.3	12.0	3.4			0.02	0.12	0.02

续表

种名	DI（%）					Y				
	春季	夏季	秋季	冬季	年度	春季	夏季	秋季	冬季	年度
细角间哲水蚤 *Mesocalanus tenuicornis*	3.9	3.0	2.7	2.1	2.9	0.03	0.02	0.02	0.02	0.02
细拟真哲水蚤 *Pareucalanus attenuatus*		3.9	2.4	1.8	2.5		0.04	0.02	0.02	0.02
黄角光水蚤 *Lucicutia flavicornis*	3.6	2.7		2.5	2.4	0.04	0.02		0.02	0.02
小哲水蚤 *Nannocalanus minor*	1.9		3.4	2.0	2.4	0.02		0.03	0.02	0.02
截平头水蚤 *Candacia truncata*		3.7	3.0	3.4	2.9		0.03	0.03	0.03	0.03
美丽大眼水蚤 *Corycaeus speciosus*			2.1	2.4	1.9			0.03	0.02	0.02
丹氏厚壳水蚤 *Scolecithrix danae*			2.8	2.1	2.2			0.03	0.02	0.02
异尾宽水蚤 *Temora discaudata*			3.1					0.03		
幼平头水蚤 *Candacia catula*				1.8					0.02	
金叶水蚤 *Sapphirina metallina*		2.3					0.02			
粗乳点水蚤 *Pleuromamma robusta*				2.9					0.03	
哲胸刺水蚤 *Centropages calaninus*				2.6					0.02	
彩额锚哲水蚤 *Rhincalanus rostrifrons*	4.5	2.6				0.04	0.02			
尖额次真哲水蚤 *Subeucalanus mucronatus*	1.6		3.8			0.02		0.02		
狭额次真哲水蚤 *Subeucalanus subtenuis*	2.3					0.02				
尖真刺水蚤 *Euchaeta acuta*	2.4					0.02				

注：优势度空白处优势度低于 0.02，相应的优势度指数也空白

普通波水蚤是南沙群岛及其邻近海域大中型桡足类第一优势种，是最为常见的大洋广布种之一。南沙群岛及其邻近海域普通波水蚤年均栖息密度为 $140×10^{-2}$ind./m³，占大中型桡足类总数量的 10.8%，其中，秋季栖息密度最高，为 $249×10^{-2}$ind./m³，冬季居次，为 $176×10^{-2}$ind./m³，春季第三，为 $76×10^{-2}$ind./m³，夏季最低，为 $57×10^{-2}$ind./m³；优势度指数（DI）从春季到冬季呈递增趋势（DI=7.3%～16.9%）（表 3.5）。南沙群岛及其邻近海域普通波水蚤栖息密度平面分布季节变化如图 3.11 所示，普通波水蚤呈现明显的聚集分布，春季，普通波水蚤主要聚集于海区西南角，栖息密度在 $250×10^{-2}$ind./m³ 以上，最高达 $756×10^{-2}$ind./m³；夏季，普通波水蚤主要分布于海区的西北部和南部，栖息密度超过

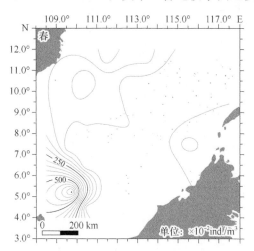

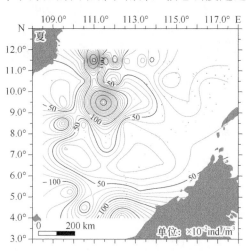

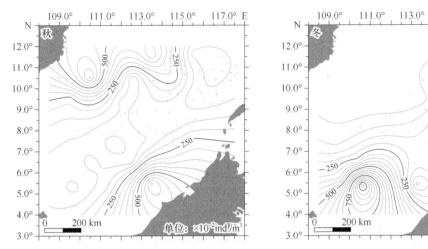

图 3.11　南沙群岛及其邻近海域普通波水蚤栖息密度平面分布季节变化

50×10^{-2}ind./m^3，局部区域栖息密度超过 150×10^{-2}ind./m^3；秋季，普通波水蚤主要分布于海区的西北部和东南部，栖息密度均在 250×10^{-2}ind./m^3 以上，最高达 710×10^{-2}ind./m^3；冬季，普通波水蚤主要聚集于海区南部，栖息密度在 250×10^{-2}ind./m^3 以上，最高达 1073×10^{-2}ind./m^3。

达氏筛哲水蚤是南沙群岛及其邻近海域大中型桡足类第二优势种，是最为常见的大洋广布种之一。南沙群岛及其邻近海域达氏筛哲水蚤年均栖息密度为 45×10^{-2}ind./m^3，占大中型桡足类总数量的 4.8%，其中，春、秋两季栖息密度相近（$53\times10^{-2}\sim57\times10^{-2}$ind./m^3），高于夏、冬两季（$31\times10^{-2}\sim38\times10^{-2}$ind./m^3）；优势度指数（DI）春季最高（DI=6.5%），夏季次之（DI=5.9%），冬季再次之（DI=4.1%），秋季最低（DI=3.2%）（表 3.5）。南沙群岛及其邻近海域达氏筛哲水蚤栖息密度平面分布季节变化如图 3.12 所示，达氏筛哲水蚤同样表现出聚集分布特征，但不如普通波水蚤明显。春季，达氏筛哲水蚤栖息密度平面分布呈现西北部高、东南部低的特征，西北部栖息密度多在 100×10^{-2}ind./m^3 之上，东南部栖息密度在 30×10^{-2}ind./m^3 之下；夏季，达氏筛哲水蚤主要聚集于海区北部边缘，栖息密度超过 100×10^{-2}ind./m^3，最高达 252×10^{-2}ind./m^3，其他区域大部栖息密度低于 50×10^{-2}ind./m^3；秋季，达氏筛哲水蚤与夏季一样主要聚集于海区北部边缘，栖息密度超过 100×10^{-2}ind./m^3，最高达 180×10^{-2}ind./m^3，西南部栖息密度超过 50×10^{-2}ind./m^3 的区域

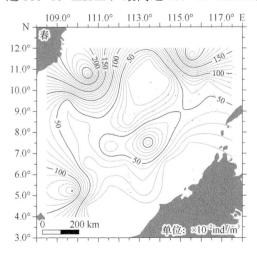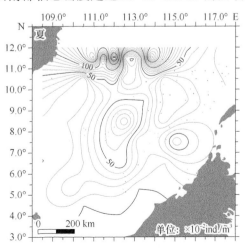

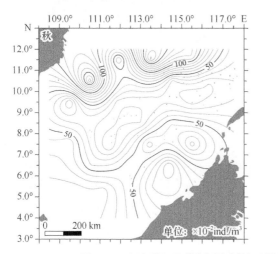
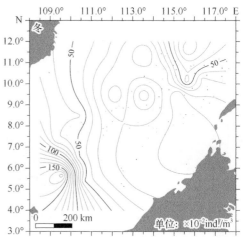

图 3.12　南沙群岛及其邻近海域达氏筛哲水蚤栖息密度平面分布季节变化

延伸至海区东南部，将海区栖息密度低于 $50×10^{-2}$ind./m³ 的低值区分成东南部和中部两部分；冬季，达氏筛哲水蚤主要聚集于海区西南角，栖息密度在 $100×10^{-2}$ind./m³ 以上，最高达 $184×10^{-2}$ind./m³。

瘦新哲水蚤是南沙群岛及其邻近海域大中型桡足类第三优势种，是最为常见的大洋广布种之一。南沙群岛及其邻近海域瘦新哲水蚤年均栖息密度为 $40×10^{-2}$ind./m³，占大中型桡足类总数量的 4.4%，其中，夏季栖息密度最高，为 $69×10^{-2}$ind./m³，其他三季栖息密度相近（$25×10^{-2}$～$36×10^{-2}$ind./m³）；优势度指数（DI）夏季最高（DI=10.1%），冬季次之（DI=3.5%），春季再次之（DI=2.9%），秋季最低（DI=1.6%）（表 3.5）。南沙群岛及其邻近海域瘦新哲水蚤栖息密度平面分布季节变化如图 3.13 所示，瘦新哲水蚤同样表现出聚集分布特征。春季，瘦新哲水蚤栖息密度平面分布呈现西北部高、东南部低的特征，西北部栖息密度多在 $25×10^{-2}$ind./m³ 之上，东南部栖息密度在 $10×10^{-2}$ind./m³ 之下；夏季，瘦新哲水蚤主要聚集于海区西部，多数栖息密度超过 $100×10^{-2}$ind./m³，最高达 $293×10^{-2}$ind./m³，其他区域大部栖息密度低于 $50×10^{-2}$ind./m³；秋季，瘦新哲水蚤主要聚集于西北角和西南角，栖息密度超过 $50×10^{-2}$ind./m³，其他海区栖息密度多低于 $20×10^{-2}$ind./m³；冬季，瘦新哲水蚤主要聚集于海区南部，栖息密度在 $100×10^{-2}$ind./m³ 以上，最高达 $178×10^{-2}$ind./m³，该聚集区的栖息密度为 $50×10^{-2}$ind./m³ 的外围区域延伸到海区中部偏东区域。

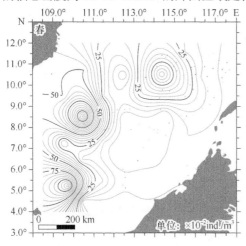
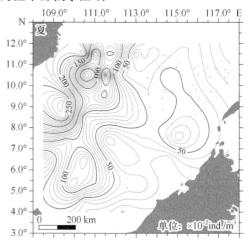

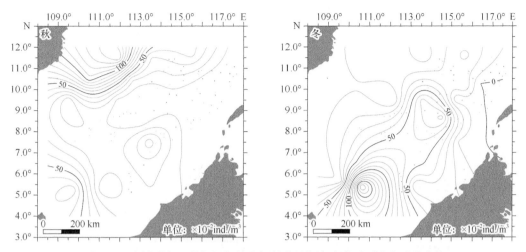

图 3.13　南沙群岛及其邻近海域瘦新哲水蚤栖息密度平面分布季节变化

（六）群落结构

1. 小型桡足类群落结构

南沙群岛及其邻近海域小型桡足类浮游动物可划分为 6 个群落（图 3.14），即冬季群落（群落Ⅰ）、春季群落（群落Ⅱ）、夏季群落（群落Ⅲ）、秋季群落（群落Ⅳ）、秋季南部陆架群落（群落Ⅴ）和春季南部陆架群落（群落Ⅵ），展现出群落间季节性更替的特征。

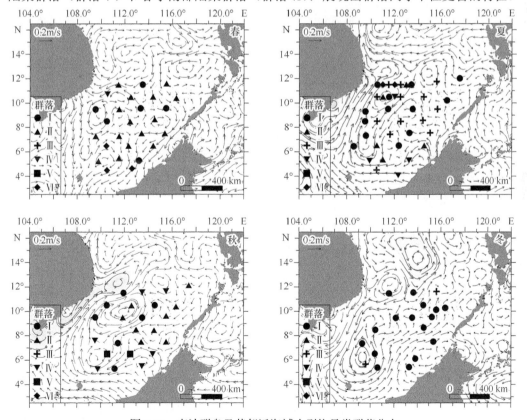

图 3.14　南沙群岛及其邻近海域小型桡足类群落分布

群落 I：小型桡足类平均总栖息密度为 82ind./m³，齿三锥水蚤、驼背羽刺大眼水蚤、羽长腹剑水蚤、拟长腹剑水蚤、针丽哲水蚤等数量较为丰富，占该群落小型桡足类总数量的 5.5%～9.4%。群落 I 在各季节均有分布，冬季分布最为广泛，分布区覆盖了该季节 89% 的水域，其他三季分布范围相对较小，分布区分别覆盖了春季 23% 的水域、夏季 34% 的水域与秋季 29% 的水域。

群落 II：小型桡足类平均总栖息密度为 125ind./m³，齿三锥水蚤、驼背羽刺大眼水蚤、羽长腹剑水蚤、拟长腹剑水蚤、针丽哲水蚤、中隆水蚤等数量较为丰富，占该群落小型桡足类总数量的 5.3%～9.1%。群落 II 在春季至秋季均有分布，是春、秋两季的最大群落，分布区分别覆盖了春季 62% 的水域与秋季 38% 的水域，秋季多集中于东北海域。

群落 III：小型桡足类平均总栖息密度为 443ind./m³，齿三锥水蚤、驼背羽刺大眼水蚤、针丽哲水蚤、矮拟哲水蚤、拟长腹剑水蚤、羽长腹剑水蚤等数量较为丰富，占该群落小型桡足类总数量的 4.0%～5.5%。群落 III 主要出现于夏季，为该季节的最大群落，分布区覆盖了该季节 37% 的水域。

群落 IV：小型桡足类平均总栖息密度为 11ind./m³，精致羽刺大眼水蚤、长尾基齿哲水蚤、小纺锤水蚤等数量较为丰富，占该群落小型桡足类总数量的 9.4%～19.0%。群落 IV 主要分布于夏、秋两季的南部陆架附近水域。

群落 V：小型桡足类平均总栖息密度为 3ind./m³，小纺锤水蚤、多刺纺锤水蚤、长尾基齿哲水蚤、驼背羽刺大眼水蚤等数量较为丰富，占该群落小型桡足类总数量的 12.5%～20.8%。群落 V 仅出现在秋季南部陆架附近水域。

群落 VI：小型桡足类平均总栖息密度为 9ind./m³，小纺锤水蚤、刺长腹剑水蚤、长尾基齿哲水蚤、精致羽刺大眼水蚤等数量较为丰富，占该群落小型桡足类总数量的 9.2%～18.3%。群落 VI 分布于春季南部陆架附近水域与夏季的南沙反气旋环流北侧。

群落 IV～VI 的优势种小纺锤水蚤和群落 V 的优势种多刺纺锤水蚤为典型沿岸种，表明这三个群落主要分布于近岸水影响区域，与它们的分布水域相吻合。群落 I～III 的优势种均为广盐种，组成相似，多分布于近岸水团指示群落北部，表明这三个群落指示南海本地水团；群落 III 的优势种矮拟哲水蚤适温能力强于其他优势种，与夏季海水上层温度相对偏高相符。

2. 大中型桡足类群落结构

南沙群岛及其邻近海域大中型桡足类浮游动物可划分为 3 个群落（图 3.15），即春季群落（群落 I）、夏季群落（群落 II）和秋—冬季群落（群落 III），表现出随季风季节性转换而更替的特征。

群落 I：大中型桡足类平均总栖息密度为 10ind./m³，普通波水蚤、瘦新哲水蚤和达氏筛哲水蚤数量较为丰富，均超过该群落大中型桡足类总数量的 5%。群落 I 主要分布于春、夏两季，占据春季除南部陆架附近水域之外的所有区域，夏季则多位于东部无明显环流区。

群落 II：大中型桡足类平均总栖息密度为 5ind./m³，数量较为丰富种与群落 I 一致，并且数量上更向这三种集中，普通波水蚤和瘦新哲水蚤分别占该群落大中型桡足类总数量的 12.6% 和 10.3%，达氏筛哲水蚤达到该群落大中型桡足类总数量的 7.5%。群落 II 主要分布于夏季，多集中于夏季的南沙反气旋环流区与春、夏两季的南部陆架附近水域。

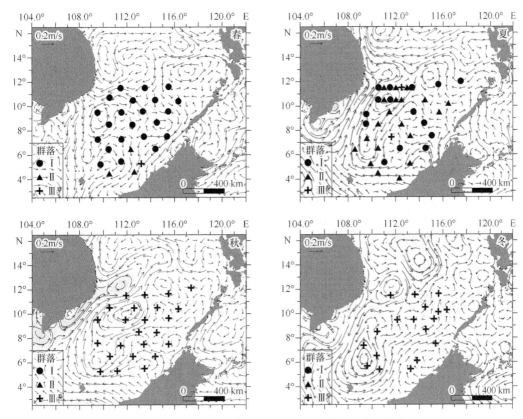

图3.15 南沙群岛及其邻近海域大中型桡足类群落分布

群落Ⅲ：大中型桡足类平均总栖息密度为 **13ind./m³**，普通波水蚤、角锚哲水蚤和亚强次真哲水蚤数量较为丰富，其中，普通波水蚤贡献了该群落大中型桡足类总数量的 **13.3%**，另外两种占该群落大中型桡足类总数量的比例约为 **5%**。秋、冬季南沙群岛及其邻近海域均为群落Ⅲ所占据。

三个群落的主要种类均以暖水广布种为主，与桡足类物种无明显的季节更替相符。亚强次真哲水蚤成为群落Ⅲ的数量丰富种反映了秋、冬季强劲的沿岸流的影响。群落Ⅱ总栖息密度偏低，与沉降流区浮游动物栖息密度偏低一致。

二、磷虾类

浮游磷虾类主要指磷虾目物种，属于节肢动物门甲壳动物亚门软甲纲 Malacostraca 真虾总目 Eucarida，全球海洋记录有 86 种，种类较少，但数量丰富，占浮游动物总数量的 5%～10%，其中鲱鱼与鳕鱼等是重要经济鱼类的重要饵料，更是南大洋生态系统的支撑者。磷虾类是我国近岸盛产的鲐鱼、沙丁鱼、竹荚鱼和蓝圆鲹等经济鱼类的重要饵料之一。磷虾类是南沙群岛及其邻近海域甲壳类第四类群，排在桡足类、端足类与介形类之后，南沙群岛及其邻近海域已记录有 48 种。

（一）种类组成

2013 年共鉴定出磷虾类 22 种，四季皆出现的物种占 41%，缘长螯磷虾 *Stylocheiron affine*、柔巧磷虾 *Euphausia tenera* 和隆长螯磷虾 *Stylocheiron carinatum* 是最为常见的 3

种磷虾类生物，55%的物种出现频率低于10%；季节更替率为22%～37%，物种组成无季节性差异。

（二）生态类群

南沙群岛及其邻近海域为典型的热带寡营养环境，依据磷虾类的生态习性与地理分布，可将其分为热带种、亚热带种和广温种。热带种有长额磷虾 *Euphausia diomedeae*、假驼磷虾 *Euphausia pseudogibba*、柔巧磷虾和瘦细足磷虾 *Nematoscelis gracilis* 等。亚热带种有隆长螯磷虾、长细足磷虾 *Nematoscelis atlantica*、半驼磷虾 *Euphausia hemigibba* 和三刺缝足磷虾 *Thysanopoda tricuspidata* 等。广温种有偏近岸分布的宽额假磷虾 *Pseudeuphausia latifrons* 和外海型的缘长螯磷虾。此外，东方缝足磷虾 *Thysanopoda orientalis* 和长角长螯磷虾 *Stylocheiron longicorne* 是中层种（140～1000m）。

（三）数量分布

南沙群岛及其邻近海域磷虾类年均栖息密度为244×10^{-3}ind./m^3，春季平均栖息密度最高，为339×10^{-3}ind./m^3，夏季与秋季居次，均为260×10^{-3}ind./m^3，冬季最低，为119×10^{-3}ind./m^3（图3.16）。与1984～1990年相比，2013年春、夏两季磷虾类栖息密度基本保持稳定，冬季磷虾类栖息密度明显低于其他季节。

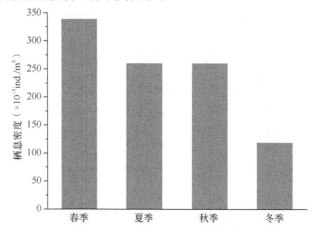

图3.16 南沙群岛及其邻近海域磷虾类平均栖息密度季节变化

南沙群岛及其邻近海域磷虾类栖息密度平面分布呈现明显的季节变化（图3.17）。春季，磷虾类栖息密度呈现东南部与西北部高、中部低的特征，其中，西北部出现一个栖息密度超过1500×10^{-3}ind./m^{3}的高值中心，东南部次高值中心（栖息密度＞500×10^{-3}ind./m^3）处于加里曼丹岛近海。夏季，磷虾类栖息密度呈现西北部高、东南部低的特征，其中，高值中心栖息密度超过900×10^{-3}ind./m^3，位置较春季高值中心偏向西北。秋季，磷虾类栖息密度平面分布趋势与夏季相似，其中，高值中心栖息密度超过1250×10^{-3}ind./m^3，位置较春季高值中心偏北；此外，在高栖息密度中心的东部与南部各有一个栖息密度超过600×10^{-3}ind./m^{3}的次高值中心。冬季，海区大部磷虾类栖息密度低于250×10^{-3}ind./m^3，仅南部陆架区栖息密度较高，高值中心栖息密度超过800×10^{-3}ind./m^3。

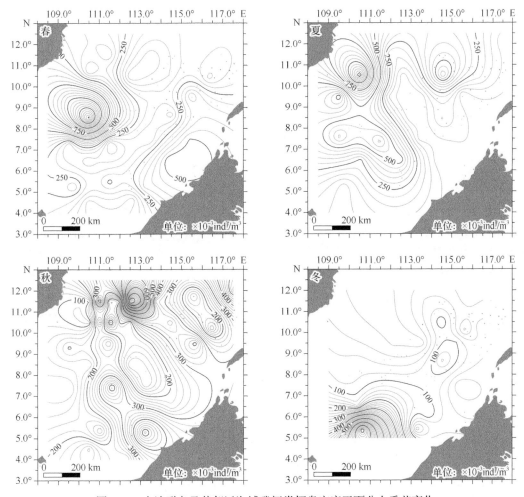

图 3.17　南沙群岛及其邻近海域磷虾类栖息密度平面分布季节变化

　　冬季南沙群岛及其邻近海域磷虾类栖息密度垂直分布（图 3.18）显示，磷虾类主要集中分布在 30～75m 水层，平均栖息密度达 747×10⁻³ind./m³，占总数量的 69.6%；其次是 0～30m 水层，平均栖息密度为 267×10⁻³ind./m³，占总数量的 24.8%；75～150m 水层

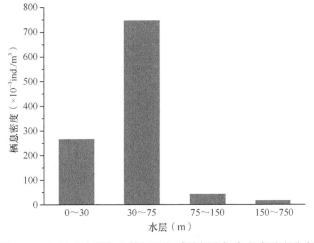

图 3.18　冬季南沙群岛及其邻近海域磷虾类栖息密度垂直分布

与 150～750m 水层磷虾类数量较少，平均栖息密度仅为前两层的 16%～23%。三刺缝足磷虾、三晶长螯磷虾、短磷虾主要分布于 0～75m 水层；柔巧磷虾、半驼磷虾与假驼磷虾主要分布于 30～75m 水层；长角长螯磷虾、秀细足磷虾 *Nematoscelis tenella* 主要分布于 75～150m 水层；东方缝足磷虾、单刺缝足磷虾 *Thysanopoda monacantha*、拟缝足磷虾 *Thysanopoda aequalis*、小细足磷虾 *Nematoscelis microps*、卷叶磷虾 *Euphausia recurva*、鸟喙磷虾 *Euphausia mutica* 主要分布于 150～750m 水层；隆长螯磷虾 *Stylocheiron carinatum* 主要分布于 30～150m 水层。

（四）多样性

各季节南沙群岛及其邻近海域磷虾类马加莱夫丰富度指数（D）、香农-维纳多样性指数（H'）与毕卢均匀度指数（J）分别为 2.18～2.99、2.40～2.96 和 0.61～0.72（表 3.6），显示多样性季节差异不明显。各季节多样性阈值（D_v）为 1.5～2.1，春季多样性水平低于其他三季。

表 3.6　南沙群岛及其邻近海域磷虾类多样性指数季节分布

季节	D	H'	J	D_v
春季	2.24	2.40	0.61	1.5
夏季	2.46	2.93	0.72	2.1
秋季	2.99	2.96	0.70	2.1
冬季	2.18	2.40	0.67	1.6
均值	2.47	2.67	0.68	1.8

南沙群岛及其邻近海域磷虾类马加莱夫丰富度指数平面分布季节变化（图 3.19）显示，春季，丰富度东西高、中间低，高丰富度中心位于海区西南部；夏季，丰富度从北向南降低；秋季，丰富度东南部与东北部低于中西部；冬季，丰富度整体趋势再次转换为从北向南降低。南沙群岛及其邻近海域磷虾类多样性阈值平面分布季节变化（图 3.20）显示，春季，多样性阈值从西南部向东北部降低；夏季，多样性阈值从西北部、东北部和东南部向中西部降低；秋季，多样性阈值呈斑块化分布，中北部、中南部与东南部各

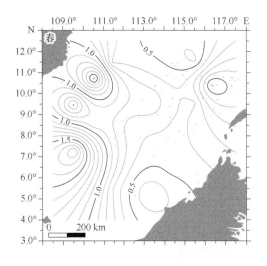
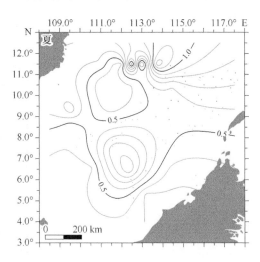

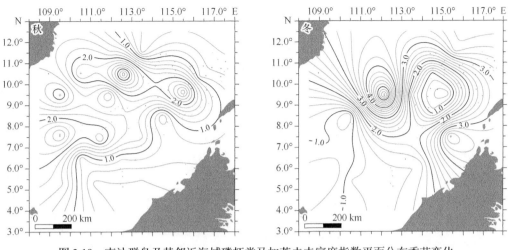

图 3.19 南沙群岛及其邻近海域磷虾类马加莱夫丰富度指数平面分布季节变化

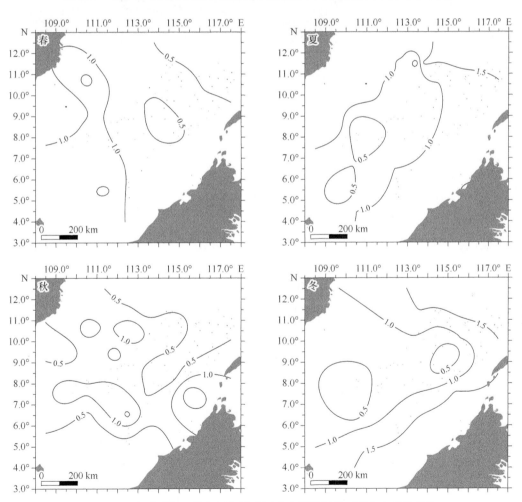

图 3.20 南沙群岛及其邻近海域磷虾类多样性阈值平面分布季节变化

有一个 $D_v > 1.0$ 的高值区，其中，东南部范围最大；冬季，多样性阈值从东北部与东南部向中西部降低。可见，磷虾类丰富度与多样性水平平面分布呈现明显的季节变动。

（五）优势种

南沙群岛及其邻近海域磷虾类年度优势种共有 5 种（$Y \geqslant 0.02$），分别为隆长螯磷虾、宽额假磷虾、柔巧磷虾、缘长螯磷虾和二晶长螯磷虾 *Stylocheiron microphthalma*，占磷虾类总数量的 69.7%。春季、夏季、秋季和冬季优势种分别有 4 种、5 种、6 种和 4 种（表 3.7）。其中，夏、冬两季的优势种优势地位较其他季节弱，各占当季磷虾类总数量的 66.6% 和 51.4%；春、秋两季优势种分别贡献了磷虾类总数量的 84.6% 和 82.2%，尤其是春季优势种宽额假磷虾优势地位显著（$Y \geqslant 0.10$），贡献了春季磷虾类总数量的 49.0%；柔巧磷虾在秋季和冬季均为第一优势种，优势地位显著，占这两季磷虾类总数量的 21% 以上，缘长螯磷虾在冬季亦具有显著的优势地位，这两个优势种在三个季节均为优势种。隆长螯磷虾是唯一的一种在各季节均为优势种的年度优势种。

表 3.7　南沙群岛及其邻近海域磷虾类优势种的优势度指数（DI）与优势度（Y）

种名	DI（%）					Y				
	春季	夏季	秋季	冬季	年度	春季	夏季	秋季	冬季	年度
短磷虾 *Euphausia brevis*			12.2					0.04		
长额磷虾 *Euphausia diomedeae*			11.2					0.03		
拟磷虾 *Euphausia similis*	15.1					0.04				
柔巧磷虾 *Euphausia tenera*		11.6	21.2	21.7	11.1		0.03	0.11	0.13	0.04
宽额假磷虾 *Pseudeuphausia latifrons*	49.0	12.2			24.0	0.28	0.03			0.04
缘长螯磷虾 *Stylocheiron affine*	14.1	8.7		15.8	10.2	0.05	0.02		0.10	0.03
隆长螯磷虾 *Stylocheiron carinatum*	6.4	16.4	20.6	10.4	16.4	0.02	0.05	0.07	0.02	0.04
长角长螯磷虾 *Stylocheiron longicorne*			8.7	3.5				0.04	0.02	
二晶长螯磷虾 *Stylocheiron microphthalma*		17.7		8.0			0.05			0.02
三刺缝足磷虾 *Thysanopoda tricuspidata*		8.3					0.04			

注：优势度空白处优势度低于 0.02，相应的优势度指数也空白

隆长螯磷虾是南沙群岛及其邻近海域磷虾类第一优势种，是最为常见种类之一，年均栖息密度为 37×10^{-3} ind./m³，占磷虾类总数量的 16.4%，其中，秋季平均栖息密度最高，为 65×10^{-3}ind./m³，夏季次之，为 48×10^{-3}ind./m³，春季为 21×10^{-3}ind./m³，处于第三，冬季最低，为 15×10^{-3}ind./m³；优势度指数与栖息密度季节波动趋势的差异在于春季低于冬季。南沙群岛及其邻近海域隆长螯磷虾栖息密度平面分布季节变化（图 3.21）显示，其呈斑块化分布。在春季、夏季和秋季，海区的西北部、东北部、东南部各有一个隆长螯磷虾聚集区，其中，春、秋季节高值中心位于西北部冷暖涡交互区，栖息密度最高分别达 142×10^{-3}ind./m³ 和 650×10^{-3}ind./m³，夏季高值中心则位于东南部小型冷涡区，栖息密度最高达 263×10^{-3}ind./m³。冬季，隆长螯磷虾聚集至海区西南角的冷涡区，高值中心的栖息密度最高达 197×10^{-3}ind./m³。

柔巧磷虾是南沙群岛及其邻近海域磷虾类并列第一优势种，是最为常见种类之一。南沙群岛及其邻近海域柔巧磷虾年均栖息密度为 25×10^{-3}ind./m³，占磷虾类总数量的 11.1%，其中，秋季平均栖息密度最高，为 50×10^{-3}ind./m³，夏、冬两季栖息密度相近，分别为 24×10^{-3}ind./m³ 和 26×10^{-3}ind./m³，春季栖息密度异常偏低，仅为 1×10^{-3}ind./m³，柔巧磷虾

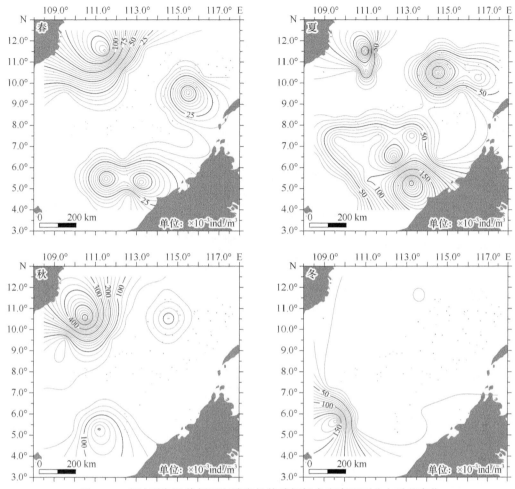

图 3.21　南沙群岛及其邻近海域隆长螯磷虾栖息密度平面分布季节变化

主要集中于西北角；秋、冬两季优势度指数相近，为 21% 以上，夏季居第三，为 11.6%，春季不超过 0.1%。南沙群岛及其邻近海域柔巧磷虾栖息密度平面分布季节变化（图 3.22）显示，夏季、秋季和冬季柔巧磷虾聚集区分成两部分，一部分位于海区东北部，另一部分是海区西北向东南延伸的高值带状斑块，并形成两个栖息密度中心。夏、秋两季，高值中心位于东北斑块，栖息密度分别达 209×10^{-3}ind./m³ 和 354×10^{-3}ind./m³；冬季，高值中心位于高值带状斑块西部，栖息密度为 86×10^{-3}ind./m³。南沙群岛及其邻近海域柔巧磷虾栖息密度与流场的关系显示，夏季，东北高值区为洋流混合区，带状斑块高值区位于南沙反气旋周围的锋面区；秋季，两个高值区均主要位于南沙反气旋周围的锋面区；冬季，带状斑块西部高值区位于南沙气旋性环流区，另外，两个次高值中心位于洋流混合区，与夏、秋两季带状斑块次高值中心位于小型冷涡区不同。

　　宽额假磷虾是南沙群岛及其邻近海域磷虾类并列第一优势种，主要出现在春、夏两季。南沙群岛及其邻近海域宽额假磷虾年均栖息密度为 54×10^{-3}ind./m³，占磷虾类总数量的 24.0%，其中，春季平均栖息密度为 165×10^{-3}ind./m³，是夏季的（50×10^{-3}ind./m³）3 倍之多。宽额假磷虾数量贡献了春季磷虾类总数量的 49.0%，夏季占 12.2%。南沙群岛及其邻近海域宽额假磷虾栖息密度平面分布季节变化（图 3.23）显示，宽额假磷虾集中分

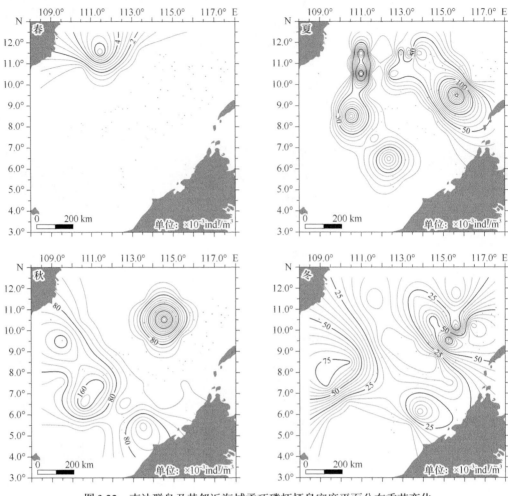

图 3.22　南沙群岛及其邻近海域柔巧磷虾栖息密度平面分布季节变化

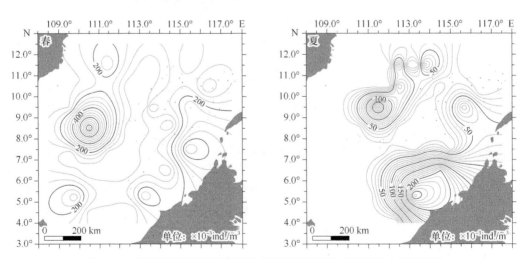

图 3.23　南沙群岛及其邻近海域宽额假磷虾栖息密度平面分布季节变化

布在东西两侧；春季，西部高值中心栖息密度达 870×10⁻³ind./m³，大约是东部次高值中心栖息密度的两倍；夏季，两个高值斑块较春季整体顺时针偏转，西部次高值斑块向东北偏移，中心栖息密度为 190×10⁻³ind./m³，东部高值斑块占据整个海区西南部，中心栖息密度为 263×10⁻³ind./m³。春、夏两季，高值中心位于冷涡区，次高值中心位于暖冷涡间的锋面区，这两个高值中心随流场季节性改变而移动。

　　缘长螯磷虾是南沙群岛及其邻近海域磷虾类第四优势种，是最为常见种类之一。南沙群岛及其邻近海域缘长螯磷虾年均栖息密度为 23×10⁻³ind./m³，占磷虾类总数量的 10.2%，其中，春季平均栖息密度为 46×10⁻³ind./m³，明显高于其他三季（14×10⁻³～18×10⁻³ind./m³）；春、冬两季优势度指数（14.1%～15.8%）高于夏、秋两季（6.0%～8.7%）。南沙群岛及其邻近海域缘长螯磷虾栖息密度平面分布季节变化（图 3.24）显示，栖息密度呈斑块化分布，春季，栖息密度高于 100×10⁻³ind./m³ 的区域位于东南部与中西部的小型冷涡区；夏季，栖息密度高于 50×10⁻³ind./m³ 的区域位于东北部小型冷涡区与中北部和中西部的南沙反气旋边缘区；秋季，栖息密度高于 50×10⁻³ind./m³ 的区域从西北部向南部延伸形成舌形区域，即涡旋交互区；冬季，栖息密度高于 50×10⁻³ind./m³ 的区域位于西南角，即暖涡边缘区；各季节其他区域栖息密度较低。

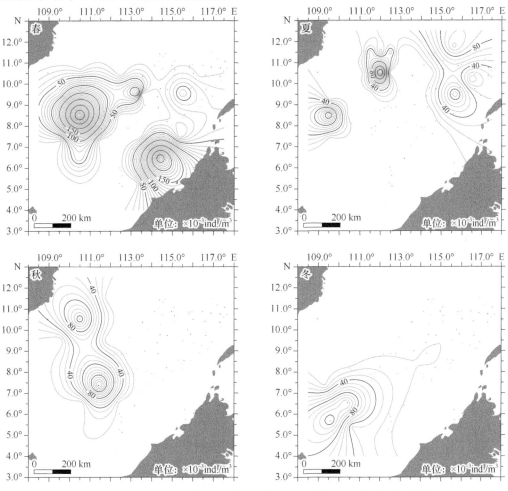

图 3.24　南沙群岛及其邻近海域缘长螯磷虾栖息密度平面分布季节变化

　　二晶长螯磷虾是南沙群岛及其邻近海域磷虾类第五优势种。南沙群岛及其邻近海域二晶长螯磷虾年均栖息密度为 $37×10^{-3}$ind./m³，占磷虾类总数量的 8.0%，其中，夏季数量最为丰富，占磷虾类总数量的 17.7%，平均栖息密度为 $40×10^{-3}$ind./m³，冬季居次，占磷虾类总数量的 12.2%，平均栖息密度为 $19×10^{-3}$ind./m³，春、秋季节数量偏少，不足磷虾类总数量的 4%，平均栖息密度分别为 $8×10^{-3}$ind./m³ 和 $7×10^{-3}$ind./m³。南沙群岛及其邻近海域二晶长螯磷虾栖息密度平面分布季节变化（图 3.25）显示，夏季，二晶长螯磷虾分布最广，形成南部、东北角与中北部三个栖息密度高值中心，栖息密度超过 $250×10^{-3}$ind./m³；冬季，二晶长螯磷虾分布范围仅次于夏季，高值中心位于南部，中心栖息密度达 $253×10^{-3}$ind./m³；春、秋季节，二晶长螯磷虾分布范围较小，春季集中在海区西北部，秋季集中在海区东南部，两季节中心栖息密度均为 $193×10^{-3}$ind./m³。各季节二晶长螯磷虾栖息密度高值区主要集中于冷涡区，随冷涡季节性消长而变动。

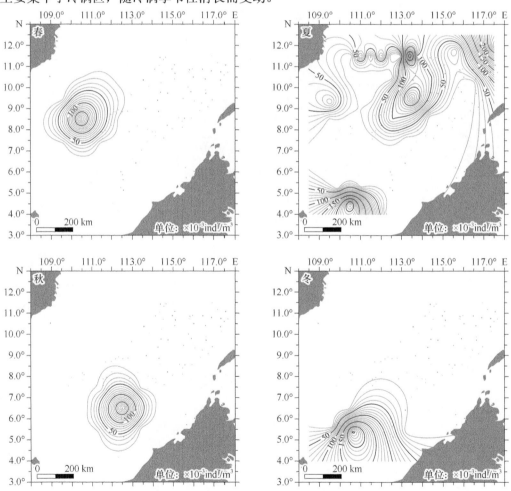

图 3.25　南沙群岛及其邻近海域二晶长螯磷虾栖息密度平面分布季节变化

　　上述五种磷虾类优势种的栖息密度平面分布呈现明显的季节变化，受南沙群岛及其邻近海域流场季节性波动的驱动，随涡旋空间分布变化而变化。

（六）群落结构

南沙群岛及其邻近海域磷虾类浮游动物可划分为 10 个群落（图 3.26），这 10 个群落根据温度和盐度差异可分成低温高盐组（群落 I）、次低温高盐组（群落 IV、V）、次高温次高盐组（群落 III、VI、VIII）、次高温低盐组（群落 II、IX）、高温次低盐组（群落 X）和高温高盐组（群落 VII）6 组。

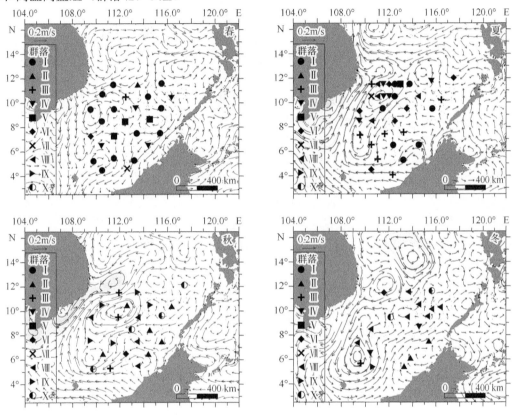

图 3.26　南沙群岛及其邻近海域磷虾类群落分布

春季，群落 I 分布最广，偏近岸分布的广温种宽额假磷虾占群落总数量的 52.2%，多分布于海区西北部冷涡区与东南陆架区，该群落指示上升水团的影响。此外，以热带大洋种长细足磷虾（DI=75.6%）和亚热带种拟磷虾 *Euphausia similis*（DI=17.6%）的数量占优的群落 V 主要分布于春季（75%），与之处于次低温高盐组的群落 IV，以外海型广温种缘长螯磷虾（DI=66.0%）和热带大洋种三晶长螯磷虾（DI=29.3%）的数量占优，其分布区域的温度、盐度与群落 I 相近。

夏季，群落 I 与群落 III 占比最高，群落 IV 和群落 VI 占比紧随其后。群落 III 以亚热带种隆长螯磷虾（DI=62.0%）、热带大洋种长额磷虾（DI=13.8%）和三晶长螯磷虾（DI=13.8%）等物种的数量占优，集中分布于海区南部，所在区域与高温高盐相对。以热带种二晶长螯磷虾（DI=57.4%）和热带大洋种长额磷虾（DI=19.5%）数量占优的群落 VI 分布区域的温度、盐度与群落 I 相近，结合流场显示，群落 VI 可指示上升流的影响。此外，群落 IV 分布区域的温度、盐度也与群落 I 相近，该群落主要位于涡旋间的锋面区，主要分布于春季。

秋季，无明显优势群落，春、夏季节出现的群落Ⅰ、Ⅳ、Ⅴ、Ⅶ消失，新出现群落Ⅸ至群落Ⅹ。

冬季，群落组成与秋季的差异在于以热带大洋种长细足磷虾（DI=75.6%）和拟磷虾（DI=17.6%）数量占优的群落Ⅵ重新出现，群落Ⅷ分布最广，热带种柔巧磷虾和亚热带种隆长螯磷虾占群落Ⅷ总数量的84.7%。

群落Ⅲ、Ⅵ四季均有出现。中层种长角长螯磷虾、热带种柔巧磷虾和亚热带种三刺缝足磷虾占群落Ⅱ总数量的84.7%。此外，群落Ⅶ仅有1种，为热带种瘦细足磷虾 *Nematoscelis gracilis*；群落Ⅸ种类最为丰富，亚热带种短磷虾、隆长螯磷虾和热带种柔巧磷虾占群落总数量的53.3%；群落Ⅹ以亚热带种三刺缝足磷虾（DI=76.7%）和外海型广温种缘长螯磷虾（DI=10.8%）最为丰富。

三、端足类

浮游端足类主要指营浮游生活的端足目物种，以蜮亚目为主，属于节肢动物门甲壳动物亚门软甲纲 Malacostraca，是海洋浮游甲壳动物的主要类群之一，丰富度仅次于桡足类和磷虾类，通常占大型浮游动物的5%～7%，是鱼类、海鸟和须鲸的直接饵料。舟山渔场浮游端足类与鲐鱼产量密切相关。蜮能寄生于多种胶质浮游动物体内，如管水母、软水母、栉水母和纽鳃樽，借助胶质浮游动物的保护漂流在贫瘠的海洋之中并完成世代交替，它们之间存在明显的同分布特征。可见，浮游端足类是海洋食物网中上层浮游生物与游泳生物的关键类群，了解其分布特征是深入研究海洋食物网的重要基础。

（一）种类组成

2013年四季共鉴定出浮游端足类14科30属69种，各季节分别为38种、36种、47种与33种。季节平均更替率为66.5%，其中，春—夏更替率为59.6%，夏—秋更替率为77.8%，秋—冬更替率为62.2%，表明物种组成存在季节性变化。

（二）生态类群

南沙群岛及其邻近海域为典型的热带寡营养环境，依据浮游端足类的生态习性与地理分布，可将其分为大洋暖水类群和广盐暖水类群。

大洋暖水类群对盐度要求较高，主要出现在深水区域，种类众多，但个体数量一般较少，代表种有刺拟慎蜮 *Phronimopsis spinifera*、定居慎蜮 *Phronima sedentaria*、佛氏小泉蜮 *Hyperietta vosseleri*、近法拟狼蜮 *Lycaeopsis themistoides* 和钳形四门蜮 *Tetrathyrus forcipatus* 等。

广盐暖水类群最适盐度比大洋暖水类群低，适盐范围较广，主要分布于海域近岸区外侧，数量丰富，种类相对较少，如孟加蛮蜮 *Lestrigonus bengalensis*、大眼蛮蜮 *Lestrigonus macrophthalmus*、中间真海精蜮 *Eupronoe intermedia*、墙双门蜮 *Amphithyrus muratus*、斑点真海精蜮 *Eupronoemaculata* 和西巴似泉蜮 *Hyperioides sibaginis* 等。

（三）数量分布

南沙群岛及其邻近海域端足类年均栖息密度为 $319×10^{-3}$ind./m³，秋季平均栖息密度最高，为 $412×10^{-3}$ind./m³，夏季居次，为 $294×10^{-3}$ind./m³，春、冬两季栖息密度相当，分别为 $283×10^{-3}$ind./m³ 和 $286×10^{-3}$ind./m³（图 3.27）。

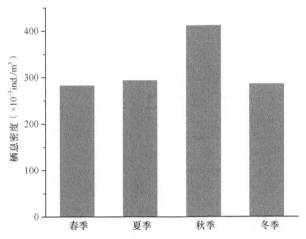

图 3.27 南沙群岛及其邻近海域端足类平均栖息密度季节变化

南沙群岛及其邻近海域端足类栖息密度平面分布呈现明显的季节变化（图 3.28）。春季，栖息密度呈现北高南低的特征，其中，北部高值中心的栖息密度达 $1200×10^{-3}$ind./m³，中部次高值中心的栖息密度达 $1125×10^{-3}$ind./m³，东南部一个小型聚集分布区域的中心栖息密度达 $650×10^{-3}$ind./m³。夏季，栖息密度呈现南高北低的特征，其中，高值中心位于巽他陆架，栖息密度达 $1667×10^{-3}$ind./m³，中北部大部分区域栖息密度超过 $250×10^{-3}$ind./m³。秋季，栖息密度仍呈现南高北低的特征，其中，高值中心位于加里曼丹岛近岸，栖息密度达 $1185×10^{-3}$ind./m³，西北部和东北部栖息密度低于 $150×10^{-3}$ind./m³。冬季，栖息密度呈现西高东低的特征，其中，西部高值中心的栖息密度达 $1340×10^{-3}$ind./m³，高值中心南部有一个次高值中心，栖息密度达 $812×10^{-3}$ind./m³。

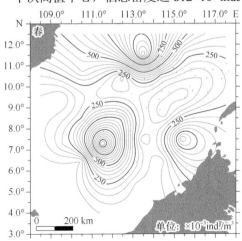
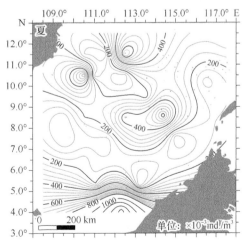

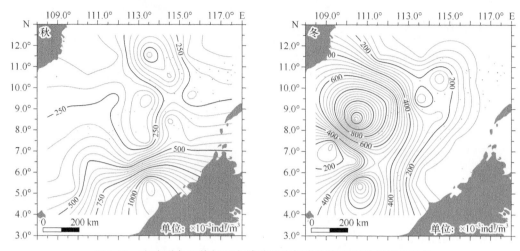

图3.28　南沙群岛及其邻近海域端足类栖息密度平面分布季节变化

冬季南沙群岛及其邻近海域端足类栖息密度垂直分布（图3.29）显示，端足类主要集中分布在30～75m水层，平均栖息密度达533×10⁻³ind./m³，占总数量的48.3%；其次是75～150m水层，平均栖息密度为331×10⁻³ind./m³，占总数量的39.9%；0～30m水层与150～750m水层端足类数量较少，平均栖息密度仅为前两层的2.9%～8.1%。斑点真海精蛾 *Eupronoe maculata* 主要分布于0～75m水层；吕宋小泉蛾 *Hyperietta luzoni*、佛氏小泉蛾 *Hyperietta vosseleri* 和三宝拟狼蛾 *Lycaeopsis zamboangae* 主要分布于30～75m水层；拉氏海神蛾 *Primno latreillei* 主要分布于150～250m水层；中间真海精蛾和孟加拉蛮蛾主要分布于35～150m水层；北方锥蛾 *Scina borealis* 主要分布于150～750m水层；半月喜蛾 *Phrosina semilunata* 分布于30～750m水层。

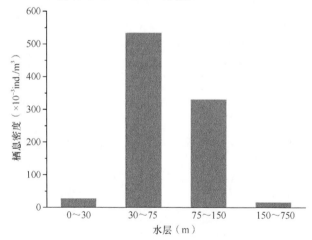

图3.29　冬季南沙群岛及其邻近海域端足类栖息密度垂直分布

（四）多样性

各季节南沙群岛及其邻近海域端足类马加莱夫丰富度指数（D）、香农-维纳多样性指数（H'）、毗卢均匀度指数（J）和多样性阈值（D_v）的均值分别为0.74～1.99、1.31～2.03、0.70～0.87和1.1～1.6，秋季端足类丰富度和多样性水平相对优于其他三季（表3.8）。

表3.8　南沙群岛及其邻近海域端足类多样性指数季节分布

季节	D	H'	J	D_v
春季	1.01	1.63	0.86	1.4
夏季	0.74	1.31	0.87	1.1
秋季	1.99	2.03	0.70	1.6
冬季	1.51	1.49	0.70	1.2
均值	1.31	1.62	0.78	1.3

　　南沙群岛及其邻近海域端足类马加莱夫丰富度指数平面分布季节变化（图3.30）显示，春季，丰富度西北部高、东北部和南部低，其他区域均为中等；夏季，丰富度呈现东北部和西南部高、中部和东南部低的特征；秋季，丰富度呈现西部高、东部居中、中部低的特征；冬季，丰富度呈现从东北部向南向西降低的特征。南沙群岛及其邻近海域端足类多样性阈值平面分布季节变化（图3.31）显示，春季，多样性阈值呈现西部和东北部高、中间区域低的特征；夏季，多样性阈值呈现从东北部向南向西降低的特征；秋季，

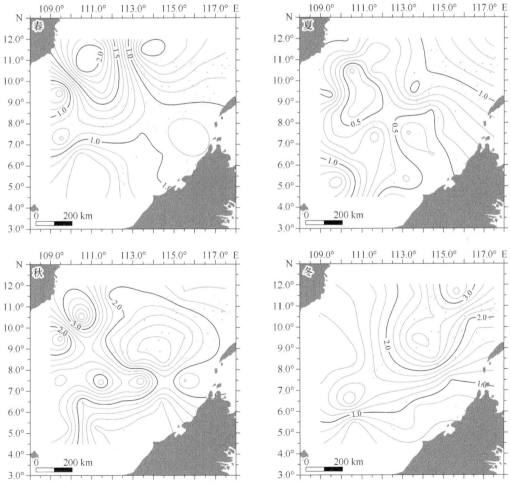

图3.30　南沙群岛及其邻近海域端足类马加莱夫丰富度指数平面分布季节变化

多样性阈值呈现从西北部向南向东降低的特征；冬季，多样性阈值呈现从东北部向南向西降低的特征。可见，端足类丰富度与多样性水平平面分布呈现明显的季节变化。

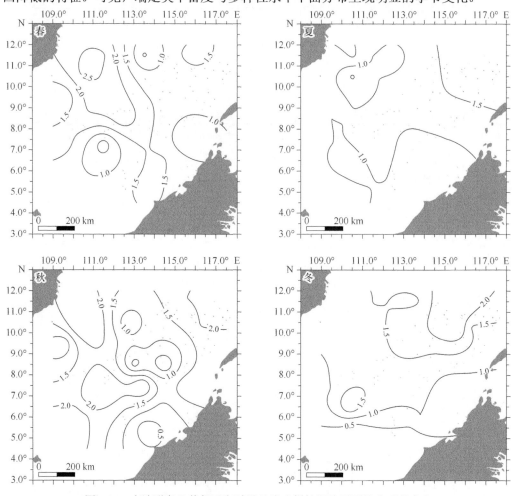

图 3.31　南沙群岛及其邻近海域端足类多样性阈值平面分布季节变化

（五）优势种

南沙群岛及其邻近海域端足类年度优势种有 6 种（$Y \geqslant 0.01$），分别为孟加拉蛮虫戎、定居慎虫戎 *Phronima sedentaria*、墙双门虫戎、拉氏海神虫戎、中间真海精虫戎和三宝拟狼虫戎，占端足类总数量的 38.3%。春季、夏季、秋季和冬季优势种分别有 4 种、4 种、8 种和 8 种（表 3.9）。其中，冬季优势种优势地位最为显著，占当季端足类总数量的 86.6%；秋季居次，占当季端足类总数量的 52.1%；夏季第三，占当季端足类总数量的 43.0%；春季最不明显，占当季端足类总数量的 26.6%。无四季共同优势种，三季共有优势种有 3 种，分别是孟加拉蛮虫戎、拉氏海神虫戎和三宝拟狼虫戎，其中，孟加拉蛮虫戎在秋、冬两季具有明显的优势地位。

表 3.9　南沙群岛及其邻近海域端足类优势种的优势度指数（DI）与优势度（Y）

种名	DI（%）					Y				
	春季	夏季	秋季	冬季	年度	春季	夏季	秋季	冬季	年度
孟加拉蛮蜮 *Lestrigonus bengalensis*	13.7		22.1	48.4	19.3	0.07		0.20	0.35	0.10
定居慎蜮 *Phronima sedentaria*		11.9	5.7		5.3		0.02	0.03		0.01
墙双门蜮 *Amphithyrus muratus*			7.3	10.1	5.0			0.03	0.03	0.01
拉氏海神蜮 *Primno latreillei*		7.9	1.7	3.5	3.5		0.01	0.01	0.01	0.01
中间真海精蜮 *Eupronoe intermedia*			5.7	4.3	2.9			0.03	0.02	0.01
三宝拟狼蜮 *Lycaeopsis zamboangae*	3.1		3.6	1.9	2.3	0.01		0.02	0.01	0.01
斑点真海精蜮 *Eupronoe maculata*		16.0					0.02			
吕宋小泉蜮 *Hyperietta luzoni*		4.2					0.01			
长形近海精蜮 *Parapronoe elongata*	6.7	7.2				0.01	0.01			
刺拟慎蜮 *Phronimopsis spinifera*	3.1					0.01				
西巴似泉蜮 *Hyperioides sibaginis*			1.8	2.3				0.01	0.01	
武装路蜮 *Vibilia armata*				9.1					0.01	
钳形四门蜮 *Tetrathyrus forcipatus*				7.0					0.03	

注：优势度空白处优势度低于 0.01，相应的优势度指数也空白

孟加拉蛮蜮是南沙群岛及其邻近海域端足类第一优势种，是最为常见的暖水广盐种之一。南沙群岛及其邻近海域孟加拉蛮蜮年均栖息密度为 $78×10^{-3}$ind./m³，占端足类总数量的 19.3%，其中，冬季平均栖息密度最高，为 $152×10^{-3}$ind./m³，春、秋两季次之，为 $76×10^{-3}\sim77×10^{-3}$ind./m³，夏季最低，为 $6×10^{-3}$ind./m³；优势度指数除夏季最低（DI=2.0%）外，其他三季从春季的 13.7% 增至冬季的 48.4%。南沙群岛及其邻近海域孟加拉蛮蜮栖息密度平面分布呈现明显的聚集特征（图 3.32）。春季，孟加拉蛮蜮主要聚集于海区东南部，中心栖息密度达 $500×10^{-3}$ind./m³；夏季，孟加拉蛮蜮主要聚集于海区东北角和南部，中心栖息密度分别达 $50×10^{-3}$ind./m³ 和 $25×10^{-3}$ind./m³；秋季，孟加拉蛮蜮主要聚集于海区东南部，中心栖息密度达 $446×10^{-3}$ind./m³，西部和南部栖息密度高于 $100×10^{-3}$ind./m³；冬季，孟加拉蛮蜮聚集于海区南部和中部，中心栖息密度分别达 $728×10^{-3}$ind./m³ 和 $779×10^{-3}$ind./m³。

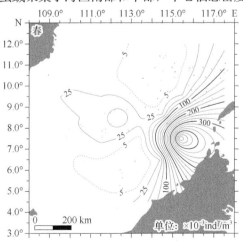
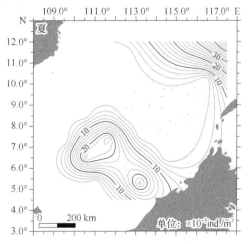

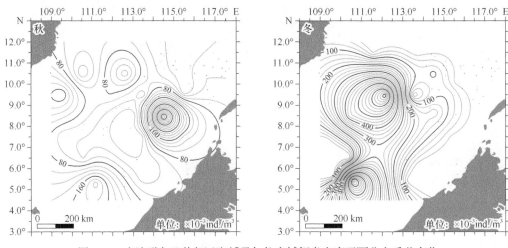

图 3.32　南沙群岛及其邻近海域孟加拉蛮蛾栖息密度平面分布季节变化

拉氏海神蛾是南沙群岛及其邻近海域端足类最为常见的大洋暖水种之一。南沙群岛及其邻近海域拉氏海神蛾年均栖息密度为 $10×10^{-3}$ind./m^3，占端足类总数量的 3.5%，其中，夏季平均栖息密度最高，为 $23×10^{-3}$ind./m^3，冬季次之，为 $11×10^{-3}$ind./m^3，秋季再次之，为 $5×10^{-3}$ind./m^3，春季最低，仅为 $2×10^{-3}$ind./m^3。南沙群岛及其邻近海域拉氏海神蛾栖息密度平面分布呈斑块状（图 3.33），春季，拉氏海神蛾主要聚集于海区西部，中心栖息密度达 $25×10^{-3}$ind./m^3；夏季，拉氏海神蛾主要聚集于海区北部边缘，中心栖息密度达 $500×10^{-3}$ind./m^3；秋季，拉氏海神蛾形成了一个栖息密度大于 $5×10^{-3}$ind./m^3 的条带，从东北部延伸到西南部，从北到南各镶嵌一个高值斑块，中心栖息密度分别达 $23×10^{-3}$ind./m^3、$21×10^{-3}$ind./m^3 和 $26×10^{-3}$ind./m^3；冬季，拉氏海神蛾聚集于海区南部，中心栖息密度达 $75×10^{-3}$ind./m^3。

三宝拟狼蛾是南沙群岛及其邻近海域端足类最为常见的暖水广盐种之一，主要出现在秋季。南沙群岛及其邻近海域三宝拟狼蛾年均栖息密度为 $7×10^{-3}$ind./m^3，占端足类总数量的 2.3%，其中，秋季数量最丰富，平均栖息密度为 $13×10^{-3}$ind./m^3，春季次之，平均栖息密度为 $9×10^{-3}$ind./m^3，冬季第三，平均栖息密度为 $6×10^{-3}$ind./m^3，夏季最低，平均栖息密度为 $1×10^{-3}$ind./m^3。南沙群岛及其邻近海域三宝拟狼蛾栖息密度平面分布呈现聚集特征（图 3.34），春季，三宝拟狼蛾聚集于海区东北角，中心栖息密度达 $100×10^{-3}$ind./m^3；夏季，

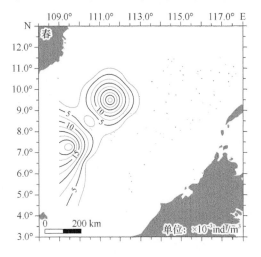

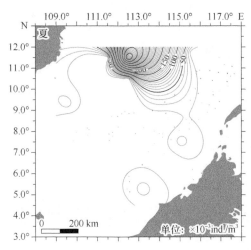

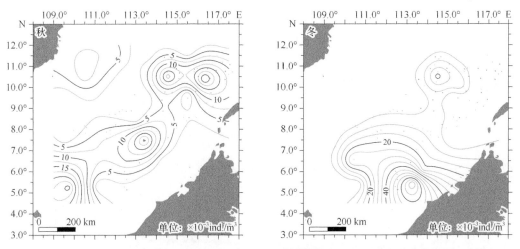

图 3.33　南沙群岛及其邻近海域拉氏海神蛾栖息密度平面分布季节变化

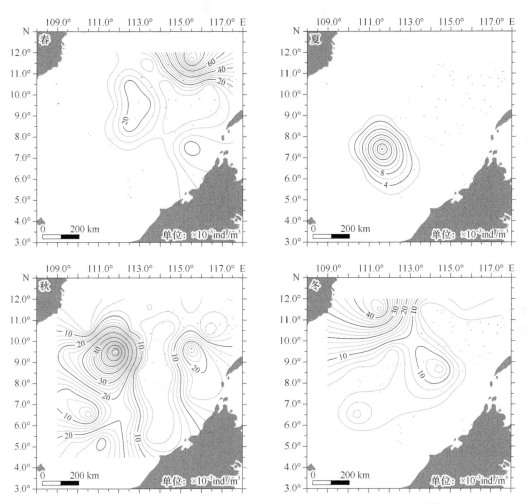

图 3.34　南沙群岛及其邻近海域三宝拟狼蛾栖息密度平面分布季节变化

三宝拟狼蛾聚集于南沙反气旋环流南部涡旋东侧，中心栖息密度达 $25×10^{-3}$ind./m³；秋季，三宝拟狼蛾分别于南沙反气旋环流北部涡旋区和南部涡旋东南侧聚集成高值斑块，中心栖息密度分别达 $80×10^{-3}$ind./m³ 和 $32×10^{-3}$ind./m³；冬季，三宝拟狼蛾聚集于海区西北角，中心栖息密度达 $49×10^{-3}$ind./m³。

（六）群落结构

南沙群岛及其邻近海域端足类浮游动物可划分为 4 个群落（图3.35），分别是秋季群落（群落Ⅰ）、夏季群落（群落Ⅱ）、春季群落（群落Ⅲ）与夏季暖涡群落（群落Ⅳ）。

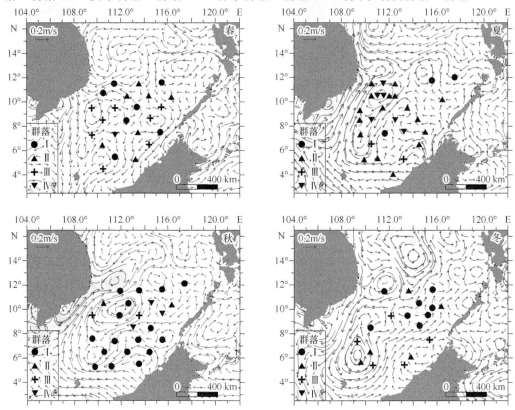

图3.35 南沙群岛及其邻近海域端足类群落分布

群落Ⅰ：端足类总栖息密度为 $368×10^{-3}$ind./m³，以孟加拉蛮蛾、墙双门蛾和中间真海精蛾三种广盐种数量最为丰富，优势度指数分别为 24.2%、9.6% 和 5.5%。秋季，群落Ⅰ具有绝对优势，随南海急流散布海区南北；冬季，群落Ⅰ主要分布于海区北部的两气旋性环流区之间；春季，群落Ⅰ分布于海区多个涡旋边缘；夏季，群落Ⅰ主要分布于海区东北角的北南海反气旋环流影响区域。这些区域多为沿岸水与南沙群岛及其邻近海域本地水混合区，与广盐种数量明显具有优势相符。

群落Ⅱ：端足类总栖息密度为 $264×10^{-3}$ind./m³，以斑点真海精蛾、深层海神蛾 *Primno abyssalis*、拉氏海神蛾和宽腕真海精蛾 *Eupronoe laticarpa* 数量最为丰富，优势度指数分别是 13.6%、12.2%、8.1% 和 6.1%。夏季，群落Ⅱ分布范围最广，南沙反气旋环流及其东部多个微型冷涡区都有分布；春季，群落Ⅱ多分布于涡旋交互区；冬季，群

落Ⅱ多分布于冷涡边缘区；秋季，群落Ⅱ零星分布于海区西北部和东北部。可见，群落
Ⅱ偏向分布于涌升水影响区域，但也可分布于反气旋环流区，主要优势种也是广盐种与
暖水种各占一半，并且优势种中真海精蜮属偏向分布于75m以浅水域，海神蜮属偏向
分布于150m以深水域，并且南海环流垂向结构为气旋性环流-反气旋环流-气旋性环流，
暗示该群落分布于上升流水团、沿岸水团与本地水团的混合区。

群落Ⅲ：端足类总栖息密度为183×10^{-3}ind./m^3，以孟加拉蛮蜮和长形近海精蜮两种
广盐种数量最为丰富，优势度指数分别是64.2%和10.8%。春季，群落Ⅲ分布最广，主
要分布于涡旋边缘区，偏向海区东西两侧分布；冬季，群落Ⅲ随沿岸流分布；秋季，群
落Ⅲ分布于南沙反气旋涡旋边缘区；夏季，群落Ⅲ分布于暖涡边缘沿岸水影响区。可见，
群落Ⅲ分布区域多为沿岸水影响区，与其优势种为广盐种相符。

群落Ⅳ：端足类总栖息密度为318×10^{-3}ind./m^3，以定居慎蜮、吕宋小泉蜮和刺拟慎蜮
三种大洋种数量最为丰富，优势度指数分别是30.8%、13.2%和5.8%。夏季，群落Ⅳ分
布最广，多分布于南沙反气旋涡旋区；春季和秋季群落Ⅳ分布于暖涡边缘区域。优势种
以大洋种为主，暗示该群落偏向分布于南海外海水控制区，与其分布多为暖涡区相吻合。

端足类生态群落平面分布的季节变化反映了南沙群岛及其邻近海域流场季节转换引
起的沿岸水团、上升水团与本地水团混合水平的空间差异。

四、介形类

浮游介形类主要指介形纲Ostracoda种类，属于节肢动物门甲壳动物亚门，包括壮
肢目Myodocopida、古肢目Palaeocopida、尾肢目Podocopida和Punciocopina[①]。浮游介形
类具有双壳（壳形、壳纹及其他附属物的形状、腺体开口的位置、额角的形状、触角的
凹深度、有无后背刺都是分类的重要依据），主要成分为钙质和几丁质，身体由头、胸、
腹构成，但体表不可见分节，壳内具有第1触角（感觉功能）、第2触角（运动功能）、
上唇、大颚（咀嚼功能）、小颚、第5附肢、第6附肢（捕食功能）、第7附肢和尾叉等，
此外，海萤亚目Cypridiniformes具有复眼，而吸海萤亚目Halocypriformes具有前器官。

介形类作为一个分化较多的类群，分布较广，种类多，在海水、淡水、半咸水中均
能生活。海洋介形类动物主要是壮肢目中的2个亚目，即海萤亚目和吸海萤亚目。海洋
浮游种类超过200种，中国海域及其邻近海域的浮游介形类共有183种（含亚种），它们
分别隶属于2亚目4科8亚科52属，其中南海种数最多，达122种。陈瑞祥和林景宏
于20世纪80年代及90年代初对在台湾海峡周边海域、南海北部大陆架海域及南海中
部海域采集的浮游生物样品进行了分类鉴定研究，并编写了南海浮游介形类的专著，结
合时空分布，将介形类详细分为四大生态类群，包括外海暖水类群、广温暖水类群、近
岸暖水类群和低温高盐类群。其中，外海暖水类群是南海最主要的生态类群，分布于高
温高盐水域，种类繁多，数量大，代表种有短额海腺萤 *Halocypris brevirostris*、小葱萤
Porroecia porrecta、长方拟浮萤 *Paraconchoecia oblonga*、宽短小浮萤 *Microconchoecia
curta*、尖细浮萤 *Conchoecetta acuminata*、多变拟浮萤 *Paraconchoecia decipiens* 和棘状拟
浮萤 *Paraconchoecia echinata* 等；广温暖水类群较常出现于相对低盐水和高温高盐水的
交汇区，种类较少，代表种有后圆真浮萤 *Euconchoecia maimai*；近岸暖水类群分布于近

---

①此物种暂无中文名

岸低盐水域，种类、数量都较少，代表种有针刺真浮萤 *Euconchoecia aculeata* 等；低温高盐类群数量较少，主要分布在深水层，种类多，待发现新种较多，代表种有切齿弯萤 *Gaussicia incisa*、兜甲萤 *Loricoecia loricata* 和细齿浮萤 *Conchoecia parvidentata* 等。海洋浮游介形类是重要的浮游生物类群，是鱼类的饵料，其在海洋物质循环、能量流动中起到了重要作用。同时，介形类对水温和盐度等环境因子较敏感，因此其可以作为潜在的气候环境变化的指示种类。

（一）种类组成

南沙群岛及其邻近海域 4 个航次调查共鉴定出介形类 59 种，其中，春季、夏季、秋季和冬季调查航次分别鉴定出 23 种、14 种、42 种和 37 种。单一季节出现的种类为 22 种，两个季节出现的种类为 22 种，三个季节出现的种类为 10 种，四季均出现的种类为 5 种，分别是棘状拟浮萤 *Paraconchoecia echinata*、尖细浮萤 *Conchoecetta acuminata*、宽短小浮萤 *Microconchoecia curta*、纳米海萤 *Cypridina nami* 和针刺真浮萤 *Euconchoecia aculeata*。

（二）数量分布

1. 平面分布

南沙群岛及其邻近海域介形类的平均栖息密度为 0.905ind./m³，秋季平均栖息密度最高，达 1.91ind./m³，冬、春季节次之，分别为 1.018ind./m³ 和 0.492ind./m³，夏季平均栖息密度最低，为 0.199ind./m³。南沙群岛及其邻近海域介形类栖息密度平面分布呈现明显的季节变化（图 3.36）。春季，栖息密度呈现明显的斑块状分布，东南部和西部海域各有一个高值中心，栖息密度超过 1.0ind./m³，北部和中部海域分别有两个次高值中心，栖息密度为 0.5～1.0ind./m³。夏季，介形类主要集中在南部和西北部海域，西部出现高值中心，但栖息密度较春季低，海区大部栖息密度低于 1.0ind./m³。秋季为四季中栖息密度最高的季节，高值中心出现在东南部海域，中心最高值超过 6.0ind./m³，次高值中心出现在西北部海域，中心最高值超过 2.0ind./m³。冬季，南沙群岛及其邻近海域大部分有介形类分布，高值中心出现在西南部海域，中心栖息密度超过 3.0ind./m³，次高值中心位于中东部海域，中心栖息密度超过 2.0ind./m³。

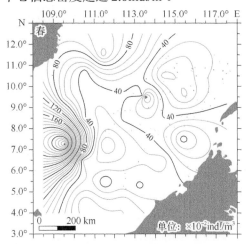
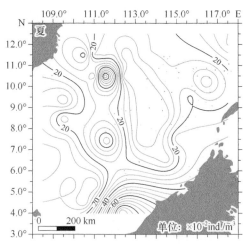

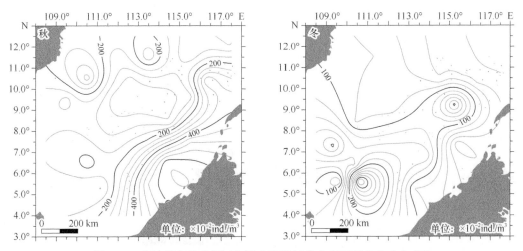

图 3.36　南沙群岛及其邻近海域介形类栖息密度平面分布季节变化

2. 垂直分布

冬季南沙群岛及其邻近海域介形类栖息密度垂直分布（图 3.37）显示，介形类主要集中分布于 30～75m 水层，平均栖息密度为 7.72ind./m³，占总数量的 23.8%；其次为 75～150m 水层，平均栖息密度为 5.09ind./m³，占总数量的 26.1%；150～750m 水层的平均栖息密度为 1.36ind./m³，占总数量 46.5%；介形类在 0～30m 水层的数量最少，平均栖息密度为 1.76ind./m³，仅占总数量的 3.6%。0～30m 水层采获介形类 12 种，占总种数的 32.4%，针刺真浮萤 *Euconchoecia aculeata* 和纳米海萤 *Cypridina nami* 的栖息密度较高，分别为 0.53ind./m³ 和 0.51ind./m³。30～75m 水层采获介形类 21 种，占总种数的 56.8%，针刺真浮萤 *Euconchoecia aculeata* 和刺额葱萤 *Porroecia spinirostris* 的栖息密度较高，分别为 1.42ind./m³ 和 0.98ind./m³。75～150m 水层采获介形类 20 种，占总种数的 54.1%，刺额葱萤 *Porroecia spinirostris* 和宽短小浮萤 *Microconchoecia curta* 的栖息密度较高，分别为 1.30ind./m³ 和 1.01ind./m³。150～750m 水层采获介形类 26 种，种数最多，占总种数的 70.3%，宽短小浮萤 *Microconchoecia curta* 和粗大后浮萤 *Metaconchoecia macromma* 的栖息密度较高，分别为 0.37ind./m³ 和 0.15ind./m³。

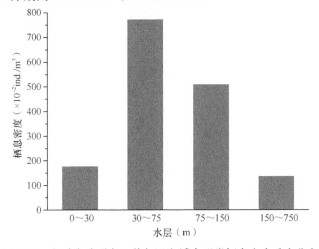

图 3.37　冬季南沙群岛及其邻近海域介形类栖息密度垂直分布

（三）多样性

各季节南沙群岛及其邻近海域介形类马加莱夫丰富度指数（D）、香农-维纳多样性指数（H'）与毗卢均匀度指数（J）分别为 6.52～12.38、2.10～2.86 和 0.71～0.80（表 3.10），多样性季节差异不明显，其中秋季多样性和丰富度最高，夏季多样性和丰富度最低，但夏季毗卢均匀度指数最高。各季节多样性阈值（D_v）为 1.6～2.2，秋季最高。

表 3.10　南沙群岛及其邻近海域介形类多样性指数季节分布

季节	D	H'	J	D_v
春季	8.63	2.22	0.71	1.6
夏季	6.52	2.10	0.80	1.7
秋季	12.38	2.86	0.77	2.2
冬季	10.72	2.72	0.75	2.1
均值	9.56	2.48	0.76	1.9

南沙群岛及其邻近海域介形类多样性平面分布显示，春季，东部海域介形类丰富度和多样性较高，中部和西北部海域次之，西南部海域丰富度和多样性较低；夏季，丰富度和多样性在西北部海域较高；秋季，丰富度和多样性呈斑块化分布，东南部海域和西北部海域多样性较高，中部海域也出现较高多样性分布区域；冬季，多样性和丰富度分布呈现四周高、中部低的特征，东南部多样性和丰富度最高。纵观全年变化，南沙群岛及其邻近海域介形类多样性和丰富度平面分布呈现明显的季节变化。

（四）优势种

以优势度（Y）≥0.02 为优势种标准，南沙群岛及其邻近海域介形类春季优势种有 4 种，分别是齿形拟浮萤 *Paraconchoecia dentata*、后圆真浮萤 *Euconchoecia maimai*、尖细浮萤 *Conchoecetta acuminata* 和小葱萤 *Porroecia porrecta*；夏季优势种有 4 种，分别是等额壮浮萤 *Conchoecissa symmetrica*、棘状拟浮萤 *Paraconchoecia echinata*、无刺海萤 *Cypridina inermis* 和针刺真浮萤 *Euconchoecia aculeata*；秋季优势种较多，达到 9 种，分别为刺额葱萤 *Porroecia spinirostris*、粗大后浮萤 *Metaconchoecia macromma*、棘状拟浮萤、尖细浮萤、宽短小浮萤 *Microconchoecia curta*、纳米海萤 *Cypridina nami*、膨大双浮萤 *Discoconchoecia tamensis*、双叉真浮萤 *Euconchoecia bifurata* 和长方拟浮萤 *Paraconchoecia oblonga*；冬季优势种有 9 种，分别为刺额葱萤、粗大后浮萤、后圆真浮萤、棘状拟浮萤、宽短小浮萤、略大翼萤 *Alacia major*、纳米海萤、小翼萤 *Alacia minor* 和长方拟浮萤 *Paraconchoecia oblonga*（表 3.11）。年度优势种有 7 种，分别是刺额葱萤、粗大后浮萤、棘状拟浮萤、尖细浮萤、宽短小浮萤、纳米海萤和长方拟浮萤，其中棘状拟浮萤为三个季节的优势种，年度优势种的总数量占介形类总数量的 47.95%。

表 3.11　南沙群岛及其邻近海域介形类各季节优势种

种名	Y			
	春季	夏季	秋季	冬季
齿形拟浮萤 *Paraconchoecia dentata*	0.08			
刺额葱萤 *Porroecia spinirostris*			0.03	0.08
粗大后浮萤 *Metaconchoecia macromma*			0.08	0.04
等额壮浮萤 *Conchoecissa symmetrica*		0.02		
后圆真浮萤 *Euconchoecia maimai*	0.11			0.02
棘状拟浮萤 *Paraconchoecia echinata*		0.09	0.05	0.08
尖细浮萤 *Conchoecetta acuminata*	0.03		0.02	
宽短小浮萤 *Microconchoecia curta*			0.07	0.10
略大翼萤 *Alacia major*				0.04
纳米海萤 *Cypridina nami*			0.08	0.11
膨大双浮萤 *Discoconchoecia tamensis*			0.02	
双叉真浮萤 *Euconchoecia bifurata*			0.08	
无刺海萤 *Cypridina inermis*		0.03		
小葱萤 *Porroecia porrecta*	0.08			
小翼萤 *Alacia minor*				0.09
长方拟浮萤 *Paraconchoecia oblonga*			0.04	0.03
针刺真浮萤 *Euconchoecia aculeata*		0.02		

注：空白处优势度低于 0.02

五、十足类

浮游十足类属甲壳动物亚门 Crustacea 软甲纲 Malacostraca 十足目 Decapoda。浮游十足类以樱虾科 Sergestidae 的毛虾属 *Acetes*、霞虾属 *Sergestes* 和莹虾属 *Lucifer* 为主，虽然种类不多，但在海洋中数量较大，是经济鱼类的主要饵料生物，有些种类如毛虾是直接捕捞的对象，而且有些种类还可以作为水团、海流的指示种。因此，浮游十足类海洋动物在海洋渔业上具有重要意义。浮游十足类的身体分为头胸部和腹部，头胸部的体节在成体完全愈合，并被背甲覆盖。一般情况下，头胸部侧扁，而莹虾属的头部从上唇前端向前延伸成圆柱形顶部，额角短小，最末 2 节有明显的雌雄区别，毛虾属背甲具有眼后刺及肝刺，腹部分 7 节。

樱虾属分布于深水海域，为大洋中层浮游生物的主要组成者之一。毛虾属和莹虾属是暖水表层浮游生物，一般栖息于冬季 10m 层等温线大于 15℃ 的水域。一般而言，毛虾属分布于沿岸河口、港湾泥沙底的浅水区（浅于 20m），并常有集群现象。我国渤海只有中国毛虾 1 种，黄海有 2 种，东海南部和南海有 5 种（徐兆礼，2007c），但数量分布恰好相反，渤海中国毛虾的产量远较南方海区高。莹虾属大多栖息于沿岸海区。在我国，莹虾属主要分布于黄海以南和南海海域，其中，正型莹虾是典型的外海种类，汉森莹虾为沿岸低盐暖水种类，间型莹虾则广泛分布于沿海水域。

（一）种类组成

南沙群岛及其邻近海域 4 个航次调查共鉴定出浮游十足类 7 种，其中，春季、夏季、秋季和冬季调查航次分别鉴定出 2 种、1 种、5 种和 5 种。单一季节航次出现的种类为 4 种，刷状莹虾 *Lucifer penicillifer* 出现于秋、冬季节调查航次，间型莹虾 *Lucifer intermedius* 除夏季航次外，其他季节航次均有出现，正型莹虾 *Lucifer typus* 在 4 个调查航次中均有发现。

（二）数量分布

1. 平面分布

南沙群岛及其邻近海域十足类的平均栖息密度为 0.162ind./m³，秋季平均栖息密度最高，达到 0.314ind./m³，冬季和夏季次之，分别为 0.172ind./m³ 和 0.094ind./m³，春季平均栖息密度最低，为 0.069ind./m³。南沙群岛及其邻近海域十足类栖息密度平面分布呈现明显的季节变化（图 3.38）。春季，栖息密度相对较高的区域主要集中在东南部，但总体密度并不高，中心值为 0.7ind./m³。夏季，栖息密度呈斑块化分布，南部和中部海域栖息密度较高，最高值位于中部海域，栖息密度超过 0.7ind./m³。秋季，南沙群岛及其邻近海域

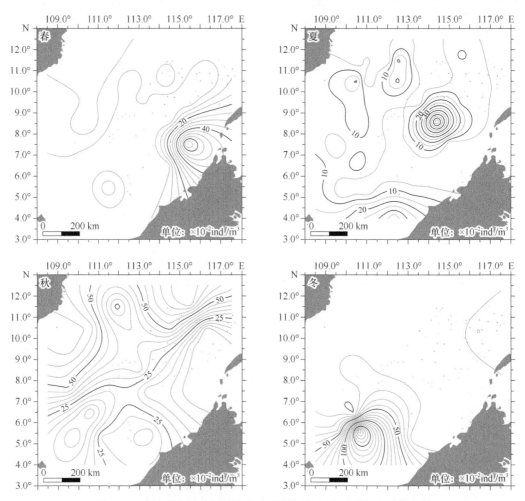

图 3.38　南沙群岛及其邻近海域十足类栖息密度平面分布季节变化

大部分区域有浮游十足类分布，栖息密度较高的区域为西北部和东北部海域，中心值超过 0.7ind./m³。冬季，海区大部分区域栖息密度低于 0.5ind./m³，仅在南部海域栖息密度较高，最高栖息密度超过 2ind./m³。

2. 垂直分布

冬季南沙群岛及其邻近海域十足类栖息密度垂直分布显示，十足类主要集中分布于 0～30m 水层，平均栖息密度为 0.83ind./m³，种类仅有正型莹虾 *Lucifer typus* 和间型莹虾 *Lucifer intermedius*；30～75m 水层仅有间型莹虾，栖息密度为 0.18ind./m³。

（三）多样性

各季节南沙群岛及其邻近海域十足类马加莱夫丰富度指数（*D*）、香农-维纳多样性指数（*H'*）与毗卢均匀度指数（*J*）分别为 0～3.54、0～1.08 和 0.08～0.67（表 3.12），多样性季节差异明显，其中秋季多样性和冬季丰富度最高，夏季多样性和丰富度最低。各季节多样性阈值为 0～0.7，秋季最高。

表 3.12 南沙群岛及其邻近海域十足类多样性指数季节分布

季节	*D*	*H'*	*J*	*D*ᵥ
春季	1.67	0.06	0.08	0
夏季	0	0	/	/
秋季	1.98	1.08	0.67	0.7
冬季	3.54	0.80	0.50	0.4
均值	2.30	0.48	0.42	0.4

/ 表示未进行计算

南沙群岛及其邻近海域十足类多样性平面分布显示，秋季十足类在西北部海域有较高的多样性和丰富度，冬季在西部和东部海域有较高的多样性和丰富度，春季和夏季十足类丰富度和多样性都比较低。

（四）优势种

以优势度（*Y*）≥0.02 为优势种标准（表 3.13），南沙群岛及其邻近海域十足类春季和夏季的优势种都为正型莹虾 *Lucifer typus*；秋季优势种有 3 种，除正型莹虾外，还有间型莹虾 *Lucifer intermedius* 和刷状莹虾 *Lucifer penicillifer*；冬季优势种为正型莹虾和间型莹虾。正型莹虾和间型莹虾为年度优势种，总数量占浮游十足类总数量的 93%。

表 3.13 南沙群岛及其邻近海域十足类各季节优势种

种名	*Y*			
	春季	夏季	秋季	冬季
正型莹虾 *Lucifer typus*	0.46	0.60	0.36	0.16
间型莹虾 *Lucifer intermedius*			0.32	0.43
刷状莹虾 *Lucifer penicillifer*			0.02	

注：空白处优势度低于 0.02

六、其他甲壳动物

除了以上叙述的较为重要的浮游甲壳动物，浮游生物中还有其他几类甲壳动物，包括糠虾类、涟虫类和枝角类。

糠虾类指糠虾目 Mysida 种类，隶属甲壳动物亚门 Crustacea 软甲纲 Malacostraca。糠虾类的身体分为头胸部和腹部，头胸部由 5 节愈合而成的头节和 8 个胸节组成，最末 1～2 个胸节暴露在背甲外面，胸足具有发达的外肢，腹足退化，有些种类的尾足内肢基部内有平衡囊。糠虾类大多营底栖生活，夜间常垂直迁移至海水表层，成为浮游生物的重要组成者之一。这类甲壳动物在海洋中广泛分布，几乎世界各海域都有分布，数量较大，常有集群现象，是沿岸水域捕捞对象之一，并且糠虾类还是经济鱼类的重要饵料，故在海洋生态系统中占有重要位置。根据背甲的形态、鳃和平衡囊的有无、抱卵片数目及腹肢发达程度，糠虾目分为 2 亚目 4 科，约有 780 种。

涟虫类是一类营底栖生活，并常在近海浮游生物中出现的甲壳动物，隶属甲壳动物亚门 Crustacea 软甲纲 Malacostraca 涟虫目 Cumacea。涟虫类的甲壳十分坚厚，通常具有较膨大的头胸部和细长的腹部，背甲小，仅覆盖头部和胸部前 3 节或前 4 节。腹部分为 6 节，各节细长，呈长圆柱形。涟虫完全海产，绝大多数为底栖种类，平时常潜伏于海底泥沙中，仅在生殖期上升至海水上层。涟虫的分布很广，在寒带海域及沿岸水域的种类和数量较多。

枝角类是一类小型低等甲壳动物，隶属于鳃足纲 Branchiopoda 双甲总目 Diplostraca，原枝角亚目（Cladocera）生物是淡水浮游生物的重要组成，而在海洋中，只有少数种类，全世界仅 11 种，大部分分布于沿岸水域。

（一）种类组成

南沙群岛及其邻近海域 4 个航次调查共鉴定出糠虾类 9 种，其中，春季调查航次没有鉴定出糠虾类，夏季航次鉴定出 4 种，秋季航次也鉴定出 4 种，冬季航次鉴定出 5 种。单一季节航次出现的种类为 6 种，印度假小糠虾 Pseudomysidetes cochinensis 出现于夏、冬季节调查航次，双眼糠虾 Euchaetomera oculata 出现于秋、冬季节调查航次，极小假近糠虾 Pseudanchialina pusilla 除春季航次外，其他季节航次均有出现。涟虫类仅在秋季航次发现三叶针尾涟虫 Diastylis tricincta，其余航次均未发现。枝角类发现 2 种，其中多型复圆囊溞 Podon polyphemoides 仅在春季航次发现，而肥胖三角溞 Pseudevadne tergestina 在 4 个航次均有出现。

（二）数量分布

1. 平面分布

南沙群岛及其邻近海域糠虾类的平均栖息密度为 38×10^{-3}ind./m^3，秋季平均栖息密度最高，达到 87×10^{-3}ind./m^3，夏季和冬季次之，分别为 46×10^{-3}ind./m^3 和 21×10^{-3}ind./m^3，春季航次没有采获糠虾类。枝角类的平均栖息密度为 64×10^{-3}ind./m^3，秋季平均栖息密度最高，达到 119×10^{-3}ind./m^3，春、夏两季次之，分别为 63×10^{-3}ind./m^3 和 40×10^{-3}ind./m^3，冬季最低，栖息密度为 33×10^{-3}ind./m^3。涟虫类仅在秋季航次发现，栖息密度也比较低，仅为 7×10^{-3}ind./m^3。

第三章 南沙群岛及其邻近海域浮游动物主要种类生态学特征 **93**

南沙群岛及其邻近海域糠虾类（图3.39）和枝角类（图3.40）栖息密度平面分布呈现明显的季节变化。春季，枝角类栖息密度相对较高的区域主要集中在西部海域，但总体密度并不高，中心值约为900×10⁻³ind./m³，其余海域没有分布。夏季，枝角类在海区大部分区域栖息密度比较低，仅南部海域栖息密度较高，中心最高值为470×10⁻³ind./m³；

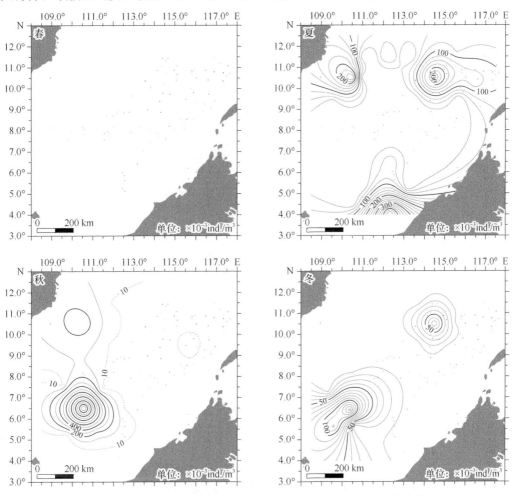

图3.39　南沙群岛及其邻近海域糠虾类栖息密度平面分布季节变化

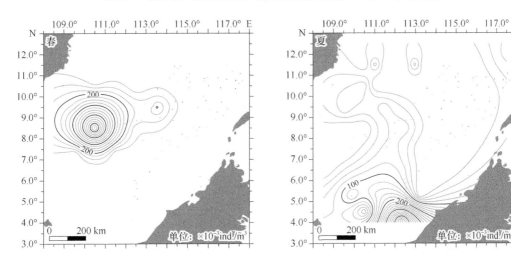

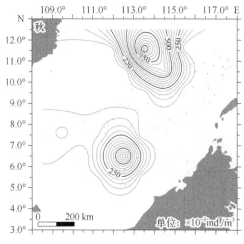
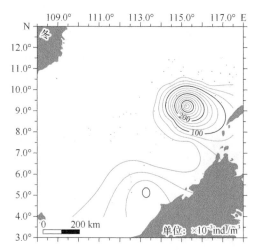

图3.40   南沙群岛及其邻近海域枝角类栖息密度平面分布季节变化

糠虾类在海区大部分区域栖息密度也比较低，在西北部、东北部与南部海域有分布。秋季，枝角类栖息密度相对较高的区域主要集中在北部和西南部海域，北部中心值最高为 1090×10^{-3}ind./m³；糠虾类主要集中在西南部海域，中心值达到 1299×10^{-3}ind./m³，其余海域基本无分布；涟虫类仅在东部海域有少量分布。冬季，枝角类主要在东部海域有少量分布，栖息密度最高值为 355×10^{-3}ind./m³；糠虾类分布与秋季类似，主要集中在西南部海域，栖息密度最高值达到 148×10^{-3}ind./m³，其余海域分布较少。

2. 垂直分布

冬季南沙群岛及其邻近海域糠虾类垂直分布数据显示，糠虾类主要集中分布于 0～30m 水层，平均栖息密度为 356×10^{-3}ind./m³，种类仅有印度假小糠虾 *Pseudomysidetes cochinensis* 和极小假近糠虾 *Pseudanchialina pusilla*；枝角类主要为肥胖三角溞 *Pseudevadne tergestina*，仅在 0～30m 水层分布，栖息密度为 288×10^{-3}ind./m³。

（三）多样性

各季节南沙群岛及其邻近海域糠虾类马加莱夫丰富度指数（D）、香农-维纳多样性指数（H'）与毗卢均匀度指数（J）分别为 4.08～5.71、0.66～1.22 和 0.48～0.76（表 3.14），多样性季节差异明显，其中冬季多样性和丰富度最高，夏季多样性和丰富度最低。各季节多样性阈值（D_v）为 0.3～0.9，冬季最高。枝角类和涟虫类的种类数和数量较少，故不统计多样性。

表 3.14   南沙群岛及其邻近海域糠虾类多样性指数季节分布

季节	D	H'	J	D_v
春季	/	/	/	/
夏季	4.08	0.66	0.48	0.3
秋季	4.15	0.94	0.68	0.6
冬季	5.71	1.22	0.76	0.9
均值	4.65	0.94	0.64	0.6

/ 表示未进行计算

（四）优势种

以优势度（Y）≥0.02 为优势种标准，南沙群岛及其邻近海域糠虾类夏季优势种为猬拟刺糠虾 *Paracanthomysis hispida* 和印度假小糠虾 *Pseudomysidetes cochinensis*；秋季优势种为极小假近糠虾 *Pseudanchialina pusilla* 和宽尾瘤刺糠虾 *Notacanthomysis laticauda*；冬季优势种为极小假近糠虾和印度假小糠虾，各种类的优势度见表 3.15。极小假近糠虾和印度假小糠虾的总数量占糠虾类总数量的 46%。

表 3.15　南沙群岛及其邻近海域糠虾类各季节优势种

种名	Y		
	夏季	秋季	冬季
猬拟刺糠虾 *Paracanthomysis hispida*	0.02		
印度假小糠虾 *Pseudomysidetes cochinensis*	0.10		0.05
极小假近糠虾 *Pseudanchialina pusilla*		0.12	0.02
宽尾瘤刺糠虾 *Notacanthomysis laticauda*		0.06	

注：空白处优势度低于 0.02

第二节　毛颚动物

毛颚动物门现存仅有箭虫纲，全部生活于海洋，种类不多，但数量大，是海洋浮游动物重要的类群之一，在海洋浮游生态系统中起着重要的作用。毛颚动物是许多经济鱼类的天然饵料，捕食大量的其他浮游动物（主要是桡足类）和鱼卵、仔稚鱼，是海洋食物链的一个中心环节，是物质循环和能量流动的传递者、次级生产力的代表之一，对海产渔业具有一定的利害关系。毛颚动物的分布与海洋水文环境关系密切，是海流、水团良好的指示生物。毛颚动物作为浮游指示生物被广泛应用于海洋资源开发与保护，如寻找渔场、鱼群和评估海域污染状况等，可为指导渔业生产、防治海洋污染等提供基础资料。

一、种类组成

2013 年 4 个季节共鉴定出毛颚动物 14 属 25 种，各季节分别为 17 种、14 种、18 种与 16 种，季节平均替代率为 66.5%，其中，季节更替率为 27.8%～38.1%，表明物种组成无明显的季节变化。

二、生态类群

南沙群岛及其邻近海域为典型的热带寡营养环境，依据浮游毛颚动物的生态习性与地理分布，可将其分为沿岸类群和大洋类群。

沿岸类群能适应较低盐度，是沿岸水团的指示物种，主要出现在深水区域，代表种有热带种贝德福滨箭虫 *Aidanosagitta bedfordii*、隔状滨箭虫 *Aidanosagitta septata* 和瘦箭虫 *Tenuisagitta tenuis*，以及温带—亚热带种强壮滨箭虫 *Aidanosagitta crassa* 和柔弱滨箭虫 *Aidanosagitta delicata*。

大洋类群通常分布于盐度较高的外海，主要种类有世界广布种肥胖软箭虫

Flaccisagitta enflata，亚热带—热带广布种六翼软箭虫 *Flaccisagitta hexaptera*、纤细镖虫 *Krohnitta subtilis*、微形中箭虫 *Mesosagitta minima*、太平洋镖虫 *Krohnitta pacifica* 和多变箭虫 *Decipisagitta decipiens* 等，太平洋亚热带—热带种小形滨箭虫 *Aidanosagitta neglecta* 和假锯齿箭虫 *Serratosagitta pseudoserratodentata*，印度洋—太平洋热带种太平洋齿箭虫 *Serratosagitta pacifica*、正形滨箭虫 *Aidanosagitta regularis*、粗壮猛箭虫 *Ferosagitta robusta* 和美丽带箭虫 *Zonosagitta pulchra*，印度洋—太平洋亚热带—热带种凶形猛箭虫 *Ferosagitta ferox* 和百陶带箭虫 *Zonosagitta bedoti* 等，以及大洋中层种寻觅坚箭虫 *Solidosagitta zetesios* 和钩状真镖虫 *Eukrohnia hamata*。其中，小形滨箭虫和太平洋镖虫有向近岸扩散的趋势。

三、数量分布

南沙群岛及其邻近海域毛颚动物年均栖息密度为383×10⁻²ind./m³，秋季平均栖息密度最高，为561×10⁻²ind./m³，夏季居次，为409×10⁻²ind./m³，春季第三，为318×10⁻²ind./m³，冬季最低，为219×10⁻²ind./m³（图3.41）。

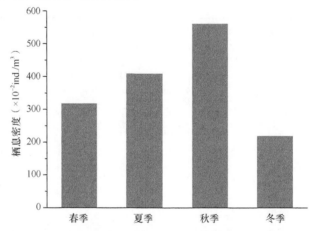

图3.41 南沙群岛及其邻近海域毛颚动物栖息密度季节变化

南沙群岛及其邻近海域毛颚动物栖息密度平面分布呈现明显的季节变化（图3.42）。春季，栖息密度呈现西北部与东南部高、中部低的特征，其中，西北角、北部区域和巴拉

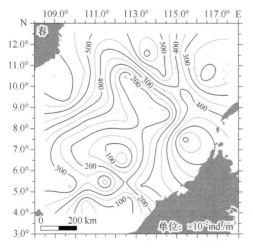

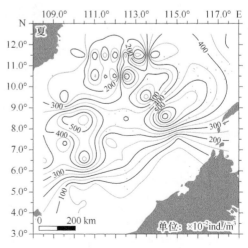

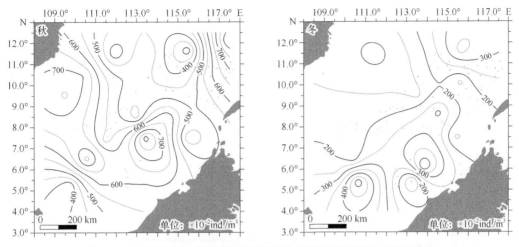

图 3.42　南沙群岛及其邻近海域毛颚动物栖息密度平面分布季节变化

巴克海峡口附近栖息密度均超过 500×10^{-2}ind./m³，中部与南缘栖息密度多在 250×10^{-2}ind./m³ 之下。夏季，栖息密度呈现东北部和中西部高，西北部和东南部低的特征，其中，东南部栖息密度不超过 100×10^{-2}ind./m³，东北部和中西部栖息密度都在 300×10^{-2}ind./m³ 之上。秋季，栖息密度从东北部向西南部呈现高低交错分布的特征，从东北角的 848×10^{-2}ind./m³ 降到东北部大部分的 550×10^{-2}ind./m³ 之下，在西南大部栖息密度又高于 550×10^{-2}ind./m³，并在其中形成三个栖息密度高于 750×10^{-2}ind./m³ 的高值斑块，西南角栖息密度降至 450×10^{-2}ind./m³ 以下。冬季，栖息密度呈现西北部和东部低、东北部和中南部高的特征，其中，海区西北部栖息密度低于 150×10^{-2}ind./m³，东部栖息密度多在 190×10^{-2}ind./m³ 之下，东北部和中南部栖息密度多在 250×10^{-2}ind./m³ 之上，并在东北部、西南部和东南部各形成一个栖息密度超过 350×10^{-2}ind./m³ 的高值斑块。

　　冬季南沙群岛及其邻近海域毛颚动物栖息密度垂直分布（图 3.43）显示，毛颚动物主要集中分布在 $0 \sim 75$m 水层，平均栖息密度达 805×10^{-2}ind./m³，占总数量的 80.7%；其次是 $75 \sim 150$m 水层，平均栖息密度为 147×10^{-2}ind./m³，占总数量的 9.8%；$150 \sim 750$m 水层毛颚动物栖息密度最低，为 28×10^{-2}ind./m³，占总数量的 9.5%。就毛颚动物而

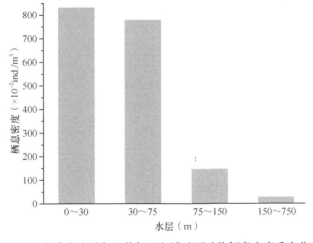

图 3.43　冬季南沙群岛及其邻近海域毛颚动物栖息密度垂直分布

言，六翼软箭虫 *Flaccisagitta hexaptera*、琴形伪箭虫 *Pseudosagitta lyra*、寻觅坚箭虫 *Solidosagitta zetesios* 和钩状真镖虫 *Eukrohnia hamata* 仅在 150～750m 水层采获；贝德福滨箭虫 *Aidanosagitta bedfordii* 和小形滨箭虫 *Aidanosagitta neglecta* 仅出现在 30m 以上水层；正形滨箭虫 *Aidanosagitta regularis* 主要分布于 75m 以上水层；柔弱滨箭虫 *Aidanosagitta delicata* 和微形中箭虫 *Mesosagitta minima* 分布于 150m 以上水层，前者在 30m 以上水层分布有 75.3% 的个体，后者在 30～75m 水层分布有 66.2% 的个体。其他种类各水层均有分布，其中，凶形猛箭虫 *Ferosagitta ferox* 和太平洋齿箭虫 *Serratosagitta pacifica* 多聚集于 30m 以上水层，占总数量的 60% 以上；肥胖软箭虫、太平洋镖虫 *Krohnitta pacifica*、龙翼箭虫多聚集于 75m 以上水层，占总数量的 60%～86%。

四、多样性

各季节南沙群岛及其邻近海域毛颚动物马加莱夫丰富度指数（D）、香农-维纳多样性指数（H'）、毗卢均匀度指数（J）和多样性阈值（D_v）的均值分别为 0.53～0.94、1.47～1.80、0.58～0.69 和 1.0～1.1（表 3.16），显示南沙群岛及其邻近海域毛颚动物多样性整体上无季节差异，夏季物种较少。

表 3.16　南沙群岛及其邻近海域毛颚动物多样性指数季节分布

季节	D	H'	J	D_v
春季	0.72	1.70	0.63	1.1
夏季	0.53	1.47	0.69	1.0
秋季	0.92	1.80	0.58	1.1
冬季	0.94	1.74	0.58	1.1
均值	0.78	1.68	0.62	1.1

南沙群岛及其邻近海域毛颚动物马加莱夫丰富度指数平面分布季节变化（图 3.44）显示，春季，丰富度在南部偏东区域与北部偏东区域偏低，其他部分趋势相近；夏季，丰富度在中南部、西北边缘与东北边缘较高，其他区域较低；秋季，丰富度从东北部到西南部高低交错分布；冬季，丰富度整体趋势为西高东低。南沙群岛及其邻近海域毛颚动物多样性阈值平面分布季节变化（图 3.45）显示，春季，多样性阈值中部高、四周低；

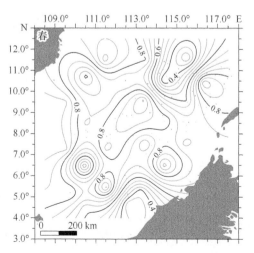
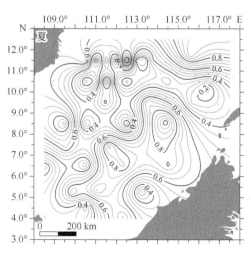

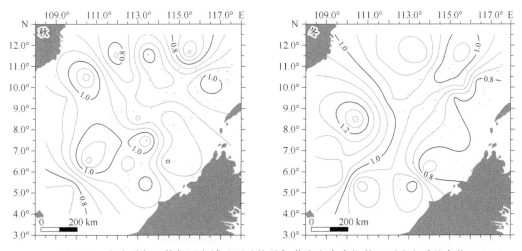

图 3.44　南沙群岛及其邻近海域毛颚动物马加莱夫丰富度指数平面分布季节变化

夏季，多样性阈值从东南部和中部向两侧降低；秋季，多样性阈值呈现西北部与东南部高、中部低的特征；冬季，多样性阈值再次呈现中部高、四周低的特征。可见，毛颚动物丰富度与多样性水平平面分布呈现明显的季节变化。

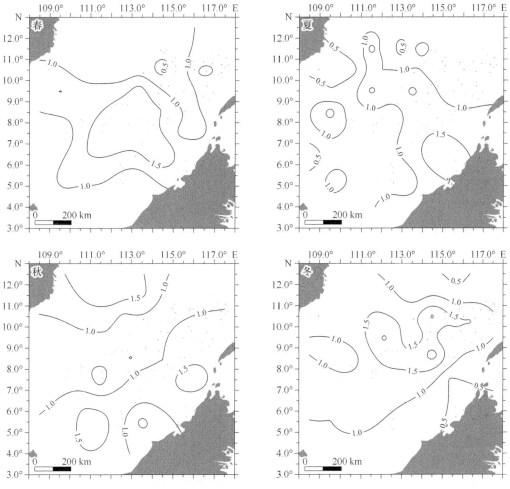

图 3.45　南沙群岛及其邻近海域毛颚动物多样性阈值平面分布季节变化

五、优势种

南沙群岛及其邻近海域毛颚动物年度优势种有 6 种（$Y \geqslant 0.02$），分别为肥胖软箭虫、太平洋齿箭虫、微形中箭虫、凶形猛箭虫、太平洋镰虫和龙翼箭虫，占毛颚动物年度数量的91.1%。春季、夏季、秋季和冬季的优势种分别有 5 种、4 种、7 种和 7 种（表 3.17），优势种无明显的季节更替，各季节优势种优势地位显著，占各季节毛颚动物总数量的 90% 以上。

表 3.17　南沙群岛及其邻近海域毛颚动物优势种的优势度指数（DI）与优势度（Y）

种名	DI（%）					Y				
	春季	夏季	秋季	冬季	年度	春季	夏季	秋季	冬季	年度
肥胖软箭虫 *Flaccisagitta enflata*	48.7	58.8	59.8	56.3	56.9	0.47	0.59	0.57	0.56	0.56
太平洋齿箭虫 *Serratosagitta pacifica*	26.5	23.9	7.2	9.0	17.3	0.24	0.22	0.07	0.09	0.16
微形中箭虫 *Mesosagitta minima*	8.2	5.1	7.6	6.1	6.7	0.06	0.02	0.07	0.04	0.04
凶形猛箭虫 *Ferosagitta ferox*	3.5		6.6	6.7	4.3	0.03		0.07	0.06	0.03
太平洋镰虫 *Krohnitta pacifica*	4.6		4.5	5.1	3.2	0.03		0.04	0.05	0.02
龙翼箭虫 *Pterosagitta draco*			3.6	7.3	2.7			0.04	0.07	0.02
正形滨箭虫 *Aidanosagitta regularis*		5.9					0.02			
柔弱滨箭虫 *Aidanosagitta delicata*				5.4					0.04	
多变箭虫 *Decipisagitta decipiens*			3.9					0.03		

注：优势度空白处优势度低于 0.02，相应的优势度指数也空白

四季共同优势种有肥胖软箭虫、太平洋齿箭虫、微形中箭虫 3 种，其中，肥胖软箭虫优势地位最为显著，其占毛颚动物总数量的比值各季节均在 48% 以上；其次是太平洋齿箭虫，其在春、夏两季占毛颚动物总数量的比值都超过 20%。

肥胖软箭虫是南沙群岛及其邻近海域毛颚动物第一优势种，是最为常见的广布种之一。南沙群岛及其邻近海域肥胖软箭虫年均栖息密度为 215×10^{-2}ind./m³，占毛颚动物总数量的 56.9%，其中，秋季平均栖息密度最高，为 336×10^{-2}ind./m³，夏季次之，为 227×10^{-2}ind./m³，春、冬两季栖息密度相当，分别为 146×10^{-2}ind./m³ 和 127×10^{-2}ind./m³；优势度指数各季节相当（DI=48.7%～59.8%）。南沙群岛及其邻近海域肥胖软箭虫栖息密度平面分布季节变化（图 3.46）显示，春季，东南部与除东北角外的北部栖息密度较高，其他区域较低，其中，除东北角外的北部栖息密度最高达 429×10^{-2}ind./m³，位于北南海反气旋环流与外侧小型气旋涡交互区，东南部栖息密度最高达 364×10^{-2}ind./m³，位于巴拉巴克海峡附近的气旋涡西侧，中南大部栖息密度低于 100×10^{-2}ind./m³。夏季，栖息密度呈现中间高、四周低的特征，其中，中西部高值区栖息密度超过 400×10^{-2}ind./m³，位于南海急流与南沙反气旋涡交互区，中东部高值区栖息密度超过 550×10^{-2}ind./m³，位于南海急流与南沙反气旋性环流交互区，东北角栖息密度超过 200×10^{-2}ind./m³，处于北南海反气旋环流区。秋季，西南部、北部和东南部小部分区域栖息密度较低，多在 200×10^{-2}ind./m³ 以下；其他区域栖息密度较高，最高达 537×10^{-2}ind./m³，这些区域多分布于南沙反气旋环流与南海急流交互区。冬季，栖息密度呈现西北部低、南部和东北部高的特征，其中，西北部栖息密度普遍低于 80×10^{-2}ind./m³，东北角栖息密度在 200×10^{-2}ind./m³ 以上，南部栖息密

度高于 $160×10^{-2}$ind./m³，并在内部形成三个高数量聚集斑块，东、西两个斑块中心栖息密度超过 $300×10^{-2}$ind./m³，中间斑块栖息密度高于 $200×10^{-2}$ind./m³，这些高值区多处在南海气旋性环流区东侧。可见，肥胖软箭虫多聚集于沿岸与外海混合水团分布区。

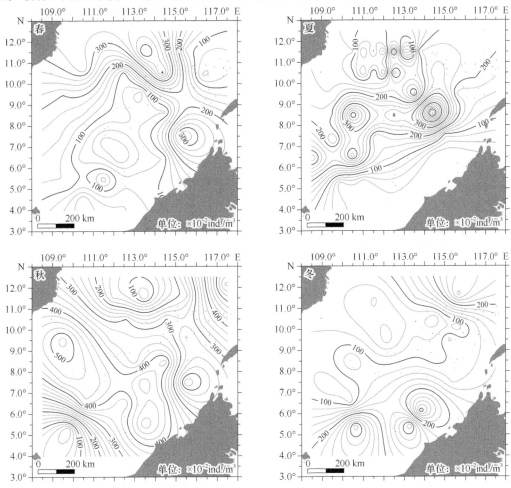

图 3.46　南沙群岛及其邻近海域肥胖软箭虫栖息密度平面分布季节变化

太平洋齿箭虫是南沙群岛及其邻近海域毛颚动物第二优势种。南沙群岛及其邻近海域太平洋齿箭虫年均栖息密度为 $65.0×10^{-2}$ind./m³，占毛颚动物总数量的 17.3%，其中，夏季平均栖息密度最高，为 $92.0×10^{-2}$ind./m³，春季次之，为 $79.2×10^{-2}$ind./m³，秋季第三，为 $40.5×10^{-2}$ind./m³，冬季最低，为 $20.2×10^{-2}$ind./m³。南沙群岛及其邻近海域太平洋齿箭虫栖息密度平面分布季节变化（图 3.47）显示，春季，栖息密度整体上呈现东部和西部高、中部低的特征，东部和西部栖息密度多在 $100×10^{-2}$ind./m³ 之上，且高值中心栖息密度超过 $200×10^{-2}$ind./m³，多位于涡旋交互区；中部和东北角栖息密度多在 $50×10^{-2}$ind./m³之下。夏季，栖息密度分布整体上仍呈现东部和西部高、中部低的特征，但西部边缘栖息密度普遍低于 $100×10^{-2}$ind./m³，东北部低栖息密度区与中部连成一片；西部高栖息密度区位于南沙反气旋环流区及东侧附近区域，中部低值区与之相邻。秋季，栖息密度分布整体上仍呈现东部和西部高、中部低的特征，西部高值区（栖息密度＞$40×10^{-2}$ind./m³）萎缩在最西部边缘区，东部高值区偏南，这些区域均位于南沙反气旋环流外围；西南部栖息密度低于 20×10⁻²ind./m³。冬季，栖息密度分布呈现西北部和东南部低、中部高的特征，与前三个季节的分布完全不同，其中，高值区栖息密度高于 20×10⁻²ind./m³，其内部形成南北两个高值区，中心栖息密度分别超过 50×10⁻²ind./m³ 和 65×10⁻²ind./m³，处于南海气旋性环流区东侧；低值区栖息密度多低于 15×10⁻²ind./m³。可见，太平洋齿箭虫偏向聚集于环流区受沿岸水影响区域或涡旋交互区。

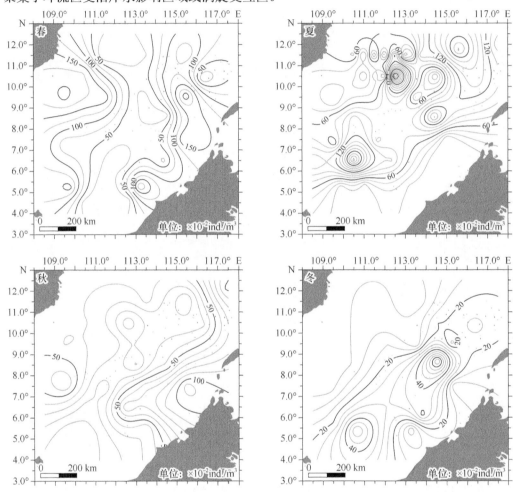

图 3.47　南沙群岛及其邻近海域太平洋齿箭虫栖息密度平面分布季节变化

　　微形中箭虫是南沙群岛及其邻近海域毛颚动物最丰富的大洋暖水表层种之一。南沙群岛及其邻近海域微形中箭虫年均栖息密度为 25.2×10⁻²ind./m³，占毛颚动物总数量的 6.7%，其中，秋季数量最丰富，平均栖息密度为 42.8×10⁻²ind./m³，春季次之，为 24.6×10⁻²ind./m³，夏季第三，为 19.8×10⁻²ind./m³，冬季最低，为 13.7×10⁻²ind./m³。南沙群岛及其邻近海域微形中箭虫栖息密度平面分布季节变化（图 3.48）显示，春季，栖息密度分布呈现中间低、四周高的特征，其中，高值区在西北部和南部聚集成三个高值斑块，中心栖息密度分别达 150×10⁻²ind./m³、150×10⁻²ind./m³ 和 100×10⁻²ind./m³，均处于东西边界南下沿岸流路径上，低值区存在三个栖息密度低于 5×10⁻²ind./m³ 的低值斑块。夏季，栖息密度分布呈现东西高、中间低的特征，低值区栖息密度多低于 5×10⁻²ind./m³，在东西北上沿岸流路径上形成多个栖息密度高于 50×10⁻²ind./m³ 的高值斑块。秋季，栖息密度分布呈现西南部和东北部低、西北部和东部高的特征，其中，西北部和东部栖息密度高于 $80×10^{-2}$ind./m^3，高值中心栖息密度超过 $125×10^{-2}$ind./m^3，西北部高值区位于南沙反气旋涡、越南外海气旋涡与南上南海急流交互区，东部高值区位于东边界流路径上，西南部和东北部栖息密度多低于 $25×10^{-2}$ind./m^3。冬季，栖息密度分布呈现西部高、东部低的特征，其中，西部边缘与中北部栖息密度多在 $20×10^{-2}$ind./m^3 之上，位于南下沿岸流东侧，东南大部栖息密度低于 $5×10^{-2}$ind./m^3。可见，微形中箭虫平面分布随沿岸水团出现区域的季节变化而变化。

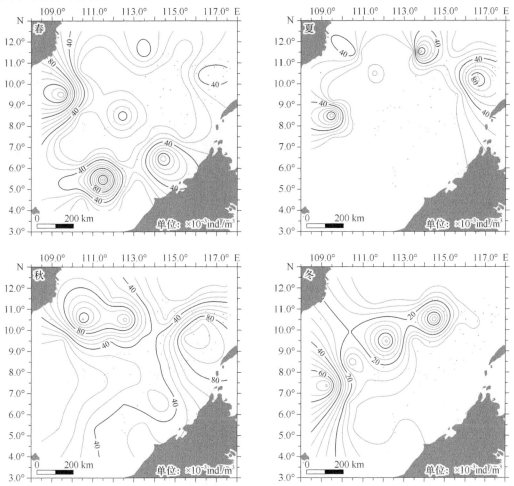

图 3.48　南沙群岛及其邻近海域微形中箭虫栖息密度平面分布季节变化

以上三种毛颚动物优势种的栖息密度平面分布呈现明显的季节变化，平面分布受南沙群岛及其邻近海域流场季节性波动的驱动，随沿岸流与涡旋交互区空间分布的变化而变化。

六、群落结构

南沙群岛及其邻近海域毛颚动物可划分为 3 个群落（图 3.49），分别是秋—冬季群落（群落Ⅰ）、夏季暖涡群落（群落Ⅱ）与夏季群落（群落Ⅲ）。3 个群落栖息密度相近（$316×10^{-2}$～$408×10^{-2}$ind./m^3），各群落中肥胖软箭虫对总栖息密度的贡献均在 50% 以上。群落Ⅰ中龙翼箭虫、柔弱滨箭虫和太平洋镖虫的栖息密度明显高于其他群落，太平洋齿箭虫的栖息密度明显低于其他群落；群落Ⅲ中正形滨箭虫和小形滨箭虫的栖息密度明显高于其他群落，强壮滨箭虫和纤细锥虫只出现在群落Ⅲ。群落Ⅱ的物种数量偏少，仅6种，龙翼箭虫、太平洋锥虫和百陶带箭虫均为亚热带—热带种，柔弱滨箭虫为温带—亚热带沿岸种，太平洋锥虫和百陶带箭虫可扩散到沿岸混合水域。这些种类的生态特性表明，群落Ⅰ适应温度相对偏低且分布区混有沿岸水的环境，与其主要分布于秋季到春季相符合，秋、冬两季沿岸流影响海区群落Ⅰ占据绝对优势，春季沿岸流减弱，群落Ⅰ分布区缩小，虽与群落Ⅲ重叠分布，但相对偏北。太平洋齿箭虫为热带种，表明群落Ⅱ与群落Ⅲ偏向分布于温度较高的环境。正形滨箭虫和小形滨箭虫为热带表层种，能扩散到沿岸水域，表明群落Ⅲ分布区域的盐度较群落Ⅱ低。群落Ⅱ夏季分布区较群落Ⅲ靠近沿岸流区，而群落Ⅲ更集中于南沙反气旋环流区，这与群落间种类组成差异相符。毛颚动物生态群落平面分布的季节变化反映了南沙群岛及其邻近海域流场的季节转换引起的沿岸水团与本地水团混合水平的空间差异。

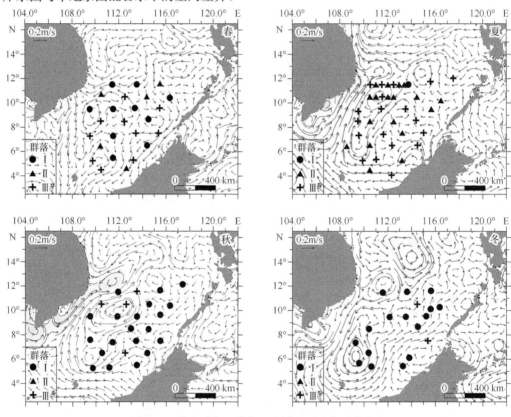

图3.49　南沙群岛及其邻近海域毛颚动物群落分布

第三节　尾索动物

尾索动物又称被囊动物，是一类低等的脊索动物，为海洋中所特有的生物类群，广泛栖息于世界各大海洋中，从潮间带至深海均有分布，单体或群体，终生或仅幼虫具有脊索的尾部。尾索动物包括3纲：海鞘纲 Ascidiacea、有尾纲 Appendiculata 和海樽纲

Thaliacea。其中，海鞘纲营固着生活，海樽纲和有尾纲营浮游生活。浮游尾索动物是热带和亚热带海域重要的浮游动物类群，种类和数量的分布变化受物理和生物环境因素的影响，它们一方面大量摄食浮游细菌和微小浮游植物，另一方面被一些经济动物所摄食，因此其在海洋食物链的传递和生态系统的物质循环中占有重要位置。

一、种类组成

2013 年南沙群岛及其邻近海域共鉴定出浮游尾索动物 45 种，包括 23 种海樽类和 22 种有尾类，分别占浮游尾索动物总物种数的 51.1% 和 48.9%。其中，四季皆出现的物种占 15.6%；双尾纽鳃樽 *Thalia democratica*、小齿海樽 *Doliolum denticulatum*、红住囊虫 *Oikopleura rufescens*、梭形住囊虫 *Oikopleura fusiformis*、蚁住筒虫 *Fritillaria formica* 是最为常见的 5 种尾索动物；66.7% 的物种出现频率低于 10%。物种季节更替率为 20.6%～72.7%，春季物种组成与其他季节差异较大（65.8%～72.7%）。

二、生态类群

在中国，有关浮游有尾类动物的研究很少，对其生态学方面的研究更少。与海樽类相同，有尾类大多数营大洋性漂流生活，种类不多，多为广温广盐种。徐兆礼和张凤英（2006）对东海有尾类种类和多样性的研究发现，异体住囊虫和长尾住囊虫是广温广盐种，尤其是异体住囊虫，与异体住囊虫相比，长尾住囊虫更有暖水种的特征；红住囊虫出现海区具有高温高盐特征，可认为该种为暖水种，中型住囊虫和梭形住囊虫也为暖水种。东海有尾类主要分布在外海暖流势力控制水域，表明该类动物具有暖水性的特征。

相较有尾类，海樽类生态学研究稍多，但主要集中在东海和台湾海峡。徐兆礼（2008）对东海海樽类生态类群进行了统计分析，海樽类可分为暖温带外海种（梭形纽鳃樽）、热带大洋种（羽环纽鳃樽长柄亚种和安纽鳃樽）、亚热带外海种和典型亚热带外海种（小齿海樽、佛环纽鳃樽、大西洋火体虫和软拟海樽等），其中，亚热带外海种可分为低温低盐适应亚群（东方纽鳃樽）、高温适应亚群（韦氏纽鳃樽、羽环纽鳃樽、双尾纽鳃樽、多肌纽鳃樽、长吻纽鳃樽和羽环纽鳃樽四光器型）、高盐适应亚群（邦海樽和双尾纽鳃樽多刺亚种）4 个亚群。

三、数量分布

南沙群岛及其邻近海域尾索动物年均栖息密度为 500×10^{-2}ind./m³，其中秋季栖息密度最高，为 1106×10^{-2}ind./m³，其次为冬季，为 425×10^{-2}ind./m³，夏季略低于冬季，为 414×10^{-2}ind./m³，春季最低，为 54×10^{-2}ind./m³（图 3.50）。

南沙群岛及其邻近海域尾索动物栖息密度平面分布季节变化明显（图 3.51）。春季，栖息密度呈现东南部与西北部高、中部低的特征，其中，东南部海域出现一个栖息密度大于 200×10^{-2}ind./m³ 的高值中心，西北部为次高值中心，栖息密度大于 150×10^{-2}ind./m³。夏季，栖息密度高于春季，高值区域有所扩大，呈现东南部、西南部和西北部高、中部和东北部低的特征，其中，最大栖息密度大于 2000×10^{-2}ind./m³，仍位于东南部海域，但较春季的高值中心略向南偏移。秋季，栖息密度高值区域除西北部移为中北部外，其他区域与夏季相似，其中，栖息密度高值范围有所扩大，东南部和中北部海域栖息密度均超过 3000×10^{-2}ind./m³，西南部海域为次高值中心，栖息密度超过 2000×10^{-2}ind./m³。冬季，栖息密度分布呈现南高北低的格局，高值中心位于南部，栖息密度达到 $1000×10^{-2}$ind./m³。

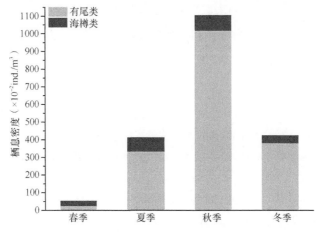

图 3.50　南沙群岛及其邻近海域尾索动物栖息密度季节变化

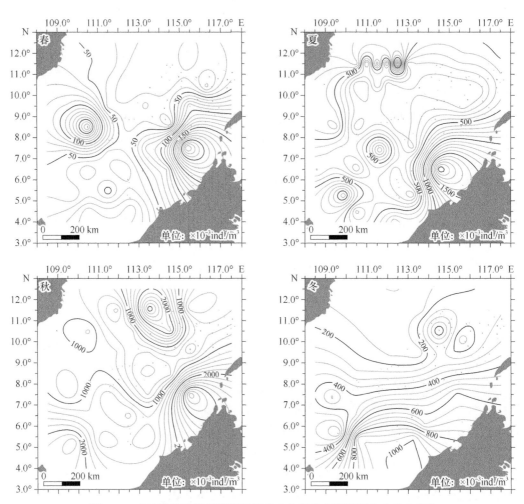

图 3.51　南沙群岛及其邻近海域尾索动物栖息密度平面分布季节变化

冬季南沙群岛及其邻近海域尾索动物栖息密度垂直分布（图 3.52）显示，尾索动物主要集中分布在 0～30m 水层，平均栖息密度达 $1160×10^{-2}$ind./m³，占总数量的 75.1%；

其次是 30～75m 水层，平均为 327×10⁻²ind./m³，占总数量的 21.2%；75～750m 水层尾索动物数量较少，平均栖息密度仅为前两层的 0.7%～15.3%。小齿海樽、长尾住囊虫和梭形住囊虫主要分布在 150～750m 水层；小齿海樽、长尾住囊虫和梭形住囊虫还延续分布在 75～150m 水层，双尾纽鳃樽和白住囊虫也在此层大量出现；小齿海樽、红住囊虫和透明住筒虫主要分布在 30～75m 水层；小齿海樽、梭形住囊虫、长尾住囊虫、红住囊虫和蚁住筒虫主要分布在 0～30m 水层。

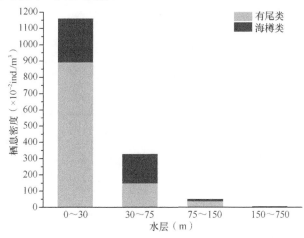

图 3.52 冬季南沙群岛及其邻近海域尾索动物栖息密度垂直分布

四、多样性

各季节南沙群岛及其邻近海域尾索动物马加莱夫丰富度指数（D）、香农-维纳多样性指数（H'）与毗卢均匀度指数（J）分别为 4.05～9.47、3.82～4.30 和 0.83～0.91，表明多样性季节差异不明显。各季节多样性阈值（D_v）为 3.5～3.7，冬季多样性水平低于其他三季（表 3.18）。

表 3.18 南沙群岛及其邻近海域尾索动物多样性指数季节分布

季节	D	H'	J	D_v
春季	9.47	4.16	0.88	3.7
夏季	7.15	4.30	0.83	3.6
秋季	4.12	4.06	0.89	3.6
冬季	4.05	3.82	0.91	3.5
均值	6.20	4.08	0.88	3.6

南沙群岛及其邻近海域尾索动物马加莱夫丰富度指数平面分布季节变化（图 3.53）显示，春季，丰富度东南部和中间高、西部和北部低，高丰富度中心位于海区东南部；夏季，丰富度东部最低，高值区位于中部偏西北部；秋季，丰富度北中部、中部和东部高于其他海域；冬季，丰富度整体趋势为从北向南降低。

南沙群岛及其邻近海域尾索动物多样性阈值平面分布季节变化（图 3.54）显示，春季，多样性阈值从中部向东北部、中北部、西中部和南部降低；夏季，多样性阈值分布类似春季，但低值区范围有所缩小，且呈斑块化分布；相较夏季，秋季多样性阈值低值区在北西部和西南部有所扩大，高值区则向东部移动；冬季多样性阈值低值区由北向西移动，且中南部为新的低值区，高值区面积有所减小。可见，尾索动物丰富度与多样性水平平面分布呈现明显的季节变化。

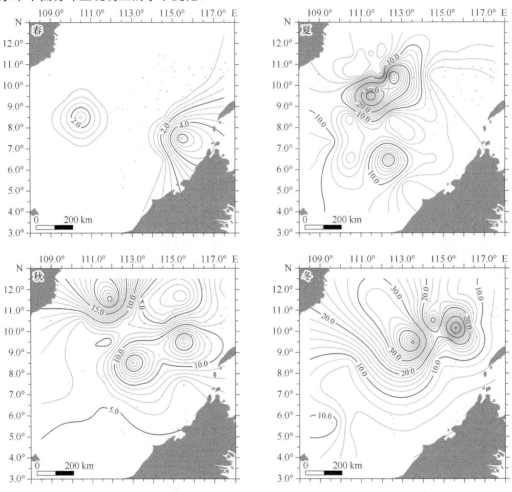

图 3.53　南沙群岛及其邻近海域尾索动物马加莱夫丰富度指数平面分布季节变化

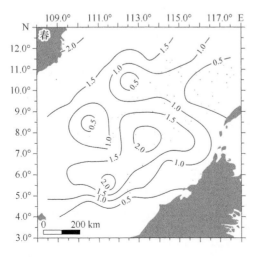

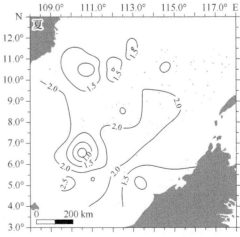

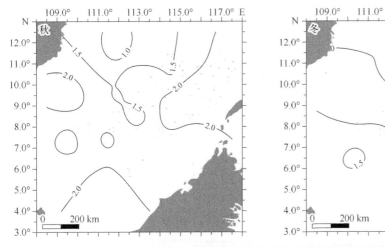

图 3.54　南沙群岛及其邻近海域尾索动物多样性阈值平面分布季节变化

五、优势种

南沙群岛及其邻近海域尾索动物年度优势种共有 7 种（$Y \geqslant 0.02$），分别为长尾住囊虫、梭形住囊虫、红住囊虫、殖包囊虫、蚁住筒虫、小齿海樽和双尾纽鳃樽，占尾索动物总数量的 80.16%。春季、夏季、秋季和冬季的优势种分别有 5 种、6 种、6 种和 7 种（表 3.19）。总体上，优势种优势地位显著，其中，春季优势种的优势地位较其他季节弱，优势种数量占春季尾索动物总数量的 62.54%；其他三季优势种贡献了各季节尾索动物总数量的 69.29%～86.21%。夏季优势种梭形住囊虫和蚁住筒虫的优势地位尤其显著（$Y \geqslant 0.10$），贡献了该季节尾索动物总数量的 38.63%；梭形住囊虫在秋季优势地位同样显著（$Y \geqslant 0.10$），贡献了秋季尾索动物总数量的 21.44%。此外，长尾住囊虫在秋季和冬季均为第一优势种，优势地位显著，分别占这两季尾索动物总数量的 28.32% 和 23.35%；

表 3.19　南沙群岛及其邻近海域尾索动物优势种的优势度指数（DI）与优势度（Y）

种名	DI（%）					Y				
	春季	夏季	秋季	冬季	年度	春季	夏季	秋季	冬季	年度
双尾纽鳃樽 *Thalia democratica*	18.26	7.67			4.19	0.07	0.06			0.02
小齿海樽 *Doliolum denticulatum*	16.53	2.96	4.60	7.24	4.80	0.06	0.02	0.03	0.04	0.03
克氏旋海樽 *Doliolina krohni*	6.79					0.03				
宽肌纽鳃樽 *Soestia zonaria*	9.18					0.02				
红住囊虫 *Oikopleura rufescens*	11.78	11.42	13.62	15.64	13.17	0.03	0.06	0.08	0.07	0.06
梭形住囊虫 *Oikopleura fusiformis*		17.60	21.44	14.95	18.94		0.11	0.14	0.07	0.09
长尾住囊虫 *Oikopleura longicauda*			28.32	23.35	20.32			0.18	0.09	0.08
殖包囊虫 *Stegosoma magnum*			5.50		4.08			0.03		0.02
蚁住筒虫 *Fritillaria formica*		21.03	12.35	11.97	14.66		0.15	0.07	0.06	0.07
单胃住筒虫 *Fritillaria haplostoma*		8.61		6.34			0.05		0.02	
透明住筒虫 *Fritillaria pellucida*				6.72					0.02	

注：优势度空白处优势度低于 0.02，相应的优势度指数也空白

双尾纽鳃樽为春季第一优势种，占该季节尾索动物总数量的 18.26%；年度优势种小齿海樽和红住囊虫在各季节也均为优势种。

梭形住囊虫是南沙群岛及其邻近海域尾索动物第一年度优势种，是最为常见种类之一。南沙群岛及其邻近海域梭形住囊虫年均栖息密度为 $65.7×10^{-2}$ind./m³，占尾索动物总数量的 18.94%，其中，秋季平均栖息密度最高，为 $158×10^{-2}$ind./m³，夏季次之，为 $74.8×10^{-2}$ind./m³，冬季为 $27.6×10^{-2}$ind./m³，列第三位，春季最低，为 $2×10^{-2}$ind./m³；优势度指数与栖息密度季节波动的差异为春季明显较低，平面分布呈斑块状。南沙群岛及其邻近海域梭形住囊虫栖息密度平面分布季节变化（图 3.55）显示，春季，西北部和东南部有梭形住囊虫聚集区，其中东南部栖息密度最高，可高达 $57×10^{-2}$ind./m³，其他三季，聚集区范围较春季明显扩大。其中，夏季在海区的西北部、北中部、中部、西南部和东南部 5 个区域各有一个聚集区，高值区为北中部和东南部区域，栖息密度分别达 $457×10^{-2}$ind./m³ 和 $343×10^{-2}$ind./m³；秋季平面分布同夏季类似，北中部聚集区向中部扩大，中部和西南部聚集区合为一个，栖息密度高值区位于北中部、西南部和东南部区域，分别为 $791×10^{-2}$ind./m³、$811×10^{-2}$ind./m³ 和 $839×10^{-2}$ind./m³；冬季，梭形住囊虫聚集区同秋季，但栖息密度明显降低，仅在西南角有一个明显高值区，中心栖息密度达 $278×10^{-2}$ind./m³。

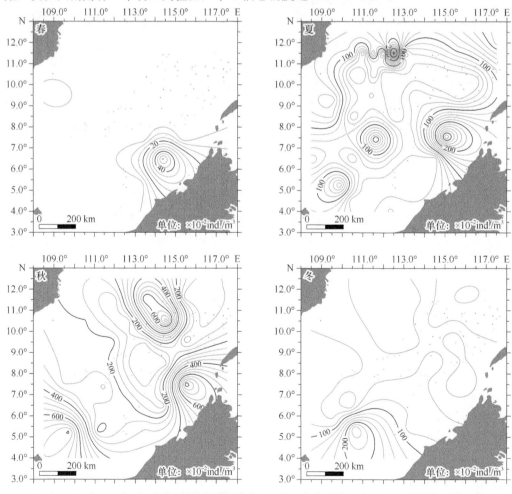

图 3.55　南沙群岛及其邻近海域梭形住囊虫栖息密度平面分布季节变化

　　长尾住囊虫是南沙群岛及其邻近海域尾索动物第二年度优势种，是较为常见种类之一。南沙群岛及其邻近海域长尾住囊虫年均栖息密度为 $70.4×10^{-2}$ind./m^3，占尾索动物总数量的 20.32%，其中，秋季平均栖息密度最高，为 $209×10^{-2}$ind./m^3，冬季为 $43.2×10^{-2}$ind./m^3，列第二位，夏季为 $29.6×10^{-2}$ind./m^3，居第三位，春季未采获该物种；秋、冬季节优势度指数相近，分别为 28.32% 和 23.35%。南沙群岛及其邻近海域长尾住囊虫栖息密度平面分布季节变化（图3.56）显示，同梭形住囊虫的栖息密度平面分布相似，呈斑块状。夏季、秋季和冬季，长尾住囊虫均在北中部、西南部和东南部 3 个区域有聚集区，而夏季和秋季除以上 3 个区域外，分别在中西部和西北部另有一个聚集区，但栖息密度较前三个区域低。夏、秋季节，高值区中心栖息密度均以北中部为最高，栖息密度分别达 $229×10^{-2}$ind./m^3 和 $1573×10^{-2}$ind./m^3，次高值区位于东南斑块，栖息密度分别为 $171×10^{-2}$ind./m^3 和 $1335×10^{-2}$ind./m^3；冬季，最高栖息密度位于西南部，为 $315×10^{-2}$ind./m^3。

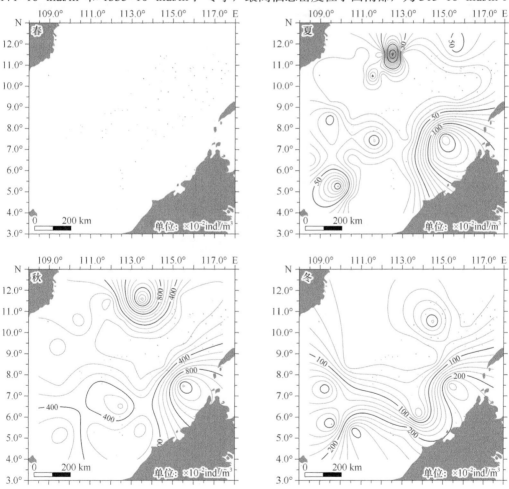

图3.56　南沙群岛及其邻近海域长尾住囊虫栖息密度平面分布季节变化

　　蚁住筒虫为南沙群岛及其邻近海域尾索动物第三年度优势种，是较为常见种类之一。南沙群岛及其邻近海域蚁住筒虫年均栖息密度为 $50.8×10^{-2}$ind./m^3，占尾索动物总数量的 14.66%，其中，秋季平均栖息密度最高，为 $91.1×10^{-2}$ind./m^3，其次为夏季，为 $89.4×10^{-2}$ind./m^3，冬季为 $22.1×10^{-2}$ind./m^3，居第三位，春季栖息密度最低，仅为 $0.5×10^{-2}$ind./m^3；

夏季优势度指数最高，为21.03%，秋、冬季节优势度指数相近，分别为12.35%和11.97%，春季仅为1.4%。南沙群岛及其邻近海域蚁住筒虫栖息密度平面分布同样呈斑块状（图3.57）。春季，栖息密度最低，在西南和东南反气旋环流影响区域各有一个小范围聚集区，且东南部还受苏禄海高盐水的影响，最大栖息密度位于西南部，为12×10⁻²ind./m³；夏季，受南沙反气旋环流的影响，海水主要为外海高盐水，高栖息密度区主要位于受低盐水团影响的近岸海水涌升区，如东部近岸区域、中西部和中北部近岸区；秋季，栖息密度略高于夏季，聚集区斑块状更加明显，包括西北部冷暖涡交汇区、中北部北上的南海急流与越南沿岸流汇合区、东南部气旋性环流影响区和西南部涡旋交互区，最大栖息密度位于中北部，达804×10⁻²ind./m³；冬季，沿岸流影响最大，且栖息密度明显降低，东部明显高于西部，最高值区位于东南部反气旋环流影响区，栖息密度达99.8×10⁻²ind./m³。

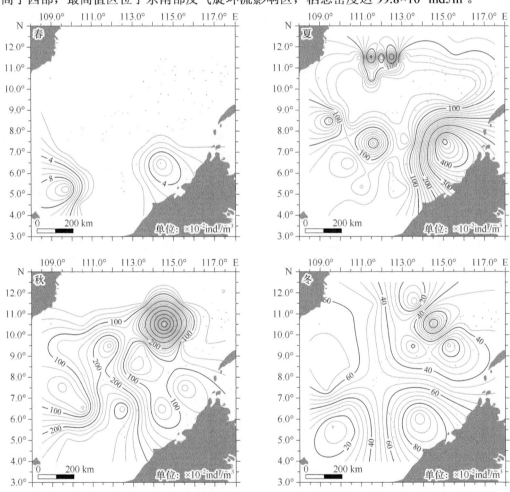

图3.57 南沙群岛及其邻近海域蚁住筒虫栖息密度平面分布季节变化

红住囊虫为南沙群岛及其邻近海域尾索动物第四年度优势种，是较为常见种类之一，在各个季节均为优势种。南沙群岛及其邻近海域红住囊虫年均栖息密度为46.2×10⁻²ind./m³，占尾索动物总数量的13.17%，其中，秋季平均栖息密度最高，为100×10⁻²ind./m³，其次为夏季，为48.5×10⁻²ind./m³，冬季为31.1×10⁻²ind./m³，居第三位，春季栖息密度最低，仅为4.6×10⁻²ind./m³；冬季优势度指数最高，为15.64%，春、夏季节优势度指数相近，分别为 11.78% 和 11.42%，秋季为 13.62%。南沙群岛及其邻近海域红住囊虫栖息密度平面分布同样呈斑块状（图 3.58）。春季，西北部和中部至东南部区域为红住囊虫聚集区，高值区栖息密度分别为 $50.0×10^{-2}ind./m^3$ 和 $29.0×10^{-2}ind./m^3$；夏季，栖息密度较春季明显增大，聚集区略向南移动，尤其是中部聚集区变换为西南部区域，东南部高值区栖息密度达 $629×10^{-2}ind./m^3$；秋季，栖息密度达最大值，高值聚集区范围明显扩大且略向北移动，中北部区域为新的聚集区；冬季，栖息密度明显降低，聚集区范围有所缩小，西北部高值区向中南部移动，中北部和东南部高值区呈舌形分布。

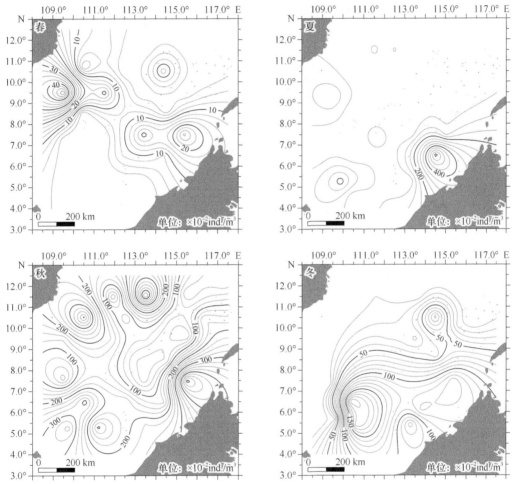

图 3.58　南沙群岛及其邻近海域红住囊虫栖息密度平面分布季节变化

　　小齿海樽为南沙群岛及其邻近海域尾索动物第五年度优势种，同红住囊虫在各个季节均为优势种。南沙群岛及其邻近海域小齿海樽年均栖息密度为 $16.6×10^{-2}ind./m^3$，占尾索动物总数量的 4.80%，其中，秋季平均栖息密度最高，为 $33.9×10^{-2}ind./m^3$，其次为冬季，为 $13.4×10^{-2}ind./m^3$，夏季为 $12.8×10^{-2}ind./m^3$，居第三位，春季栖息密度最低，仅为 $6.4×10^{-2}ind./m^3$；春季优势度指数最高，为 16.53%，其他三季优势度指数相近，均低于 10%。南沙群岛及其邻近海域小齿海樽栖息密度平面分布形状多样，如斑块状、舌状和 "J" 形（图 3.59）。春季，除中部、南中部和东北部区域，栖息密度整体分布较为均一；夏季，中部、中西部、中北部和北部沿东部至南部 "J" 形区域为高值区；秋季，栖息密度明显升高，西北部、中北部和东南部以及中部斜至东北部的舌形区域为高值区；冬季，栖息密度平面分布呈斑块状，秋季中北部和东南部的高值聚集区仍然存在，且范围有所扩大，西南部为新增高值聚集区。

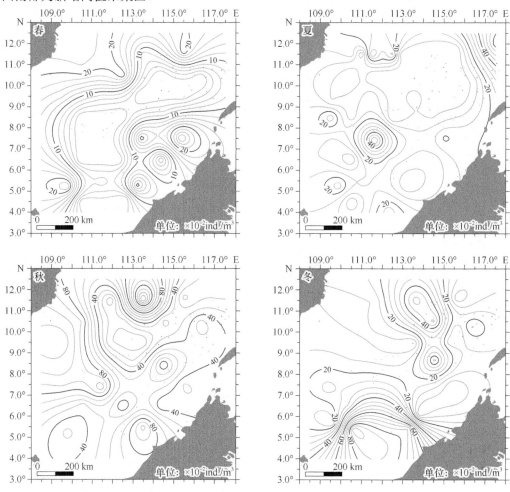

图3.59 南沙群岛及其邻近海域小齿海樽栖息密度平面分布季节变化

六、群落结构

南沙群岛及其邻近海域尾索动物可划分为4个群落（图3.60），分别是秋—冬季群落（群落Ⅰ）、春季群落（群落Ⅱ）、暖涡群落（群落Ⅲ）与夏季群落（群落Ⅳ）。秋—冬季群落数量最为丰富，平均栖息密度为$736×10^{-2}$ind./m³，其他三个群落数量相近（$21×10^{-2}$～$59×10^{-2}$ind./m³）。群落Ⅰ以长尾住囊虫、梭形住囊虫、蚁住筒虫和红住囊虫最为丰富，呈现出广温广盐性分布特征，与东北季风期南下沿岸流对海区有明显的影响相吻合，栖息密度明显高于其他群落也印证了这一推论。群落Ⅱ以双尾纽鳃樽和小齿海樽最为丰富，具有典型的高温高盐生态特征，与春季环流特征不明显、沿岸流影响消退、吕宋冷涡影响依然较强相吻合。群落Ⅲ以透明住筒虫、双尾纽鳃樽和红住囊虫最为丰富，兼具广温广盐和高温高盐生态特征，与其多分布于海水下沉区相一致。群落Ⅳ以双尾纽鳃樽、缪勒海樽和殖包囊虫最为丰富，表现为高温高盐生态特征，多分布于南沙暖涡边缘区。尾索动物生态群落平面分布的季节变化反映了南沙群岛及其邻近海域流场季节转换引起的本地表层水团与沿岸水团以及深层水团混合水平的空间差异。

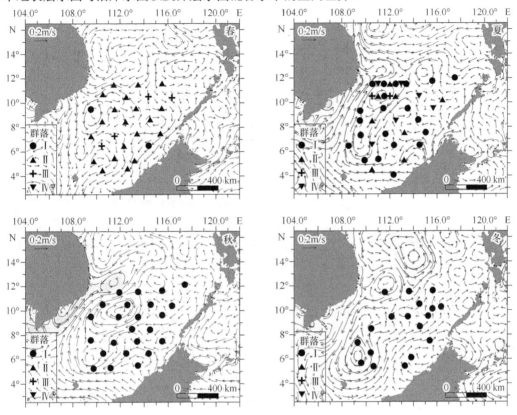

图 3.60　南沙群岛及其邻近海域尾索动物群落分布

第四节　水母类浮游动物

水母类是刺胞动物门 Cnidaria 和栉板动物门 Ctenophora 中营浮游生活或阶段浮游生活的物种总称，全球记录有 4213 种，包括刺胞动物门 4013 种、栉板动物门 200 种（World Register of Marine Species）。刺胞动物门包括水螅虫纲 Hydrozoa 3696 种、钵水母纲 Scyphozoa 221 种、十字水母纲 Staurozoa 49 种和立方水母纲 Cubozoa 47 种；栉板动物门包括有触手纲 Tentaculata 174 种和无触手纲 Nuda 26 种。中国海域记录水母类生物 809 种，包括栉板动物门 14 种、钵水母纲 Scyphozoa 35 种、十字水母纲 Staurozoa 7 种、立方水母纲 Cubozoa 3 种和水螅虫总纲 750 种（洪惠馨和林利民，2010；许振祖等，2014）。南海中南部记录水母类生物 313 种，包括栉板动物门 7 种、钵水母纲 12 种、水螅虫总纲 294 种（软水母亚纲占 35%，管水母亚纲占 30%，花水母亚纲占 25%，硬水母亚纲和筐水母亚纲占 10%）。浮游水母缺乏发达的游泳器官，只能随洋流漂浮，它们的分布与洋流密切相关，如双生水母 *Diphyes chamissonis* 是近岸暖水水团的指示种，半口壮丽水母 *Aglaura hemistoma* 是暖流的指示种。浮游水母是海洋浮游甲壳类的重要共生生物之一，如端足类和桡足类都会通过与浮游水母类共生回避逆境，这也间接提高了寡营养海域游泳生物的捕食效率。异常偏暖气候易造就水母潮的暴发，水母是海洋暖化的重要指示类群。

一、种类组成

浮游水母是南海丰富度仅次于桡足类的一类浮游动物。2013 年共鉴定出浮游水母 111 种（含 11 种不定种），包括管水母类 58 种、水螅水母类 48 种（硬水母亚纲 Trachylinae 10 种、花水母目 Anthoathecata 24 种和软水母目 Leptothecata 14 种）、钵水母类 2 种与栉水母类 3 种（表 3.20）。四季皆出现的物种有 25 种，占总物种数的 23%，尖角水母 *Eudoxoides mitra*、扭形爪室水母 *Chelophyes contorta*、深杯水母 *Abylopsis tetragona* 和爪室水母 *Chelophyes appendiculata* 是最为常见的水母类生物，均为管水母类，出现频率超过 60%；半口壮丽水母 *Aglaura hemistoma*、四叶小舌水母 *Liriope tetraphylla* 和宽膜棍手水母 *Rhopalonema velatum* 是最为常见的 3 种水螅水母类生物，出现频率均低于 50%。钵水母类和栉水母类生物较为稀少，钵水母类有夜光游水母 *Pelagia noctiluca* 和红斑游船水母 *Nausithoe punctata*；栉水母类有掌状风球水母 *Hormiphora palnata*、球型侧腕水母 *Pleurobrachia globosa* 和带水母属一种 *Cestum* sp.，出现频率均低于 7%。68% 的水母类生物出现频率低于 10%，季节更替率为 41%～55%，物种组成存在季节性差异。

表 3.20　南沙群岛及其邻近海域水母类物种组成与栖息密度

类群	种数（种）					栖息密度（×10⁻³ind./m³）				
	春季	夏季	秋季	冬季	全年	春季	夏季	秋季	冬季	全年
水螅水母类	16	21	27	11	48	134	187	120	69	128
硬水母亚纲	5	4	6	5	10	30	38	71	43	46
花水母目	6	9	14	4	24	60	51	18	23	38
软水母目	5	8	7	2	14	48	107	31	5	48
管水母类	37	35	48	42	58	683	793	1442	604	880
钵水母类	2	2	1	1	2	9	26	1	1	9
栉水母类	0	2	2	3	3	0	5	4	7	4
合计	55	60	78	57	111	822	1004	1566	680	1018

注：南沙群岛及其邻近海域各季节水母类栖息密度均值通过克里金插值法估算

二、生态类群

南沙群岛及其邻近海域为典型的热带寡营养环境，依据水母类的生态习性与地理分布，可将其分为近岸暖温种、近岸暖水种、大洋广布种、大洋狭布种和大洋深水种 5 个类群（许振祖等，2014）。大洋广布种有尖角水母、扭形爪室水母、爪室水母、半口壮丽水母、四叶小舌水母、宽膜棍手水母、巴斯水母 *Bassia bassensis*、双生水母 *Diphyes chamissonis*、细浅室水母 *Lensia subtilis* 等 29 属 48 种，占总物种数（不包括不确定种）的 48%。大洋狭布种有异板浅室水母 *Lensia challengeri*、宽无棱水母 *Sulculeolaria bigelowi*、支管双钟水母 *Amphicaryon ernesti*、箭形角杯水母 *Ceratocymba sagitta* 等 6 属 10 种，均是管水母，占总物种数（不包括不确定种）的 10%。大洋深水种有锥形浅室水母 *Lensia conoides*、高悬浅室水母 *Lensia meteori*、七棱浅室水母 *Lensia multicristata*、褶玫瑰水母 *Rosacea plicata*、北极

单板水母 *Dimophyes arctica* 等 11 属 14 种，占总物种数（不包括不确定种）的 14%。近岸暖水种有拟细浅室水母 *Lensia subtiloides*、间腺真囊水母 *Euphysora interogona*、热带真唇水母 *Eucheilota tropica*、细真瘤水母 *Eutima gracilis* 和真强壮水母 *Eutonina scientillans* 等 22 属 27 种，占总物种数（不包括不确定种）的 27%；其中，水螅水母居多，占近岸暖水种物种数的 85%。近岸暖温种仅在春季出现 1 种，为拟帽水母 *Paratiara digitalis*。

三、数量分布

南沙群岛及其邻近海域水母类年均栖息密度为 $1018×10^{-3}$ind./m^3；秋季平均栖息密度最高，为 $1566×10^{-3}$ind./m^3；夏季平均栖息密度居次，为 $1004×10^{-3}$ind./m^3；春季平均栖息密度排于第三位；为 $822×10^{-3}$ind./m^3；冬季平均栖息密度最低，为 $680×10^{-3}$ind./m^3（图 3.61）。水母类生物中，管水母类数量最为丰富，占水母类总数量的 79%～92%，管水母类栖息密度季节变化趋势与水母类一致；其次是水螅水母类，其贡献了水母类总数量的 8%～16%，其春季、夏季和秋季的平均栖息密度相近，为 $120×10^{-3}$～$187×10^{-3}$ind./m^3，明显高于冬季（$69×10^{-3}$ind./m^3）；钵水母类与栉水母类数量较少，四季平均栖息密度分别为 $1×10^{-3}$～$26×10^{-3}$ind./m^3 与 0～$7×10^{-3}$ind./m^3。

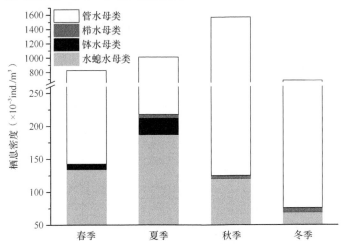

图 3.61 南沙群岛及其邻近海域水母类平均栖息密度季节变化

（一）平面分布

南沙群岛及其邻近海域水母类栖息密度平面分布呈现明显的季节变化（图 3.62）。春季，栖息密度中部最高，西部和北部居次，东部和南部最低，其中，中部出现一个栖息密度超过 $1500×10^{-3}$ind./m^3 的高值中心，西部和北部栖息密度均高于 $1000×10^{-3}$ind./m^3，南部栖息密度均低于 $500×10^{-3}$ind./m^3。夏季，高栖息密度区呈斑块化分布，北部局部区域栖息密度超过 $5000×10^{-3}$ind./m^3，东中部与南部各存在一个栖息密度超过 $2000×10^{-3}$ind./m^3 的次高值区。秋季，栖息密度平面分布南高北低，低值区（栖息密度<$1000×10^{-3}$ind./m^3）从北部呈舌状延伸至中部，南部栖息密度整体上超过 $2000×10^{-3}$ind./m^3，东南局部区域栖息密度超过 $3000×10^{-3}$ind./m^3。冬季，栖息密度平面分布西北部低、东南部高，西北部栖息密度整体上低于 $500×10^{-3}$ind./m^3，东南部形成数个高值斑块（>$1000×10^{-3}$ind./m^3）。

就各类群而言，南沙群岛及其邻近海域管水母类栖息密度平面分布季节变化（图 3.63）

与水母类高度相似（皮尔逊相关性，$r=0.901$，$p<0.01$）。春季，栖息密度高值区和低值区从北向南交错分布，北部与中部栖息密度超过 $1000×10^{-3}$ind./m^3，东部与南部栖息密度低于 $500×10^{-3}$ind./m^3。夏季，栖息密度高值区和低值区交叉分布更为明显，北部栖息密度

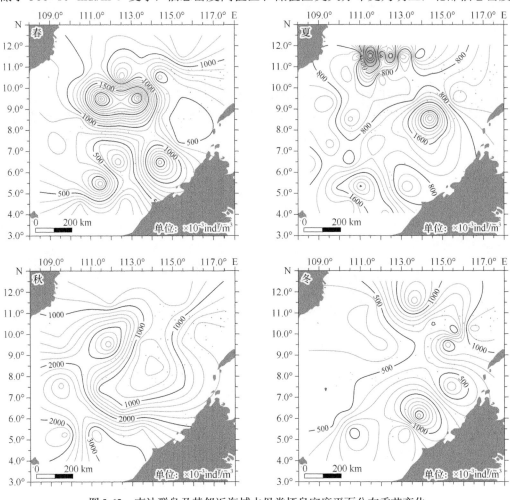

图 3.62　南沙群岛及其邻近海域水母类栖息密度平面分布季节变化

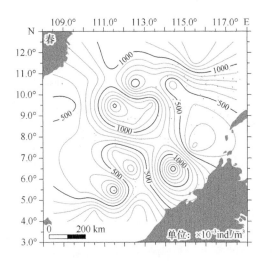

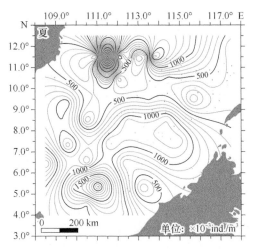

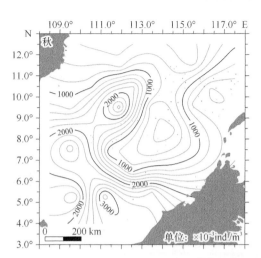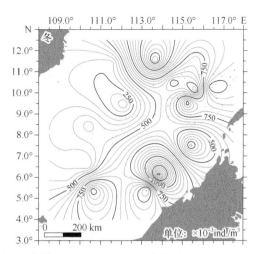

图 3.63 南沙群岛及其邻近海域管水母类栖息密度平面分布季节变化

超过 1000×10^{-3}ind./m³，最高栖息密度达 5800×10^{-3}ind./m³；中东部与南部高值区（栖息密度 $>1000\times10^{-3}$ind./m³）连为一片，高值中心位于南部，栖息密度超过 2000×10^{-3}ind./m³；栖息密度低于 500×10^{-3}ind./m³ 的区域主要分布于西部小部分区域、东南部与西部延伸到东部的带状区三大区域。秋季，栖息密度平面分布南高北低，北部与中部低值区（栖息密度 $<800\times10^{-3}$ind./m³）整体呈"瓮状"，高值中心位于南部，栖息密度超过 3200×10^{-3}ind./m³。冬季，栖息密度平面分布东南部高于西北部，西部栖息密度整体上低于 500×10^{-3}ind./m³，栖息密度超过 750×10^{-3}ind./m³ 的区域以斑块化分布于东北部、东南部与南部，东北部区域分布面积最大，东南部中心栖息密度最高，超过 1500×10^{-3}ind./m³。

南沙群岛及其邻近海域水螅水母类栖息密度平面分布秋、冬季较春、夏季均匀（图 3.64），春季、夏季和秋季栖息密度平面分布与水母类相似（皮尔逊相关性，$r=0.475\sim0.555$，$p<0.01$）。春季，栖息密度高值区以舌状从西部偏北区域向东延伸至中部，并在中部形成高值中心，栖息密度超过 1000×10^{-3}ind./m³；其他区域栖息密度均低于 250×10^{-3}ind./m³。夏季，海区以栖息密度 200×10^{-3}ind./m³ 为界形成高低值两大区域，中北部和东中部高值中心（栖息密度 $>1800\times10^{-3}$ind./m³）与南部次高值中心（栖息密度 $>600\times10^{-3}$ind./m³）通过沿西北部、西部与南部边缘的高值区相连。秋季，中东部与南部栖息密度偏低，低于

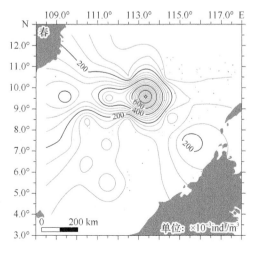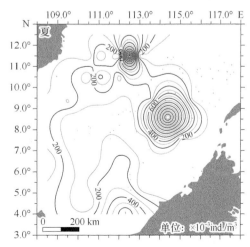

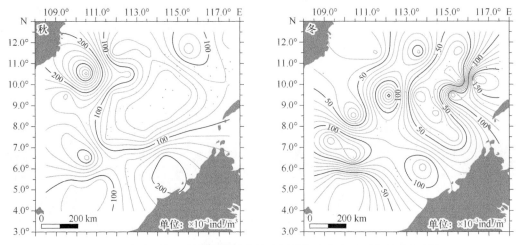

图3.64　南沙群岛及其邻近海域水螅水母类栖息密度平面分布季节变化

100×10⁻³ind./m³；在西北部与东南部各有一个栖息密度高于200×10⁻³ind./m³的高值斑块。冬季，栖息密度平面分布呈现西北部、西南部和中部偏东低（<50×10⁻³ind./m³），其他区域高的格局，东部栖息密度最高，高值中心栖息密度超过150×10⁻³ind./m³，北部、中部、西部和东南部各有一个次高值中心，栖息密度超过100×10⁻³ind./m³。

　　南沙群岛及其邻近海域钵水母类采获较少，以斑块形式镶嵌于南沙群岛及其邻近海域，春季分布于海区中部和南部，中心栖息密度分别为250×10⁻³ind./m³和20×10⁻³ind./m³；夏、秋两季主要分布于东南海区，中心栖息密度分别为240×10⁻³ind./m³和10×10⁻³ind./m³；冬季主要位于海区东部边缘，中心栖息密度为9×10⁻³ind./m³（图3.65）。

　　南沙群岛及其邻近海域栉水母类与钵水母类的栖息密度平面分布类似，仅分布于海区局部区域（图3.66）。春季，未采获栉水母类；夏季，栉水母类主要分布于海区的东南部与西北角，东南部中心栖息密度超过40×10⁻³ind./m³，西北角最高栖息密度达12×10⁻³ind./m³；秋、冬季，栉水母类主要分布于南部邻近陆架区域，中心栖息密度超过25×10⁻³ind./m³，此外，秋季海区北部还存在一个小型斑块的栉水母类分布区，冬季则移至东北角，栖息密度有所提升，最高达24×10⁻³ind./m³。

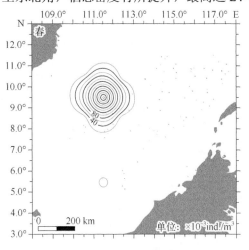

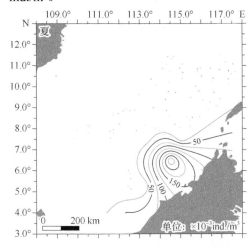

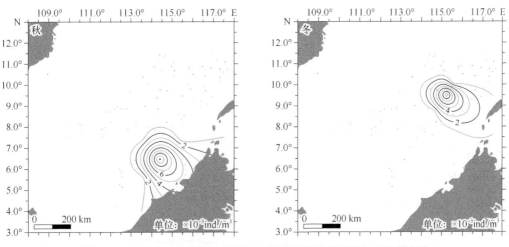

图 3.65 南沙群岛及其邻近海域钵水母类栖息密度平面分布季节变化

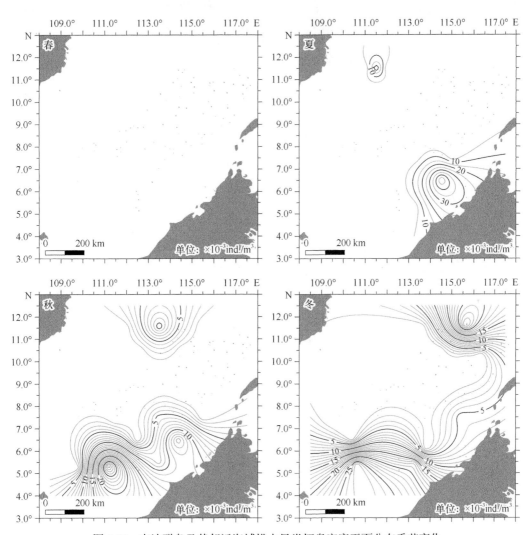

图 3.66 南沙群岛及其邻近海域栉水母类栖息密度平面分布季节变化

（二）垂直分布

冬季南沙群岛及其邻近海域水母类栖息密度垂直分布（图3.67）显示，水母类栖息密度从表层向下垂直下降，0～30m 水层最为丰富，占总数量的63.7%，平均栖息密度达 $4800×10^{-3}ind./m^3$；其次是 30～75m 水层，占总数量的23.3%，平均栖息密度为 $1756×10^{-3}ind./m^3$；75～150m 水层占总数量的12.2%，平均栖息密度为 $920×10^{-3}ind./m^3$；这三个水层大洋广布种最为丰富，占各水层总数量的94.9%～96.5%。150～750m 水层水母类生物数量最少，占总数量的0.8%，平均栖息密度为 $63×10^{-3}ind./m^3$，以大洋深水种为主，占该水层总数量的78.3%，七棱浅室水母 *Lensia multicristata*、十棱浅室水母 *Lensia grimaldi*、北极单板水母 *Dimopyes arctica* 和钝角锥水母 *Chuniphyes moserae* 仅在该水层采获，另一大洋深水种褶玫瑰水母 *Rosacea plicata* 在 30～750m 水层均有采获。就各类群而言，管水母类数量占各水层水母类总数量的90%以上，垂直分布趋势与水母类总数量完全一致；水螅水母类主要集中在 0～75m 水层，平均栖息密度为 $272×10^{-3}ind./m^3$，占水螅水母类总数量的99.6%；栉水母类仅出现在 0～30m 水层，平均栖息密度为 $67×10^{-3}ind./m^3$。

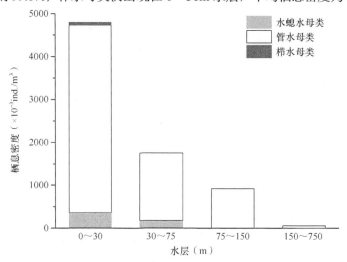

图 3.67　冬季南沙群岛及其邻近海域水母类栖息密度垂直分布

四、多样性

各季节南沙群岛及其邻近海域水母类马加莱夫丰富度指数（D）、香农-维纳多样性指数（H'）、毗卢均匀度指数（J）与多样性阈值（D_v）的均值分别为1.48～2.96、2.56～3.52、0.79～0.85 和 2.0～2.8，显示春、夏两季多样性要差于秋、冬两季（表3.21）。

表 3.21　南沙群岛及其邻近海域水母类多样性指数季节分布

季节	D	H'	J	D_v
春季	1.48	2.75	0.85	2.4
夏季	1.48	2.56	0.79	2.0
秋季	2.96	3.52	0.80	2.8
冬季	2.47	3.20	0.80	2.6
均值	2.10	3.01	0.81	2.4

南沙群岛及其邻近海域水母类马加莱夫丰富度指数平面分布季节变化（图3.68）显示，春季，丰富度呈现西北部—东南部较高（$D>1.5$）、西南部和东北部较低的格局，高丰富度区从海区西北部延伸到东南部海域，高值中心丰富度超过2.5，南部和东北部各有一个丰富度低于0.5的小斑块。夏季，丰富度呈现东北部—西部和东南部—南部较高（$D>1.0$）、中间区域较低的格局，高（$D>1.5$）低（$D<0.5$）丰富度中心以斑块化各自分布于高低物种丰富区内。秋季，丰富度呈现中北偏东部和南部（$D<2.5$）低于其他区域的格局，东南部与西北部各有一个丰富度超过3.5的高丰富度区。冬季，丰富度整体上北高南低，北缘区域丰富度整体上高于3.0，东南部同样存在一个微型高丰富度区（$D>3.0$），西南部区域丰富度最低（$D<1.5$）。

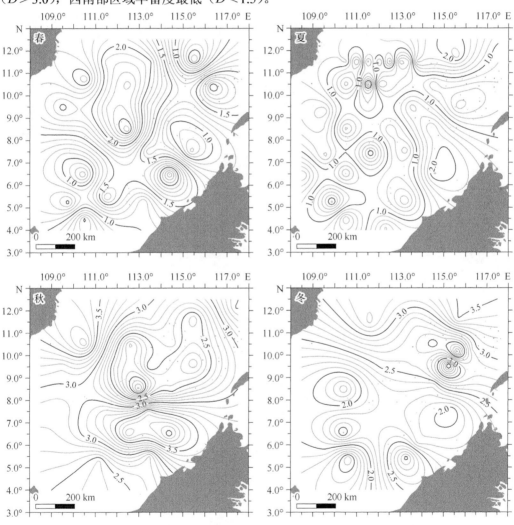

图3.68 南沙群岛及其邻近海域水母类马加莱夫丰富度指数平面分布季节变化

南沙群岛及其邻近海域水母类多样性阈值平面分布季节变化（图3.69）显示，春季，多样性丰富区从北部偏西区域延伸至南部陆架北缘，呈"舌状"，西南部和东北部均有一个多样性丰富斑块，其他区域多样性较好。夏季，多样性丰富区呈斑块化分布，分别位于海区的东北角、东南角和西南角，从东北向南形成一个多样性阈值低于2.0的带状区域，其中分布有三个多样性一般的斑块；此外，中北部同样存在一个多样性一般的斑块，其他区域多样性较好。秋季，多样性较好区以斑块分布于东部—中部—西南部的多样性阈值低于 3.0 的带状区域，其他区域多样性丰富。冬季，多样性较好区从北部中间区域延伸至海区西南部，西北角和东部多样性丰富，此外，北部中间区域有一个多样性一般的微型斑块，西南部镶嵌有一个多样性丰富斑块。可见，水母类丰富度与多样性水平平面分布呈现明显的季节变化。

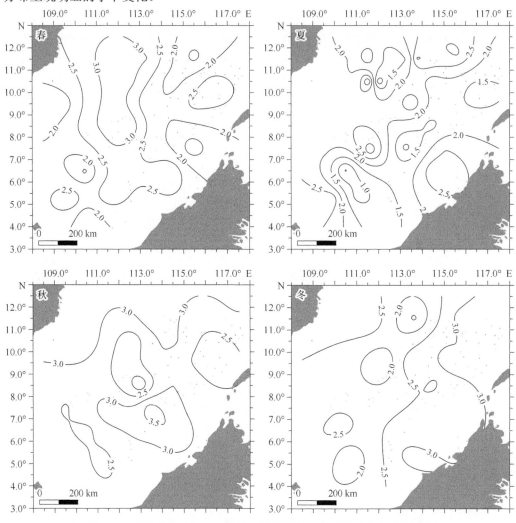

图 3.69　南沙群岛及其邻近海域水母类多样性阈值平面分布季节变化

五、优势种

南沙群岛及其邻近海域水母类年度优势种共有 10 种（$Y \geqslant 0.02$），分别为爪室水母、扭形爪室水母、细浅室水母、尖角水母、拟细浅室水母、短深杯水母、深杯水母、巴斯水母、拟双生水母和异双生水母，占水母类生物总数量的 60.3%。春季、夏季、秋季和冬季的优势种分别有 10 种、5 种、12 种和 10 种（表 3.22）。其中，秋季优势种的优势地位最强，占秋季水母类生物总数量的 81.5%；夏季优势种优势地位最弱，占夏季水母类生物总数量的 44.4%，春、冬两季优势种的优势地位相近，分别占当季水母类生物总数量的 66.1% 和 67.2%。此外，巴斯水母、扭形爪室水母、尖角水母和短深杯水母 4 种优势种在秋季优势地位都很明显（$Y \geq 0.10$），占秋季水母类生物总数量的比例均超过 11%。爪室水母在冬季优势地位明显，占冬季水母类生物总数量的 12.0%；春、夏两季各优势种优势地位相近，无明显突出者。四季共有优势种达 4 种，分别是爪室水母、扭形爪室水母、细浅室水母、尖角水母，均为管水母类，优势种无明显的季节性更替。

表 3.22　南沙群岛及其邻近海域水母类优势种的优势度指数（DI）与优势度（Y）

种名	DI（%）					Y				
	春季	夏季	秋季	冬季	年度	春季	夏季	秋季	冬季	年度
扭形爪室水母 *Chelophyes contorta*	6.5	16.8	11.3	5.8	11.2	0.04	0.08	0.11	0.05	0.08
尖角水母 *Eudoxoides mitra*	8.9	5.7	11.4	12.2	8.2	0.07	0.03	0.10	0.10	0.06
爪室水母 *Chelophyes appendiculata*	3.1	9.8	3.2	12.0	6.5	0.02	0.04	0.03	0.11	0.04
细浅室水母 *Lensia subtilis*	7.6	5.2	4.8	4.8	5.2	0.05	0.02	0.04	0.03	0.03
短深杯水母 *Abylopsis eschscholtzi*	5.4		11.2	11.3	5.7	0.03		0.11	0.09	0.03
深杯水母 *Abylopsis tetragona*	10.0		4.1	4.8	5.0	0.07		0.04	0.04	0.03
巴斯水母 *Bassia bassensis*	3.5		13.5	5.8	5.3			0.14	0.05	0.03
拟双生水母 *Diphyes bojani*	6.4		5.4	2.8	4.9			0.05	0.02	0.03
异双生水母 *Diphyes dispar*	10.2		6.5	2.7	4.8	0.05		0.06	0.02	0.03
拟细浅室水母 *Lensia subtiloides*			5.5		3.5			0.05		0.02
螺旋尖角水母 *Eudoxoides spiralis*	4.5			5.0		0.02			0.04	
半口壮丽水母 *Aglaura hemistoma*			2.3					0.02		
长无棱水母 *Sulculeolaria chuni*			2.3					0.02		
钟浅室水母 *Lensia campanella*		6.9					0.03			

注：优势度空白处优势度低于 0.02，相应的优势度指数也空白

　　扭形爪室水母是南沙群岛及其邻近海域水母类第一年度优势种，是最为常见种类之一。南沙群岛及其邻近海域扭形爪室水母年均栖息密度为 99×10^{-3}ind./m³，占水母类总数量的 11.2%，其中，夏季平均栖息密度最高，为 179×10^{-3}ind./m³，秋季次之，为 132×10^{-3}ind./m³，春季为 44×10^{-3}ind./m³，处于第三，冬季最低，为 40×10^{-3}ind./m³。南沙群岛及其邻近海域扭形爪室水母栖息密度平面分布呈斑块状（图 3.70）。春季，栖息密度高于 50×10^{-3}ind./m³ 的中间 "J" 形带状区将海区低值区域分为西部、东部和南缘三部分，"J" 形带状区内部从北向南分布有三个高值中心，栖息密度最高分别达 140×10^{-3}ind./m³、240×10^{-3}ind./m³ 和 110×10^{-3}ind./m³。夏季，栖息密度低于 50×10^{-3}ind./m³ 的区域分布于海区东部、中西部和西南部，南部形成一个大范围的栖息密度超过 500×10^{-3}ind./m³ 的高值区，北部有一个微型高值区。秋季，栖息密度平面分布南高北低，南部同样存在一个大范围的栖息密度超过 500×10^{-3}ind./m³ 的高值区。冬季，栖息密度平面分布东高西低，东部栖息密度最高达 150×10^{-3}ind./m³，西南部栖息密度低于 10×10^{-3}ind./m³，东南部与中西部各有一个栖息密度超过 50×10^{-3}ind./m³ 的次高值中心。

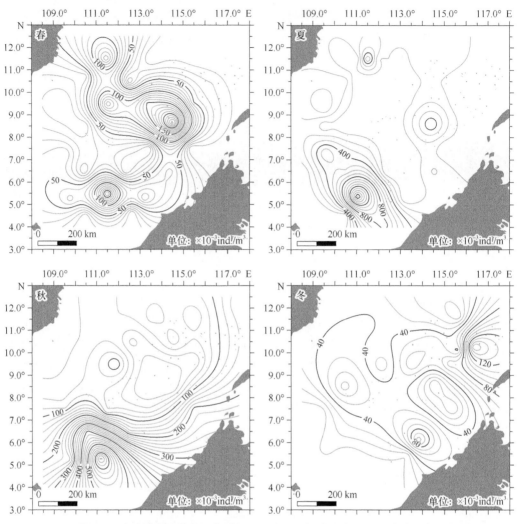

图 3.70　南沙群岛及其邻近海域扭形爪室水母栖息密度平面分布季节变化

　　尖角水母是南沙群岛及其邻近海域水母类第二年度优势种，是最为常见种类之一。南沙群岛及其邻近海域尖角水母年均栖息密度为 $93×10^{-3}$ind./m³，占水母类总数量的 8.2%，其中，秋季平均栖息密度最高，为 $139×10^{-3}$ind./m³，春、夏季数量相近，栖息密度分别为 $85×10^{-3}$ind./m³ 和 $81×10^{-3}$ind./m³，冬季数量最少，栖息密度为 $67×10^{-3}$ind./m³；秋、冬季优势度指数相近，分别为 11.4% 和 12.2%，春季居第三，为 8.9%，夏季最低，为 5.7%。南沙群岛及其邻近海域尖角水母栖息密度平面分布季节变化（图 3.71）显示，春季，栖息密度平面分布呈现西部和东南部高、东北部和中南部低的格局，在海区西北偏中部区域存在一个高值中心，中心栖息密度达 $270×10^{-3}$ind./m³，西部与东南部各有一个次高值中心，栖息密度分别达 $190×10^{-3}$ind./m³ 和 $240×10^{-3}$ind./m³。夏季，栖息密度平面分布呈现西部和东部高、中部低的格局，东南部数量最为丰富，栖息密度最高达 $290×10^{-3}$ind./m³，西南角同样存在一个数量丰富区，面积约为东南部数量丰富区的一半，东北角存在一个低数量区，栖息密度低于 $50×10^{-3}$ind./m³。秋季，栖息密度平面分布仍呈现东西高、中部低的格局，数量最为丰富区在海区西部，栖息密度最高达 $480×10^{-3}$ind./m³，东部仅有部分区域栖息密度高于 $100×10^{-3}$ind./m^3，中部大部区域栖息密度小于 $60×10^{-3}$ind./m^3。冬季，两个栖息密度高值区均主要位于南沙反气旋周围的锋面区，栖息密度平面分布北高南低，北部栖息密度最高达 $700×10^{-3}$ind./m^3，海区大部栖息密度低于 $50×10^{-3}$ind./m^3。

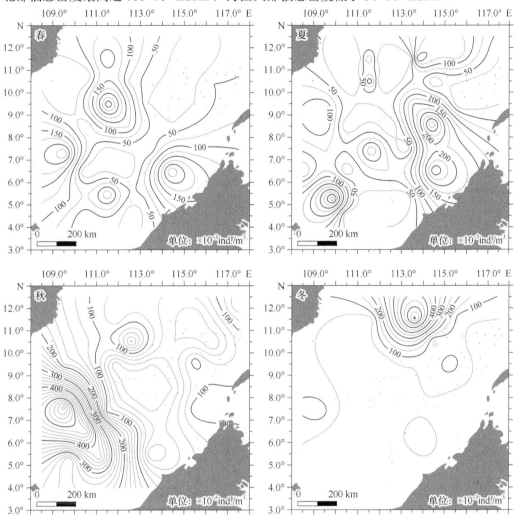

图 3.71　南沙群岛及其邻近海域尖角水母栖息密度平面分布季节变化

爪室水母是南沙群岛及其邻近海域水母类第三年度优势种，是最为常见种类之一。南沙群岛及其邻近海域爪室水母年均栖息密度为 $54×10^{-3}$ind./m^3，占水母类总数量的 6.5%，其中，冬季平均栖息密度最高，为 $76×10^{-3}$ind./m^3，其次是夏季，为 $54×10^{-3}$ind./m^3，秋季排第三，为 $43×10^{-3}$ind./m^3，春季最低，为 $29×10^{-3}$ind./m^3；夏、冬季优势度指数较高，分别为 9.8% 和 12.0%，春、秋季优势度指数偏低，约为 3%。南沙群岛及其邻近海域爪室水母栖息密度平面分布季节变化（图 3.72）显示，春季，栖息密度平面分布呈现西南部和北部偏东区域低、西北部和东中部偏高的格局，西北角数量最为丰富，栖息密度最高达 $120×10^{-3}$ind./m^3，中部栖息密度最高为 $45×10^{-3}$ind./m^3，西南大部分区域栖息密度低于 $20×10^{-3}$ind./m^3。夏季，北部偏西局部区域数量异常丰富，栖息密度最高达 $3000×10^{-3}$ind./m^3，海域大部分区域栖息密度不超过 $25×10^{-3}$ind./m^3。秋季，栖息密度平面分布南高北低，南部栖息密度最高达 $170×10^{-3}$ind./m^3，北部大部分区域栖息密度低于 $30×$

10^{-3}ind./m³。冬季，栖息密度平面分布呈现北部和东南部较高、其他区域较低的格局，北部栖息密度最高达 360×10^{-3}ind./m³，东南部栖息密度最高为 240×10^{-3}ind./m³，低值区大部分区域栖息密度低于 40×10^{-3}ind./m³。

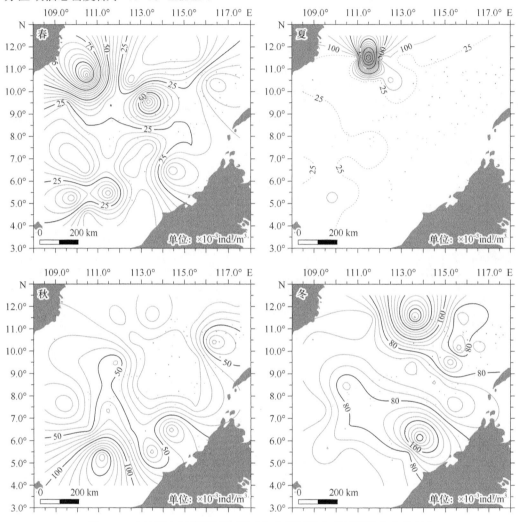

图 3.72　南沙群岛及其邻近海域爪室水母栖息密度平面分布季节变化

半口壮丽水母是南沙群岛及其邻近海域唯一一种年度优势度超过 0.01 的水螅水母类。南沙群岛及其邻近海域半口壮丽水母年均栖息密度为 19×10^{-3}ind./m³，占水母类总数量的 2.3%，占水螅水母类总数量的 14.8%。半口壮丽水母四季栖息密度相近，其中，冬季稍低，为 14×10^{-3}ind./m³，春、秋两季稍高，为 21×10^{-3}ind./m³，夏季居中，为 18×10^{-3}ind./m³。南沙群岛及其邻近海域半口壮丽水母栖息密度平面分布季节变化（图 3.73）显示，栖息密度呈斑块化分布，春、冬两季半口壮丽水母在东南部与西部均有聚集区，西部聚集区形成栖息密度超过 100×10^{-3}ind./m³ 的高值中心，东南部聚集区形成次高值中心，春、冬两季栖息密度最高分别达 45×10^{-3}ind./m³ 和 80×10^{-3}ind./m³，其他区域栖息密度大多低于 15×10^{-3}ind./m³。夏季，半口壮丽水母聚集于海区北部偏西的南沙反气旋环流影响区域，栖息密度最高达 320×10^{-3}ind./m³。秋季，栖息密度平面分布有南北两个聚集区，南聚集区数量最为丰富，邻近东南陆架部分区域栖息密度超过 100×10^{-3}ind./m³，北聚集区由位于南沙反气旋环流东西两侧的数量相对丰富的斑块组成，中心栖息密度分别为 35×10^{-3}ind./m³ 和 55×10^{-3}ind./m³。

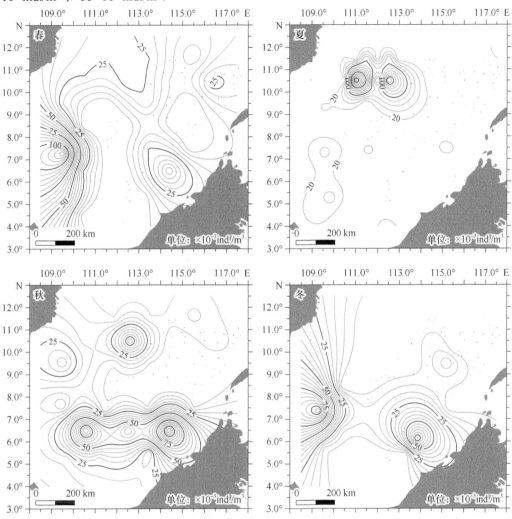

图 3.73　南沙群岛及其邻近海域半口壮丽水母栖息密度平面分布季节变化

六、群落结构

南沙群岛及其邻近海域水母类浮游动物可划分为 5 个群落：春季群落（群落 I）、秋季群落（群落 II）、春—夏季高温群落（群落 III）、夏季暖涡群落（群落 IV）与夏季群落（群落 V）（表 3.23，图 3.74）。

表 3.23　南沙群岛及其邻近海域水母类生态群落 50m 层温度、盐度平均值及水母类栖息密度和优势种的优势度指数

	群落 I	群落 II	群落 III	群落 IV	群落 V
温度（℃）	23.94	24.25	24.59	24.66	24.17
盐度	33.76	33.63	33.74	33.72	33.85
水母类栖息密度（$\times 10^{-3}$ind./m³）	1203	1270	719	604	471

续表

		群落 I	群落 II	群落 III	群落 IV	群落 V
优势度指数（%）	深杯水母 *Abylopsis tetragona*				9.0	
	半口壮丽水母 *Aglaura hemistoma*				9.4	
	爪室水母 *Chelophyes appendiculata*	11.7				
	扭形爪室水母 *Chelophyes contorta*	15.8				28.8
	拟双生水母 *Diphyes bojani*			51.3		
	双生水母 *Diphyes chamissonis*		11.6			
	异双生水母 *Diphyes dispar*			26.1		
	尖角水母 *Eudoxoides mitra*		10.7			
	钟浅室水母 *Lensia campanella*				13.2	25.8
	细浅室水母 *Lensia subtilis*					24.2

注：空白处水母类在相应群落中不是优势种

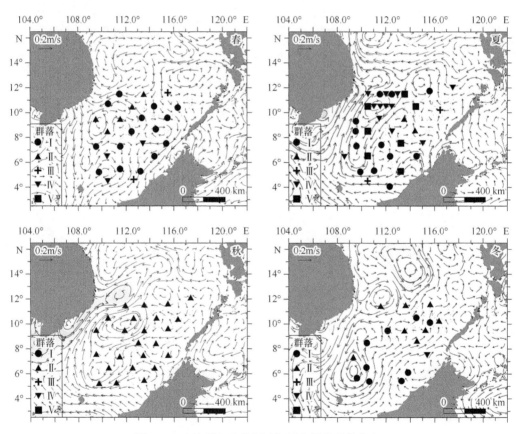

图 3.74 南沙群岛及其邻近海域水母类群落分布

群落 I：水母类总栖息密度为 1203×10^{-3}ind./m³，以扭形爪室水母和爪室水母数量较为丰富，优势度指数分别为 15.8% 和 11.7%。春季，水母类分布于东南大部分水域；冬季，水母类多分布于南沙气旋性环流与南海沿岸流交互区；夏季，水母类分布于南沙反气旋环流与南海急流交互区；水母类分布区覆盖春季、冬季一半水域和夏季 1/3 水域。

　　群落Ⅱ：水母类总栖息密度为 $1270×10^{-3}$ind./m³，以双生水母和尖角水母数量较为丰富，优势度指数分别为 11.6% 和 10.7%。双生水母是近岸暖水种优势种，反映了群落Ⅱ受到热带近岸水的影响。秋季，南沙群岛及其邻近海域整体处于反气旋环流控制中，海区南部沿岸水随环流影响整个海区，群落Ⅱ广泛分布；冬季，群落Ⅱ多分布于受南沙气旋性环流作用的南部陆架水影响的海区北部；春季，群落Ⅱ分布于受越南近岸水影响的海区东北部；夏季，群落Ⅱ分布于受加里曼丹岛沿岸水影响的海区东中部。与群落Ⅰ相比，群落Ⅱ分布区 50m 层温度较高、盐度较低，显示群落Ⅱ受近岸水的影响较群落Ⅰ明显。

　　群落Ⅲ：水母类总栖息密度为 $719×10^{-3}$ind./m³，种类数较少，仅有 5 种管水母类生物，以拟双生水母和异双生水母数量较为丰富，两种优势生物占总数量的 77.4%，零星分布于春、夏两季的南部陆架与巴拉望岛附近海域，这与分布海域存在苏禄海海水入侵相符。

　　群落Ⅳ：水母类总栖息密度为 $604×10^{-3}$ind./m³，以钟浅室水母、半口壮丽水母和深杯水母数量较为丰富，优势度指数分别为 13.2%、9.4% 和 9.0%，多分布于夏季的南沙反气旋环流的北部涡旋区。

　　群落Ⅴ：水母类总栖息密度为 $471×10^{-3}$ind./m³，以扭形爪室水母、钟浅室水母和细浅室水母数量较为丰富，三种优势生物占总数量的 78.8%，多分布于夏季的群落Ⅰ与群落Ⅳ过渡区域。

　　各生态群落分布与水团结构相关，群落Ⅰ、群落Ⅱ因处于沿岸水与南海本地环流水混合区，总栖息密度较其他群落高；群落Ⅳ处于沉降流区，总栖息密度偏低；群落Ⅲ可指示苏禄海入侵水团的影响；群落Ⅴ盐度较高，受近岸水的影响最小，总栖息密度最低。

第五节　软体动物

一、种类组成

　　浮游软体动物是指海洋中各种终生营浮游生活的腹足纲 Gastropoda，为海洋浮游动物中一大类群，包括后鳃亚纲的翼足目 Pteropoda、新进腹足亚纲的翼管螺超科 Pterotracheoidea、海蜗牛科 Janthinidae 和异鳃亚纲腹翼螺科 Gastropteridae。其中，前 3 类为主要类群，后一类种类及数量均非常少。它们是海洋动物的饵料，其死壳沉积于海底，是海洋沉积物的组成部分，有些种类可作为海流或水团的指示种。2013 年，南沙群岛及其邻近海域共鉴定出 51 种软体动物。其中，翼足类有 35 种，占总种类数的 68.6%；翼管螺超科有 16 种，占 31.4%。其中，四季皆出现的物种占 9.8%，棒笔帽螺 *Creseis clava*、尖笔帽螺 *Creseis acicula*、芽笔帽螺 *Creseis virgula*、明螺 *Atlanta peroni*、胖蜕螺 *Heliconoides inflatus* 和蝴蝶螺 *Desmopterus papilio* 是最为常见的 6 种浮游软体动物，66.7% 的物种出现频率低于 10%，季节更替率为 26.8%～54.3%，春、夏季节物种组成与秋、冬季节差异均较大（38.9%～54.3%）。

二、生态类群

在我国，有关浮游软体动物的研究较少，对其生态学方面的研究尤其较少。根据浮游软体动物的生态特点及其在南海的分布状况，可将其分为3个生态类群：大洋性暖水种类群、大洋性暖水种广布类群和广盐暖水类群。大洋性暖水种类群是典型的高温高盐种类，主要代表种是球龟螺 *Cavolinia globulosa*、盔龙骨螺 *Carinaria galea*、翼管螺 *Pterotrachea coronata*、芽笔帽螺、锥棒螺 *Styliola subula*、环箍笔帽螺 *Boasia chierchiae*、矛头长角螺 *Clio pyramidata* var. *lanceolata*、小尾长角螺 *Clio pyramidata* var. *microcaudata* 和袋长角螺 *Clio balantium*；大洋性暖水种广布类群是海区重要的生态类群，大多数优势种隶属于该类群，代表种有胖蠵螺、泡蠵螺 *Limacina bulimoides* 和棒笔帽螺，这些种常在相对较低盐水和高温高盐水交汇区聚集；广盐暖水类群的种类少，但个别种类数量较丰，如尖笔帽螺、锥笔帽螺 *Creseis conica*、马蹄蠵螺 *Limacina trochiformis*、强卷螺 *Agadina stimpsoni*、玻杯螺 *Hyalocylis striata*、厚唇螺 *Diacria trispinosa* 和四齿厚唇螺 *Telodiacria quadridentata*。

三、数量分布

南沙群岛及其邻近海域软体动物年均栖息密度为 470×10^{-3}ind./m³，其中，夏季栖息密度最高，为 564×10^{-3}ind./m³，其次是春季，为 541×10^{-3}ind./m³，秋季略低于春季，为 525×10^{-3}ind./m³，冬季最低，为 251×10^{-3}ind./m³（图3.75）。

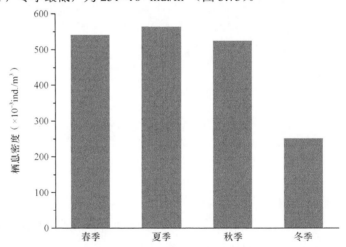

图3.75 南沙群岛及其邻近海域软体动物栖息密度季节变化

（一）平面分布

南沙群岛及其邻近海域软体动物栖息密度平面分布季节变化明显（图3.76）。春季，栖息密度东南部与北部偏西区域较高，其他区域较低，其中，北部偏西海域出现一个栖息密度大于 3200×10^{-3}ind./m³ 的高值中心，东南部为次高值中心（栖息密度 $> 1700 \times 10^{-3}$ind./m³）。夏季，栖息密度高于春季，高值区域有所扩大，东南部、西部、南部和北部较高，中间区域较低，其中，高值中心栖息密度大于 1900×10^{-3}ind./m³，仍位于东南部海域，但较春季的高值中心位置略向南偏移。秋季，栖息密度平面分布呈斑块状，东南部、西

南部、西北部和北中部为高值区域，其中，西南部海域栖息密度最高值达 $2671×10^{-3}$ind./m^3，东南部海域为次高值区，并且有两个高值聚集区，栖息密度均达 $1500×10^{-3}$ind./m^3。冬季，栖息密度最低，平面分布同样呈斑块状，相较秋季，西北部和西南部的高值区域沿西部向中部移动，中北部高值区斜向东部移动，东南部的两个高值聚集区合并为一个，东南部海域为最高值中心，栖息密度达 $1189×10^{-3}$ind./m^3。

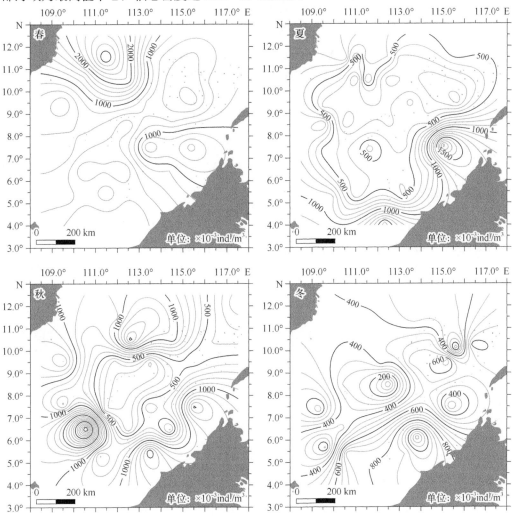

图 3.76 南沙群岛及其邻近海域软体动物栖息密度平面分布季节变化

（二）垂直分布

冬季南沙群岛及其邻近海域软体动物栖息密度垂直分布（图3.77）显示，软体动物栖息密度随水层深度增加而逐渐降低，表层（0～30m 水层）栖息密度为 $2320×10^{-3}$ind./m^3，分别是 30～75m 水层、75～150m 水层与 150～750m 水层的 1.6 倍、3.1 倍和 70 倍。其中，角长吻龟螺、球龟螺、强卷螺、塔明螺、明螺主要分布于 0～30m 水层；棒笔帽螺、龟螺和大口明螺主要分布于 0～75m 水层；三宝舻艋螺偏向分布于 150～750m 水层；马蹄蜒螺、玻杯螺、锥笔帽螺、尖笔帽螺、小尾长角螺、强卷螺偏向分布于 0～150m 水层；胖蜒螺在 750m 以浅水层均有分布。

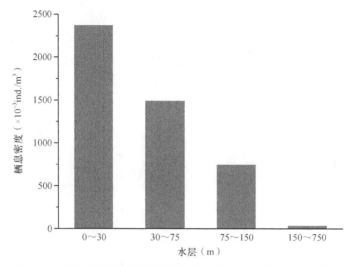

图 3.77　冬季南沙群岛及其邻近海域软体动物栖息密度垂直分布

四、多样性

各季节南沙群岛及其邻近海域软体动物马加莱夫丰富度指数（D）、香农-维纳多样性指数（H'）与毗卢均匀度指数（J）分别为 7.72～12.31、3.97～4.92 和 0.87～0.95，显示多样性季节差异不明显。各季节多样性阈值（D_v）为 3.5～4.6，春季多样性水平低于其他三季（表 3.24）。

表 3.24　南沙群岛及其邻近海域软体动物多样性指数季节分布

季节	D	H'	J	D_v
春季	8.20	4.04	0.87	3.5
夏季	12.31	4.92	0.94	4.6
秋季	7.82	4.17	0.91	3.8
冬季	7.72	3.97	0.95	3.8
均值	9.01	4.28	0.92	3.92

南沙群岛及其邻近海域软体动物马加莱夫丰富度指数平面分布季节变化（图 3.78）显示，春季，丰富度在海区中部和北部偏西较高，高值区位于海区中部海域；夏季，丰富度则与春季相反，四周海域丰富度高于中部，最高值区位于东南部海域；秋季，丰富度西北部、东北部斜向西的中间区域以及东南部海域较高，西南部和部分中间区域较低；冬季，丰富度整体趋势转变为西部高于东部。南沙群岛及其邻近海域软体动物多样性阈值平面分布季节变化（图 3.79）显示，春季，多样性阈值中部、北部偏西和偏东高于其他海域；夏季，多样性阈值高值区面积增大，东部和西北部较高，低值区为中部至南部的舌形区域以及东北部和中部偏西区域；秋季，相较夏季，多样性阈值高值区明显缩小，低值区明显扩大，东部高值区部分向中部移动；冬季，多样性阈值高值区由中部向南、向西移动，秋季的西北部高值区沿西部移至西中部。可见，软体动物丰富度与多样性水平平面分布呈现明显的季节变化。

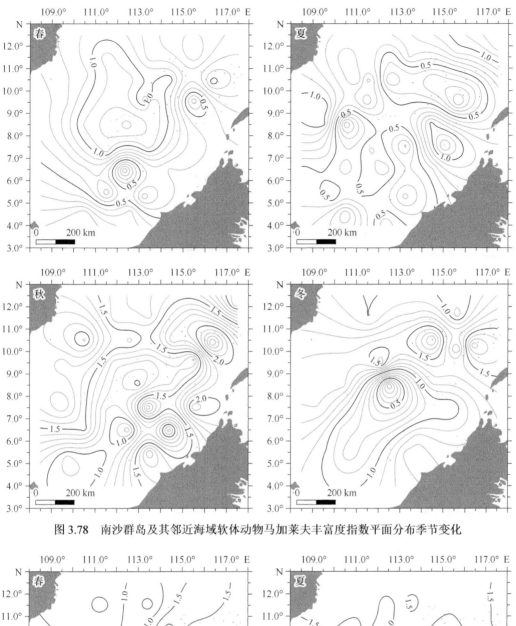

图 3.78　南沙群岛及其邻近海域软体动物马加莱夫丰富度指数平面分布季节变化

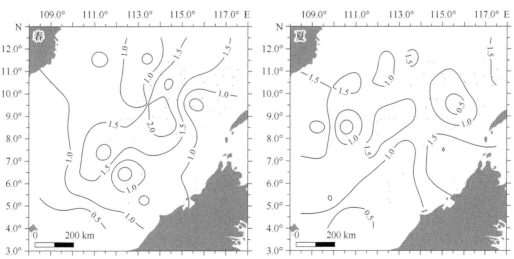

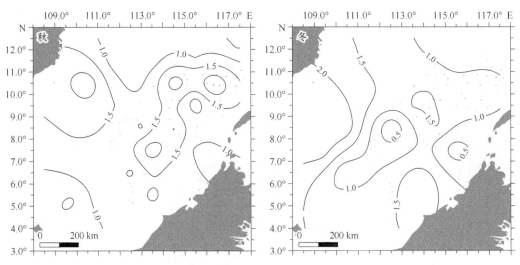

图3.79　南沙群岛及其邻近海域软体动物多样性阈值平面分布季节变化

五、优势种

南沙群岛及其邻近海域软体动物年度优势种共有5种（$Y \geqslant 0.02$），分别为棒笔帽螺、尖笔帽螺、芽笔帽螺、马蹄蛎螺和胖蛎螺，占软体动物总数量的61.33%。春季、夏季、秋季和冬季的优势种各有5种（表3.25）。

表3.25　南沙群岛及其邻近海域软体动物优势种的优势度指数（DI）与优势度（Y）

种名	DI（%）					Y				
	春季	夏季	秋季	冬季	年度	春季	夏季	秋季	冬季	年度
棒笔帽螺 *Creseis clava*	12.40	30.99	28.48	18.17	25.28	0.06	0.25	0.17	0.06	0.15
马蹄蛎螺 *Limacina trochiformis*	6.03		5.56	9.80	4.62	0.03		0.03	0.03	0.02
芽笔帽螺 *Creseis virgula*	10.68	12.74			6.01	0.02	0.07			0.02
蝴蝶螺 *Desmopterus papilio*	5.54	4.88				0.02	0.02			
拟海若螺 *Paraclione longicaudata*	5.50					0.02				
尖笔帽螺 *Creseis acicula*		24.64	14.27	13.17	16.87		0.18	0.08	0.04	0.07
球形水肌螺 *Hydromyles globulosus*		10.97					0.07			
胖蛎螺 *Heliconoides inflatus*			17.69	11.26	8.55			0.11	0.03	0.02
扁明螺 *Atlanta depressa*			4.52					0.02		
锥笔帽螺 *Creseis conica*				10.17					0.03	

注：优势度空白处优势度低于0.02，相应的优势度指数也空白

总体上，优势种优势地位显著，其中，春季优势种优势地位较其他季节弱，占春季软体动物总数量的40.15%；其他三季优势种贡献了各季总数量的62.57%～84.22%。棒笔帽螺在四季及年度均为第一优势种，并且在夏季、秋季和年度优势地位显著（$Y \geqslant 0.1$），分别贡献了软体动物总数量的30.99%、28.48%和25.28%；尖笔帽螺在夏季贡献了该季节软体动物总数量的24.64%，此外，该种为年度、冬季和秋季的第二或第三优势种，分别贡献了年度、冬季和秋季软体动物总数量的16.87%、13.17%和14.27%；年度优势种胖蛎螺在秋季优势地位显著（$Y \geqslant 0.1$），占该季节软体动物总数量的17.69%；此外，年

度优势种马蹄蜒螺除在夏季不是优势种外，在春季、秋季和冬季均为优势种，分别占三季软体动物总数量的 6.03%、5.56% 和 9.80%。

棒笔帽螺是南沙群岛及其邻近海域软体动物第一年度优势种，是最为常见种类之一。南沙群岛及其邻近海域棒笔帽螺年均栖息密度为 100×10^{-3}ind./m³，占软体动物总数量的 25.28%，其中，秋季平均栖息密度最高，为 158×10^{-3}ind./m³，夏季次之，为 146×10^{-3}ind./m³，冬季为 40×10^{-3}ind./m³，列第三位，春季最低，为 30×10^{-3}ind./m³；优势度指数与栖息密度季节波动的差异为春季明显较低，平面分布多变。南沙群岛及其邻近海域棒笔帽螺栖息密度平面分布季节变化（图 3.80）显示，春季，海区中西部、北部偏西、北部偏东以及东南部有棒笔帽螺聚集区，其中东南部巴拉巴克海峡入口处栖息密度最高，达 214×10^{-3}ind./m³；夏季，东南部聚集区向南、向北（即加里曼丹岛和巴拉望群岛西部）扩大，西中部至南部为新的聚集区，北部聚集区略向东部偏移，栖息密度最高值明显高于春季，为 607×10^{-3}ind./m³；秋季，栖息密度平面分布不同于夏季，西中部至南部的聚集区转变为西北部，北部聚集区扩大且继续向东部偏移，东南部聚集区缩小并向南偏移至南中部区域，中南部聚集区更明显，形成 4 个明显的数量高值区，分别为 675×10^{-3}ind./m³、

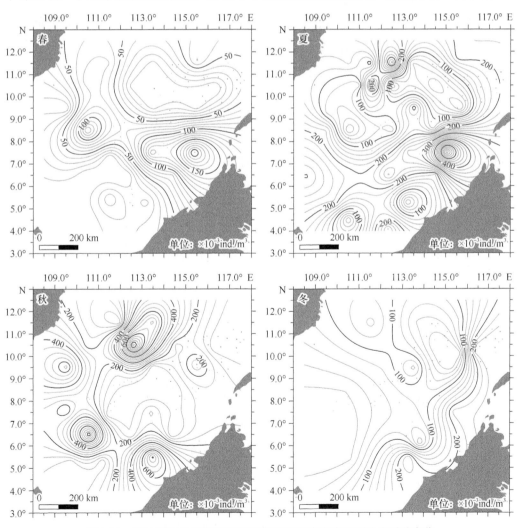

图 3.80　南沙群岛及其邻近海域棒笔帽螺栖息密度平面分布季节变化

1105×10⁻³ind./m³、822×10⁻³ind./m³ 和 857×10⁻³ind./m³；冬季，南中部聚集区沿东部延伸至北部，此外，北部聚集区偏西，巴拉巴克海峡入口处西北方向的中部区域形成一个新的聚集区，虽然聚集区扩大，但栖息密度明显降低，最大栖息密度位于东北部，仅为 260×10⁻³ind./m³。

尖笔帽螺是南沙群岛及其邻近海域软体动物第二年度优势种，是较为常见种类之一。南沙群岛及其邻近海域尖笔帽螺年均栖息密度为 67×10⁻³ind./m³，占软体动物总数量的 16.87%，其中，夏季平均栖息密度最高，为 125×10⁻³ind./m³，秋季次之，为 79×10⁻³ind./m³，冬季为 33×10⁻³ind./m³，列第三位，春季最低，为 17×10⁻³ind./m³；优势度指数与栖息密度季节波动的差异为春季明显较低，平面分布多变。南沙群岛及其邻近海域尖笔帽螺栖息密度平面分布季节变化（图 3.81）显示，春季，西中部、北部偏东有尖笔帽螺聚集区，其中，西中部栖息密度最高，达 286×10⁻³ind./m³；夏季，整个南部区域为明显聚集区，北部偏西和偏东区域各有一个小范围聚集区，栖息密度最高值明显高于春季，最大为 1095×10⁻³ind./m³；秋季，栖息密度平面分布不同于夏季，夏季的南部聚集区分别向西和向东偏移，形成西南部和东南部两个聚集区，北部的两个小范围聚集区略有扩大，均

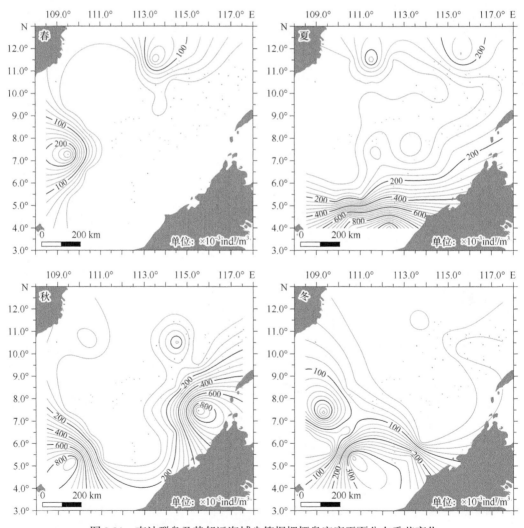

图 3.81　南沙群岛及其邻近海域尖笔帽螺栖息密度平面分布季节变化

略向南偏移，最大栖息密度位于巴拉巴克海峡入口处，为 $973×10^{-3}$ind./m³；冬季，栖息密度平面分布与秋季类似，秋季的东南部聚集区移至南中部，西北部仍为聚集区，西中部为新的聚集区，北部的两个小范围聚集区消失。

胖蛾螺是南沙群岛及其邻近海域软体动物第三年度优势种，是较为常见种类之一。南沙群岛及其邻近海域胖蛾螺年均栖息密度为 $34×10^{-3}$ind./m³，占软体动物总数量的 8.55%，其中，秋季平均栖息密度最高，为 $98×10^{-3}$ind./m³，冬季次之，为 $28×10^{-3}$ind./m³，春季为 $5×10^{-3}$ind./m³，列第三位，夏季最低，为 $4×10^{-3}$ind./m³；优势度指数与栖息密度季节波动的差异为春、夏季明显较低，平面分布多变。南沙群岛及其邻近海域胖蛾螺栖息密度平面分布季节变化（图3.82）显示，春季，巴拉巴克海峡入口处西北部（反气旋环流）有一个胖蛾螺聚集区，中心栖息密度达 $143×10^{-3}$ind./m³；夏季，一个小范围聚集区位于西部偏北区域，栖息密度最高值与春季一样，为 $143×10^{-3}$ind./m³；秋季，栖息密度平面分布不同于以上两季，中部偏西南区域、北中部和北偏东区域各有一个聚集区，最大栖息密度位于中部偏西南区域，为 $721×10^{-3}$ind./m³；冬季，巴拉巴克海峡入口处西北部有一个聚集区，中部偏西南区域以及北部的两个小范围聚集区消失。

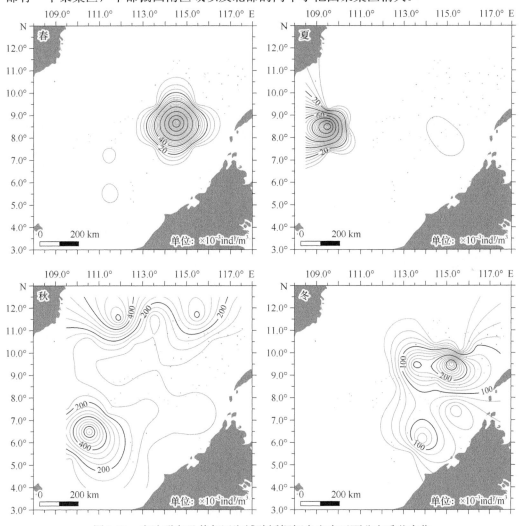

图 3.82　南沙群岛及其邻近海域胖蛾螺栖息密度平面分布季节变化

马蹄蝛螺是南沙群岛及其邻近海域软体动物并列第三年度优势种，是较为常见种类之一。南沙群岛及其邻近海域马蹄蝛螺年均栖息密度为 18×10^{-3}ind./m³，占软体动物总数量的 4.62%，其中，秋季平均栖息密度最高，为 31×10^{-3}ind./m³，冬季次之，为 25×10^{-3}ind./m³，春季为 15×10^{-3}ind./m³，列第三位，夏季最低，为 3×10^{-3}ind./m³；优势度指数与栖息密度季节波动的差异为夏季明显较低，平面分布多变。南沙群岛及其邻近海域马蹄蝛螺栖息密度平面分布季节变化（图 3.83）显示，春季，西北部和中部偏北各有一个马蹄蝛螺聚集区，栖息密度最高达 285×10^{-3}ind./m³；夏季，一个小范围聚集区位于西中部区域，栖息密度最高为 71×10^{-3}ind./m³；秋季，栖息密度平面分布与春季类似，在西北部有一个聚集区，中部偏北聚集区北移为北中部区域，最大栖息密度位于北中部，为 224×10^{-3}ind./m³；冬季，巴拉巴克海峡入口处西北部、西南部和北部偏西各有一个聚集区，最高值位于西南部区域，达 247×10^{-3}ind./m³。

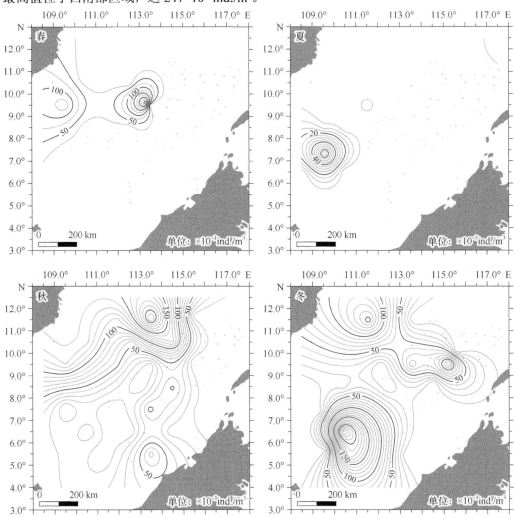

图 3.83　南沙群岛及其邻近海域马蹄蝛螺栖息密度平面分布季节变化

六、群落结构

聚类分析显示，南沙群岛及其邻近海域软体动物可分为 5 个群落：春季冷涡群落（群落Ⅰ）、春季暖涡群落（群落Ⅲ）、夏季南海急流群落（群落Ⅳ）、夏季群落（群落Ⅱ）和秋—冬季群落（群落Ⅴ）（图3.84）。春季冷涡群落（群落Ⅰ）分布于冷涡边缘，以向阳加斯螺、棒笔帽螺和芽笔帽螺数量占优，占该群落栖息密度的42.1%；春季暖涡群落分布于暖涡边缘，以尖笔帽螺和棒笔帽螺数量占优，占该群落栖息密度的60.7%；夏季南海急流群落分布于南海急流边缘，以马蹄蟥螺、棒笔帽螺和龟螺数量占优，占该群落栖息密度的60.1%；夏季群落分布于南沙群岛及其邻近海域中部，以棒笔帽螺、球形水肌螺、尖笔帽螺和芽笔帽螺数量占优，占该群落栖息密度的85.5%；秋、冬两季绝大多数站位分布有秋—冬季群落，以棒笔帽螺、胖蟥螺和尖笔帽螺数量占优，占该群落栖息密度的56.5%。可见，南沙群岛及其邻近海域软体动物群落分布随季风转换引起的流场季节变化而变化。

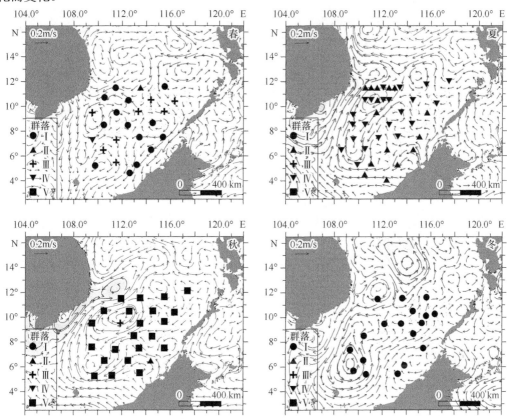

图3.84　南沙群岛及其邻近海域软体动物群落分布

第六节　多　毛　类

多毛纲 Polychaeta 是环节动物门 Annelida 最大的一个纲，绝大多数营底栖生活或穴居生活，其中浮游多毛类包括终生营浮游生活的浮游多毛类（即永久性浮游多毛类）、阶段性营浮游生活的底栖多毛类幼虫以及生殖阶段群浮的异沙蚕体，永久性浮游多毛类包括叶须虫科 Phyllodocidae、眼蚕科 Alciopidae、盘首蚕科 Lopadorhynchidae、无指蚕科 Iospilidae、浮蚕科 Tomopteridae 和盲蚕科 Typhloscolecidae 等，代表种如太平洋浮蚕

Tomopteris pacifica 等是浮游动物中的常见种类。浮游多毛类的地理分布很广，且具有广泛的温度适应性，不少种类为世界性分布种。浮游多毛类是许多海洋经济鱼类、虾类的良好天然饵料。

一、种类组成

2013 年，南沙群岛及其邻近海域共鉴定出浮游多毛类 23 种。其中，四季皆出现的物种仅 1 种，占 4.3%，漂泊浮蚕 *Tomopteris planktonis* 和浮蚕属一种 *Tomopteris* sp. 是最为常见的 2 种浮游多毛类，91.3% 的物种出现频率低于 10%，季节更替率为 63.6%～94.7%，春、夏季节物种组成与秋、冬季节差异较大（85.7%～94.7%）。

二、生态类群

在我国，有关浮游多毛类的研究较少，对其生态学方面的研究尤其较少。根据浮游多毛类的生态特点及其在南海的分布状况，可将其分为 2 个生态类群：世界性分布种类群、暖水种类群。世界性分布种类群一般指三大洋分布的类群，从赤道到极地都有分布，一般可分为广温世界性分布种和冷水世界性分布种，主要代表种是游蚕 *Pelagobia longicirrata*、四须蚕 *Maupasia caeca*、丁齿蚕 *Phalacrophorus pictus*、水蚕 *Naiades cantrainii*、须叶蚕 *Krohnia lepidota*、锯毛鼻蚕 *Rhynchonerella petersii*、毛肩浮蚕 *Tomopteris cavallii*、秀丽浮蚕 *Tomopteris elegans*、北斗浮蚕 *Tomopteris septentrionalis*、盲蚕 *Typhloscolex muelleri*、箭蚕 *Sagitella kowalevskii*、方瘤蚕 *Travisiopsis levinseni*，其中，除北斗浮蚕和丁齿蚕为冷水世界性分布种外，其余均为广温世界性分布种，如浮蚕的适温范围为–1.8～25.9℃；暖水种分布在三大洋热带和亚热带海区的上层，代表种有短盘首蚕 *Lopadorhynchus brevis*、锥片盘首蚕 *Lopadorhynchus krohni*、单丁齿蚕 *Phalacrophorus uniformis*、晶明蚕 *Vanadis crystallina*、小明蚕 *Vanadis minuta*、泳蚕属一种 *Plotohelmis* sp.、鼻蚕属一种 *Rhynchonerella* sp.、眼蚕 *Alciopina parasitica*、无针浮蚕 *Tomopteris rolasi*、长尾浮蚕 *Tomopteris apsteini*、双殖浮蚕 *Tomopteris mariana*、项器浮蚕 *Tomopteris dunckeri*、圆瘤蚕 *Travisiopsis lobifera* 和无瘤蚕 *Travisiopsis dubia*。

三、数量分布

南沙群岛及其邻近海域多毛类年均栖息密度为 77×10^{-3}ind./m³，其中，夏季栖息密度最高，为 131×10^{-3}ind./m³，秋季次之，为 114×10^{-3}ind./m³，冬季低于秋季，为 53×10^{-3}ind./m³，春季最低，为 8×10^{-3}ind./m³（图 3.85）。

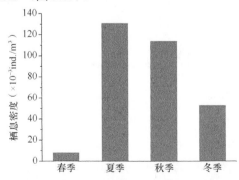

图 3.85　南沙群岛及其邻近海域多毛类栖息密度季节变化

（一）平面分布

南沙群岛及其邻近海域多毛类栖息密度平面分布季节变化明显（图3.86）。春季，栖息密度最低，中部有两个高值区，北部偏西区域有一个高值区，其他区域较低，其中，中部偏北海域高值区栖息密度大于$143×10^{-3}$ind./m³，其他两个为次高值区（栖息密度$>71×10^{-3}$ind./m³）。夏季，栖息密度远高于春季，高值区范围有所扩大，呈现东南部和中西部高、西部低的格局，其中，最高值中心栖息密度大于$878×10^{-3}$ind./m³，位于中西部海域，东南部海域为次高值中心（栖息密度$>720×10^{-3}$ind./m³）。秋季，东南部海域高值区范围有所减小，但中部高值区范围扩大，其中，最高值中心位于东南部海域，栖息密度达$1289×10^{-3}$ind./m³。冬季，相较秋季，高值区范围减小，北部成为新的高值区，最高值中心栖息密度大于$460×10^{-3}$ind./m³，位于中西部海域。

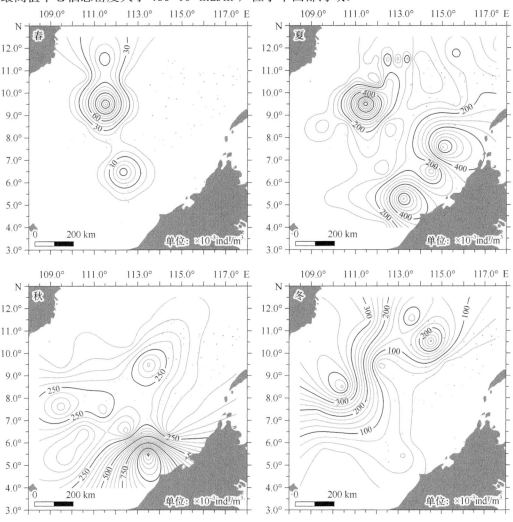

图3.86　南沙群岛及其邻近海域多毛类栖息密度平面分布季节变化

（二）垂直分布

冬季南沙群岛及其邻近海域多毛类栖息密度垂直分布（图3.87）显示，多毛类主要集中分布在 30~75m 水层，平均栖息密度达 760×10⁻³ind./m³，占多毛类总数量的 49.4%；其次是 0~30m 水层，平均为 560×10⁻³ind./m³，占 36.4%；75~150m 水层与 150~750m 水层多毛类较少，平均栖息密度仅为前两层的 10.5%~25.0%。四须蚕和囊明蚕主要分布在 150~750m 水层；盘首蚕、瘤蚕属一种 *Travisiopsis* sp. 和明蚕主要分布在 75~150m 水层；盘首蚕和瘤蚕延续分布至 30~75m 水层，此外，小明蚕也主要分布在此层；0~30m 水层主要分布有游蚕和小明蚕。

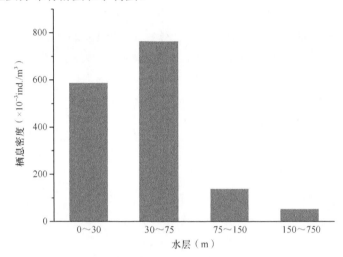

图 3.87 冬季南沙群岛及其邻近海域多毛类栖息密度垂直分布

四、多样性

各季节南沙群岛及其邻近海域多毛类马加莱夫丰富度指数（D）、香农-维纳多样性指数（H'）与毗卢均匀度指数（J）分别为/[①]~25.51、1.50~3.94 和 0.75~0.95，显示多样性季节差异明显；各季节多样性阈值（D_v）为 1.4~3.4，春季多样性水平低于其他三季（表 3.26）。

表 3.26 南沙群岛及其邻近海域多毛类多样性指数季节分布

季节	D	H'	J	D_v
春季	/	1.50	0.95	1.4
夏季	14.49	3.94	0.85	3.4
秋季	16.29	3.45	0.75	2.6
冬季	25.51	3.23	0.79	2.6
均值	14.07	3.03	0.84	2.5

/ 表示未进行计算

南沙群岛及其邻近海域多毛类马加莱夫丰富度指数平面分布季节变化（图 3.88）显示，春季，仅采获一种多毛类，分布在中部和北部偏西海域；夏季，丰富度南部、中西部和中东部海域高于其他海域，最高值区位于东南部海域；秋季，相较夏季，丰富度在中部、北中部和东北部较高，西北部和部分中间区域较低；冬季，丰富度整体在中东部至南部的舌形海域较低，其他海域较为平均，最高值区位于东北部海域。南沙群岛及其邻近海域多毛类多样性阈值平面分布季节变化（图 3.89）显示，夏季，多样性阈值高值

———————
① / 表示未进行计算

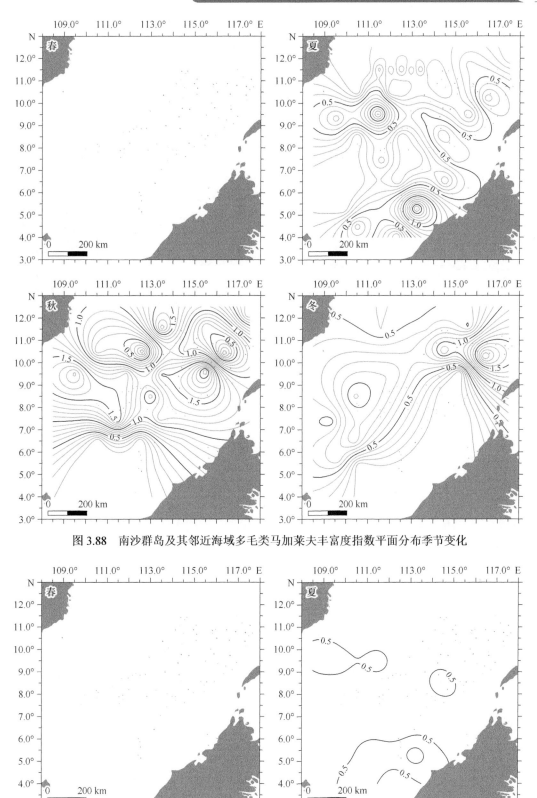

图 3.88　南沙群岛及其邻近海域多毛类马加莱夫丰富度指数平面分布季节变化

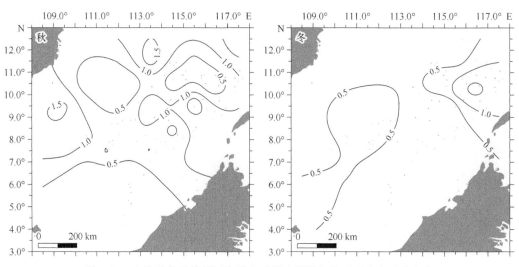

图 3.89　南沙群岛及其邻近海域多毛类多样性阈值平面分布季节变化

区面积较大，南部、中部和西北部较高，低值区为西中部及北部区域；秋季，相较夏季，南部多样性阈值高值区转为东部区域，低值区为西南部和中部偏东区域；冬季，多样性阈值高值区面积有所减小，其中中部高值区向西北部移动且面积明显减小，东部高值区中心向北移动，西北部高值区转变为西南部。可见，多毛类丰富度与多样性水平平面分布呈现明显的季节变化。

五、优势种

南沙群岛及其邻近海域浮游多毛类年度优势种共有 2 种（$Y \geqslant 0.02$），分别为漂泊浮蚕和方瘤蚕，占多毛类总数量的 57.90%。春季优势种仅一种，夏季、秋季和冬季优势种均有 3 种（表 3.27）。总体上，优势种优势地位显著，其中，春季优势种优势地位较其他季节强，占多毛类总数量的 100.00%；其他三季优势种贡献了各季多毛类总数量的 41.55%～57.22%。其中，漂泊浮蚕除秋季外，为其他三季和年度优势种，且在春季和冬季为第一优势种，分别贡献了四季多毛类总数量的 100.00%、18.39%、20.53% 和 27.84%；方瘤蚕为夏、秋季节和年度优势种且均为第一优势种，分别贡献了夏、秋季节和年度多毛类总数量的 22.07%、21.54% 和 30.06%。

表 3.27　南沙群岛及其邻近海域多毛类优势种的优势度指数（DI）与优势度（Y）

种名	DI（%）					Y				
	春季	夏季	秋季	冬季	年度	春季	夏季	秋季	冬季	年度
漂泊浮蚕 *Tomopteris planktonis*	100.00	18.39		20.53	27.84	0.08	0.03		0.03	0.06
方瘤蚕 *Travisiopsis levinseni*		22.07	21.54		30.06		0.04	0.06		0.07
锯毛鼻蚕 *Rhynchonerella petersii*		16.76					0.02			
圆瘤蚕 *Travisiopsis lobifera*			10.75					0.03		
西沙鼻蚕 *Rhynchonerella xishaensis*			9.26					0.02		
鼻蚕属一种 *Rhynchonerella* sp.				11.07					0.02	
盘首蚕属一种 *Lopadorhynchus* sp.				10.11					0.02	

注：优势度空白处优势度低于 0.02，相应的优势度指数也空白

　　方瘤蚤是南沙群岛及其邻近海域多毛类第一年度优势种，是较为常见种类之一。南沙群岛及其邻近海域方瘤蚤年均栖息密度为 $24×10^{-3}$ind./m^3，占多毛类总数量的 30.06%，其中，秋季平均栖息密度最高，为 $66×10^{-3}$ind./m^3，夏季次之，为 $39×10^{-3}$ind./m^3，冬季为 $27×10^{-3}$ind./m^3，列第三位，春季没有采获该物种；优势度指数与栖息密度季节波动的差异明显，平面分布多变。南沙群岛及其邻近海域方瘤蚤栖息密度平面分布季节变化（图 3.90）显示，夏季，中部偏西北部为一个明显聚集区，东南部为另一个聚集区，栖息密度最高为 $571×10^{-3}$ind./m^3；秋季，栖息密度平面分布不同于夏季，西中部至南部的聚集区转变为西北部，北部聚集区范围扩大且向东部偏移，东南部聚集区范围缩小且向西偏移，中西部聚集区向北移动至北中部区域，栖息密度最高为 $820×10^{-3}$ind./m^3；冬季，栖息密度平面分布呈现西北高，南部与东部低的格局，栖息密度最高达 $318×10^{-3}$ind./m^3。

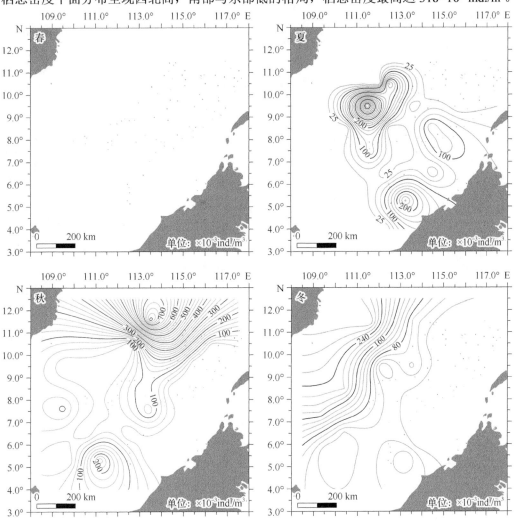

图 3.90　南沙群岛及其邻近海域方瘤蚤栖息密度平面分布季节变化

　　漂泊浮蚤是南沙群岛及其邻近海域多毛类第二年度优势种，是最为常见种类之一。南沙群岛及其邻近海域漂泊浮蚤年均栖息密度为 $22×10^{-3}$ind./m^3，占多毛类总数量的 27.84%，其中，秋季平均栖息密度最高，为 $44×10^{-3}$ind./m^3，夏季次之，为 $24×10^{-3}$ind./m^3，

冬季为 11×10^{-3}ind./m³，列第三位，春季最低，为 8×10^{-3}ind./m³；优势度指数与栖息密度季节波动的差异明显，平面分布多变。南沙群岛及其邻近海域漂泊浮蚕栖息密度平面分布季节变化（图3.91）显示，春季，中部、北部偏西有漂泊浮蚕聚集区，其中，中部栖息密度最高，达 143×10^{-3}ind./m³；夏季，东北部区域为漂泊浮蚕明显聚集区，北中部和中部偏西区域各有一个小范围聚集区，栖息密度最高值明显高于春季，为 286×10^{-3}ind./m³；秋季，栖息密度平面分布不同于夏季，东南部形成一个聚集区，最大栖息密度为 1283×10^{-3}ind./m³；冬季，栖息密度平面分布类似夏季，形成东北部和中部偏西两个聚集区，最大栖息密度为 220×10^{-3}ind./m³。

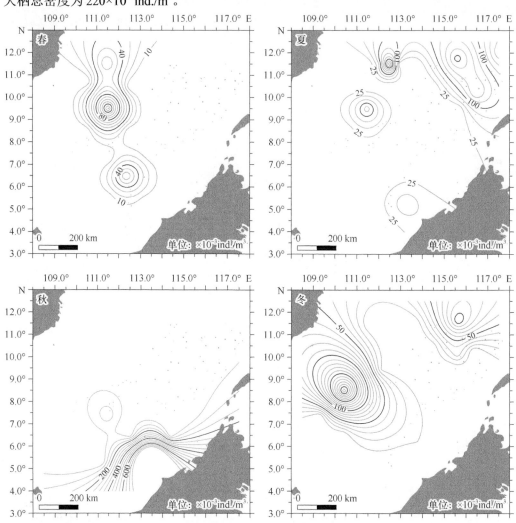

图3.91 南沙群岛及其邻近海域漂泊浮蚕栖息密度平面分布季节变化

六、群落结构

聚类分析显示，南沙群岛及其邻近海域四个季节多毛类群落基本聚成一类（图3.92），表明南沙群岛及其邻近海域多毛类群落的季节变化较小，基本为一个群落。

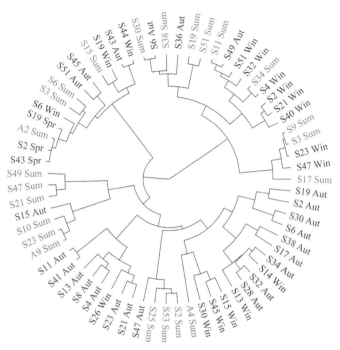

图 3.92　南沙群岛及其邻近海域多毛类群落分布
Spr-春季；Sum-夏季；Aut-秋季；Win-冬季

第七节　浮游幼虫（体）

　　海洋浮游幼虫（体）是各类海洋动物（含浮游生物、底栖生物、游泳动物等）的早期发育阶段，包括阶段性浮游生物和永久性浮游生物的幼虫（体）。其中，阶段性浮游生物的幼虫（体）是指底栖动物的浮游幼虫（体），它们度过营浮游生活的幼虫（体）阶段之后，经过变态，下沉到海底，改营底栖生活；永久性浮游生物的浮游幼虫（体）在浮游阶段结束之后，经过变态，成体仍然营浮游生活。浮游幼虫（体）的种类多，除原生动物以外，几乎所有各类无脊椎动物在发育过程中都经过浮游幼虫（体）阶段；甚至部分脊椎动物，如鱼类的浮性卵和仔稚鱼，因缺乏发达的游泳器官，只能在水中漂浮，也成为浮游幼虫（体）的成员。此外，浮游幼虫（体）的分布广、数量大，是很多动物特别是鱼类和虾类的重要饵料来源，在海洋生态系统中占有重要位置。

　　通常，需要经过完全变态发育才能成长为成体的早期发育阶段称为浮游幼虫，而不需完全变态发育直接成长为成体的称为浮游幼体。不同种类浮游幼虫（体）的形态是多种多样的，与成体截然不同。有不少动物的幼虫（体）甚至经历若干形态变化的发育阶段，如大多数甲壳类的发育要经过多次变态。幼虫（体）经历的发育期则随种类而异。不同种类幼虫（体）各发育期的形态除无节幼体相似外，其他种类幼虫（体）发育期形态多不相同。例如，多毛纲的幼虫包括担轮幼虫和后期幼虫；软体动物的浮游幼虫分为担轮幼虫、面盘幼虫和后期幼虫；磷虾目幼体包括无节幼体、节胸幼体、带叉幼体及节鞭幼体；桡足纲动物经历无节幼体、桡足幼体与成体三个阶段。

　　浮游幼虫（体）的出现具有周期性、短期性和分布不均匀性等特点。浮游幼虫（体）对环境变化比较敏感，温度、盐度、饵料等对其生长发育都有重要的影响。浮游幼虫（体）的分布——季节分布、平面分布和垂直分布，是海洋生物调查的一项重要内容。浮游幼虫（体）的种类和数量通常具有明显的季节变化，这与成体的繁殖季节有关。浮游幼虫（体）个体密度平面分布的特点是近海多、外海少，热带海域多、两极少，广布种的分布范围很广，而地方种的分布范围很狭窄，此外，还常有密集分布现象。浮游幼虫（体）的行动能力很弱，其平面分布受海流的影响较大。海流对幼虫（体）分布范围扩大起着重要的作用，有些沿岸性的浮游幼虫（体）常可作为沿岸流的指示生物。浮游幼虫（体）的垂直分布不如成体那么明显，一般分布在海水的上层，但有些种类的幼虫（体）（如磷虾类的第二期节胸幼体和带叉幼体）存在昼夜垂直迁移的现象。

一、种类组成

　　南沙群岛及其邻近海域 4 个航次调查共鉴定出浮游幼虫（体）84 种。总体而言，调查海域的浮游幼虫（体）种类数的季节差异明显。秋季种类最多，达 73 种；其次是冬季，达 57 种；春季和夏季种类较少，分别为 7 种和 13 种。各季节浮游幼虫（体）的种类组成也具有明显差异。四季均出现的种类为 4 种，分别是多毛类担轮幼虫、鱼卵、仔鱼和长尾类幼虫；三季出现的种类为 3 种，分别为短尾下目溞状幼体、真刺水蚤属幼体和真胖水蚤幼体；两季出现的种类为 48 种；其余种类仅在单一季节出现。

二、数量分布

　　南沙群岛及其邻近海域浮游幼虫（体）的平均栖息密度为 13.576ind./m³。浮游幼虫（体）的平均栖息密度呈现出明显的季节和站位差异。秋季，浮游幼虫（体）的栖息密度最高，站位间栖息密度变化也最明显，栖息密度达（42.592±22）ind./m³；其次是冬季，达（15.662±10）ind./m³；春季和夏季栖息密度较低，分别为（1.410±1）ind./m³ 和（1.976±1）ind./m³（图 3.93）。

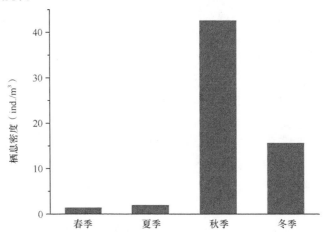

图 3.93　南沙群岛及其邻近海域浮游幼虫（体）平均栖息密度季节变化

（一）平面分布

　　南沙群岛及其邻近海域浮游幼虫（体）栖息密度平面分布呈现出明显的季节变化

（图 3.94）。春季，栖息密度总体不高，相对较高的区域主要集中在西北部和东部，最高值分布在中北部的 S21 站位，为 3.114ind./m³。夏季，栖息密度总体也较低，最高值分布于 S45 站位，为 3.929ind./m³，但高值站位分布集中，主要位于南部、东北部和西北部区域。秋季，栖息密度总体较高，其中，高达 50% 的站位栖息密度高于平均值，高值区主要分布于东南部、中北部和西南部。冬季，栖息密度分布差异明显，仅西南部的 S47 站位和南部的 S44 站位栖息密度较高，分别达 51.104ind./m³ 和 26.522ind./m³；其余区域栖息密度均明显小于站位密度中值 21.551ind./m³。

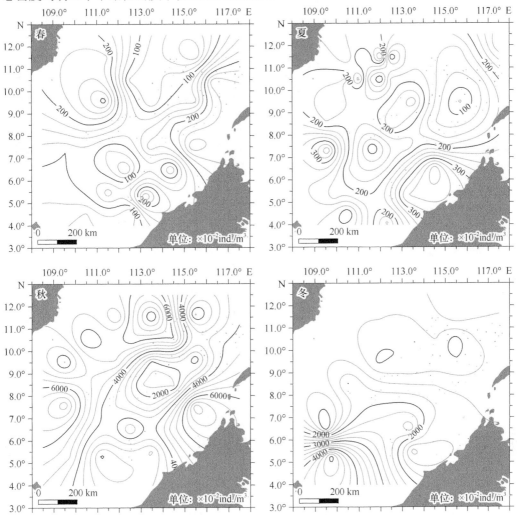

图 3.94　南沙群岛及其邻近海域浮游幼虫（体）栖息密度平面分布季节变化

（二）垂直分布

冬季在南沙群岛及其邻近海域所有水层共采获浮游幼虫（体）66 种，站位的平均栖息密度为（84.242±27）ind./m³。冬季南沙群岛及其邻近海域浮游幼虫（体）在不同水层的垂直分布情况显示，浮游幼虫（体）主要分布于较深的水层（30m 以深），其中，浮游幼虫（体）集中分布于 150～750m 水层，该层栖息密度和种类数都较高，栖息密度达 168.133ind./m³，种类数占全水柱的 60.61%；75～150m 水层栖息密度最高，但出现的种类数相对较少；30～75m 水层分布的种类数最高，占全水柱种类数的 65.15%，但栖息密度相对较低，仅为 43.893ind./m³（表 3.28）。

表 3.28　冬季南沙群岛及其邻近海域浮游幼虫（体）的栖息密度和种类数的水层分布

水层（m）	种类数	栖息密度（ind./m³）			
		总体	基齿哲水蚤属幼体	真刺水蚤属幼体	桡足纲幼体
0～30	39	19.053	0.914	0.838	5.314
30～75	43	43.893	8.533	7.307	1.387
75～150	35	189.511	19.556	34.667	27.022
150～750	40	168.133	45.333	14.933	6.667
全水柱	66	84.242±27	14.867±8	11.549±8	8.078±4

浮游幼虫（体）主要优势种依次为基齿哲水蚤属幼体、真刺水蚤属幼体和桡足纲幼体，分别占总数量的 17.65%、13.71% 和 9.59%。在 0～750m 水层的垂直分布上，以上优势种个体主要栖息于较深的水层中，且各水层栖息密度差异明显。基齿哲水蚤属幼体的栖息密度呈现随水深加大而增加的趋势；真刺水蚤属幼体和桡足纲幼体在 75～150m 水层具有最多的个体（表 3.28）。

三、多样性

南沙群岛及其邻近海域浮游幼虫（体）的马加莱夫丰富度指数（D）、香农-维纳多样性指数（H'）和毗卢均匀度指数（J）的各季节均值变化范围分别为 1.80～4.34、1.26～3.35 和 0.69～0.86（表 3.29），季节变化明显。马加莱夫丰富度指数和香农-维纳多样性指数的季节变化基本一致，都为秋、冬季较高，春、夏季较低；而毗卢均匀度指数的变化呈现相反的变化趋势。其中，春季的马加莱夫丰富度指数和香农-维纳多样性指数最低，毗卢均匀度指数较高；夏季的马加莱夫丰富度指数、香农-维纳多样性指数都低于秋季和冬季，但毗卢均匀度指数最高；秋季和冬季的马加莱夫丰富度指数和香农-维纳多样性指数都较高，但毗卢均匀度指数较低。

表 3.29　南沙群岛及其邻近海域浮游幼虫（体）多样性指数季节分布

季节	D	H'	J
春季	1.80	1.26	0.79
夏季	2.17	1.65	0.86
秋季	4.34	3.33	0.69
冬季	4.06	3.35	0.74
均值	3.09	2.40	0.77

四、主要种类

南沙群岛及其邻近海域各季节浮游幼虫（体）的主要优势种（$Y \geq 0.02$）如表 3.30 所示，多毛纲担轮幼虫在四个季节都是优势种；长尾下目幼体鱼卵和仔鱼在除秋季外的其他季节都是优势种，而真刺水蚤属幼体在除春季外的其他季节都是优势种。冬季和秋季的优势种数量较多，春季和夏季优势种数量较少。其中，春季的浮游幼虫（体）优势种共有5种，依次是长尾下目幼体、多毛纲担轮幼虫、仔鱼、鱼卵和短尾下目溞状幼体；夏季优势种有6种，分别为仔鱼、多毛纲担轮幼虫、真刺水蚤属幼体、长尾下目幼体、短尾下目幼体和鱼卵；秋季优势种有11种，分别为桡足纲幼体、隆水蚤属幼体、长腹剑水蚤属幼体、住囊虫属幼虫、多毛纲担轮幼虫、桡足纲无节幼体、磷虾目节胸幼体、真刺水蚤属幼体、腹足纲幼虫、羽刺大眼水蚤属幼体、箭虫科幼体和丽哲水蚤属幼体；而冬季优势种达18种，但第一优势种基齿哲水蚤属幼体的优势度仅为0.12，明显低于其他季节第一优势种的优势度。

表 3.30　南沙群岛及其邻近海域各季节浮游幼虫（体）的主要优势种

种类	Y			
	春季	夏季	秋季	冬季
短尾下目大眼幼体				0.02
短尾下目溞状幼体	0.04			
短尾下目幼体		0.04		
多毛纲担轮幼虫	0.17	0.14	0.04	0.03
腹足纲幼虫			0.02	0.02
基齿哲水蚤属幼体				0.12
箭虫科幼体			0.02	0.03
丽哲水蚤属幼体				0.07
磷虾目节胸幼体			0.03	
磷虾属幼体				0.06
隆水蚤属幼体			0.14	0.03
蔓足亚纲无节幼体				0.02
刺胞动物门幼虫				0.02
桡足纲无节幼体			0.03	
桡足纲幼体			0.15	0.02
鱼卵	0.05	0.02		0.02
羽刺大眼水蚤属幼体			0.02	0.05
仔鱼	0.13	0.16		0.03
长腹剑水蚤属幼体			0.13	0.02
长尾下目幼体	0.17	0.11		0.03
真刺水蚤属幼体		0.13	0.03	0.06
住囊虫属幼虫			0.07	0.02

注：空白处优势度低于 0.02

第四章　珊瑚礁潟湖及附近海域
浮游动物群落特征

第一节　渚碧礁潟湖浮游动物季节变化特征

　　渚碧礁（Zhubi Jiao，Subi Reef），是中国南沙群岛岛礁之一，行政上隶属于海南省三沙市南沙区，位于中业群礁西南方向，距中业岛西南 23.0km，呈不规则多角形、近似梨形的封闭形环礁。渚碧礁呈东北-西南走向，中为浅湖，无天然水道外通，礁内湖水深一般为 10～22m，最大水深 24m。礁坪西宽（500～800m）东窄（约 200m），通常水深只有 2～3m。礁外水深急陡，湖内有碎浪，没有入口，礁盘上有一部分低潮时露出水面，涨潮时被淹没，南部有小礁门。2012 年 9 月、2016 年 3 月、2016 年 9 月与 2017 年 5 月，在渚碧礁潟湖内设置 9～10 个采样站位（图 4.1），研究了热带潟湖浮游动物的生态特征。

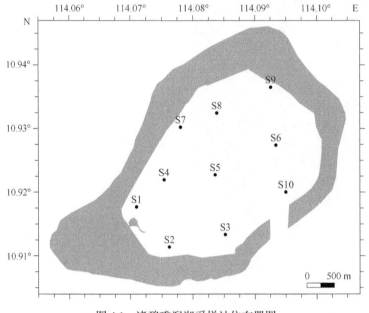

图 4.1　渚碧礁潟湖采样站位布置图

一、种类组成

　　四次调查在渚碧礁潟湖共鉴定出浮游动物 241 种（类），分属原生动物、栉水母类、水螅水母类、钵水母类、管水母类、介形类、桡足类、端足类、糠虾类、磷虾类、十足类、多毛类、翼足类、毛颚类、有尾类、海樽类和浮游幼虫（体）17 个类群。2012 年 9 月、2016 年 3 月、2016 年 9 月与 2017 年 5 月分别为 55 种（类）、87 种（类）、138 种（类）和 136 种（类）。物种季节更替明显，季节更替率为 62.0%～85.1%。四季均出现的物种有 10 种，分别是普通波水蚤 *Undinula vulgaris*、微刺哲水蚤 *Canthocalanus pauper*、亚强次真哲水蚤 *Subeucalanus subcrassus*、美丽大眼水蚤 *Corycaeus speciosus*、羽长腹剑水蚤 *Oithona plumifera*、凶形猛箭虫 *Ferosagitta ferox*、肥胖软箭虫 *Flaccisagitta enflata*、柔弱滨箭虫 *Aidanosagitta delicata*、长尾住囊虫 *Oikopleura longicauda* 和四叶小舌水母 *Liriope tetraphylla*。

　　物种组成上，以桡足类物种最为丰富，贡献了总物种数的 40.2%；其次是浮游幼虫（体），占总物种数的 21.2%；管水母类和水螅水母类的物种贡献率分别是 7.5% 和 5.4%，其他类群物种贡献率不超过 5%。出现频率超过 50% 的物种共有 10 种（类），占总物种数的 4.1%，它们分别是普通波水蚤、微刺哲水蚤、奥氏胸刺水蚤 *Centropages orsinii*、凶形猛箭虫、肥胖软箭虫、柔弱滨箭虫、长尾住囊虫、短尾下目溞状幼体、长尾下目幼体和箭虫科幼体。

二、数量组成

四次调查渚碧礁潟湖浮游动物平均栖息密度和平均生物量分别为 52.07～212.97ind./m³ 和 72.60～121.17mg/m³。栖息密度 2016 年 3 月最高，2016 年 9 月次之，2012 年 9 月最低（图 4.2）；生物量分布与栖息密度分布的差异在于 2016 年 3 月和 9 月生物量无明显差异（图 4.3）。

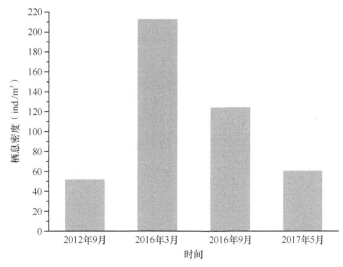

图 4.2　渚碧礁潟湖浮游动物栖息密度季节变化

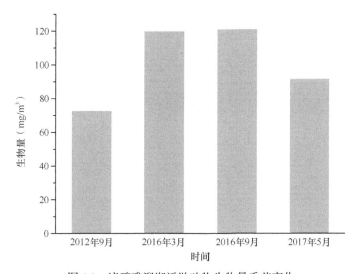

图 4.3　渚碧礁潟湖浮游动物生物量季节变化

四次调查渚碧礁潟湖浮游动物数量组成上，2012 年 9 月，桡足类具有明显的数量优势，数量贡献率为 68.2%；浮游幼虫（体）次之，数量贡献率为 15.8%；其他类群数量贡献率不超过 10%（图 4.4）。2016 年 3 月，海樽类成为第一优势类群，数量贡献率达 60.5%；桡足类数量贡献率为 21.9%，排在第二位；浮游幼虫（体）数量贡献率为 10.6%，排在第三位；其他类群数量贡献率不超过 5%。2016 年 9 月，桡足类数量贡献率重回首位，为 38.1%；有尾类次之，数量贡献率为 17.6%；浮游幼虫（体）数量贡献率为 17.3%，仍位于第三位；其他类群数量贡献率不超过 10%。2017 年 5 月，浮游幼虫（体）数量贡献率最高，为 31.1%；毛颚类次之，数量贡献率为 21.3%；桡足类数量贡献率为 19.6%，仍位于第三位；有尾类数量贡献率为 19.5%，与桡足类相当；其他类群数量贡献率不超过 10%。

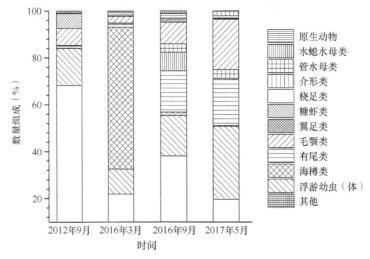

图 4.4　浮游动物数量组成季节变化

三、多样性

四次调查渚碧礁潟湖浮游动物多样性 2016 年 9 月最优，多样性非常丰富；2017 年 5 月次之，多样性丰富；2012 年 9 月和 2016 年 3 月多样性相当，为多样性一般。丰富度与多样性阈值季节变化相似（表 4.1）。

表 4.1　渚碧礁潟湖浮游动物多样性指数季节分布

时间	马加莱夫丰富度指数（D）	香农-维纳多样性指数（H'）	毗卢均匀度指数（J）	多样性阈值（D_v）
2012 年 9 月	8.78	2.93	0.51	1.5
2016 年 3 月	11.38	2.75	0.43	1.2
2016 年 9 月	19.51	5.12	0.72	3.7
2017 年 5 月	21.07	4.67	0.66	3.1

四、优势种

四次调查渚碧礁潟湖浮游动物优势种（$Y \geqslant 0.02$）共有 19 种（表 4.2）。其中，2012 年 9 月优势种有 4 种，分别是沟纺锤水蚤 *Acartia fossae*、哲胸刺水蚤 *Centropages calaninus*、柔弱滨箭虫和端糠虾属一种 *Doxomysis* sp.，占浮游动物总数量的 73.2%；2016 年 3 月优势种有 4 种，分别是长吻纽鳃樽 *Brooksia rostrata*、普通波水蚤、椭形长足水蚤

Calanopia elliptica 和小长足水蚤 *Calanopia minor*，占浮游动物总数量的 76.4%；2016 年 9 月优势种有 9 种，分别是长尾住囊虫 *Oikopleura longicauda*、半口壮丽水母 *Aglaura hemistoma*、肥胖软箭虫 *Flaccisagitta enflata*、微刺哲水蚤 *Canthocalanus pauper*、普通波水蚤 *Undinula vulgaris*、弓角基齿哲水蚤 *Clausocalanus arcuicornis*、达氏筛哲水蚤 *Cosmocalanus darwinii*、拟鞭基齿哲水蚤 *Clausocalanus mastigophora* 和长尾基齿哲水蚤 *Clausocalanus furcatus*，占浮游动物总数量的 53.4%；2017 年 5 月优势种有 6 种，分别是长尾住囊虫、肥胖软箭虫、普通波水蚤、凶形猛箭虫 *Ferosagitta ferox*、红住囊虫 *Oikopleura rufescens* 和奥氏胸刺水蚤 *Centropages orsinii*，占浮游动物总数量的 48.6%。

表 4.2 渚碧礁潟湖浮游动物优势种组成

种名	2012 年 9 月		2016 年 3 月		2016 年 9 月		2017 年 5 月	
	Y	DI（%）	*Y*	DI（%）	*Y*	DI（%）	*Y*	DI（%）
沟纺锤水蚤 *Acartia fossae*	0.54	54.4						
哲胸刺水蚤 *Centropages calaninus*	0.07	7.3						
柔弱滨箭虫 *Aidanosagitta delicata*	0.06	6.4						
端糠虾属一种 *Doxomysis* sp.	0.02	5.1						
长吻组鳃樽 *Brooksia rostrata*			0.47	60.4				
普通波水蚤 *Undinula vulgaris*			0.10	10.0	0.05	5.1	0.08	8.8
椭形长足水蚤 *Calanopia elliptica*			0.03	3.5				
小长足水蚤 *Calanopia minor*			0.02	2.5				
长尾住囊虫 *Oikopleura longicauda*					0.17	16.9	0.14	15.6
半口壮丽水母 *Aglaura hemistoma*					0.07	7.6		
肥胖软箭虫 *Flaccisagitta enflata*					0.07	6.7	0.14	13.4
微刺哲水蚤 *Canthocalanus pauper*					0.07	6.6		
弓角基齿哲水蚤 *Clausocalanus arcuicornis*					0.04	4.3		
达氏筛哲水蚤 *Cosmocalanus darwinii*					0.03	2.3		
拟鞭基齿哲水蚤 *Clausocalanus mastigophora*					0.02	2.1		
长尾基齿哲水蚤 *Clausocalanus furcatus*					0.02	1.8		
凶形猛箭虫 *Ferosagitta ferox*							0.05	5.7
红住囊虫 *Oikopleura rufescens*							0.03	3.2
奥氏胸刺水蚤 *Centropages orsinii*							0.02	1.9

沟纺锤水蚤和长吻组鳃樽分别在 2012 年 9 月和 2016 年 3 月的优势地位极其显著，分别占当季浮游动物总数量的 54.4% 和 60.4%。长尾住囊虫在 2016 年 9 月和 2017 年 5 月具有明显的优势地位；普通波水蚤和肥胖软箭虫分别在 2016 年 3 月和 2017 年 5 月具有明显的优势地位。

2012 年 9 月与 2016 年 3 月、2016 年 9 月和 2017 年 5 月相比，浮游动物优势种组成表现出胶质浮游动物数量明显增加的特点。2016 年 3 月长吻组鳃樽暴发，使浮游动物栖息密度明显高于其他季节；长尾住囊虫是 2016 年 9 月和 2017 年 5 月的第一优势种；半口壮丽水母出现在 2016 年 9 月的优势种队列中。优势种组成偏高盐化，2012 年 9 月沟纺锤水蚤具有显著优势，偏低盐的柔弱滨箭虫同样是优势种；2016 年 3 月偏低盐的两种长足水蚤在优势种队列当中；2016 年 9 月和 2017 年 5 月优势种多数为偏高盐性生物。

五、群落结构

聚类分析显示，渚碧礁潟湖浮游动物群落具有明显的季节变化，各季节均独立成簇；季节更替率和优势种组成季节差异均与群落结构组成结果一致（图 4.5）。

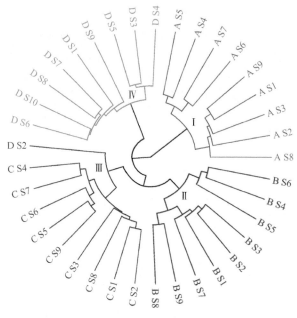

图 4.5　渚碧礁浮游动物群落结构
A. 2012 年 9 月；B. 2016 年 3 月；C. 2016 年 9 月；D. 2017 年 5 月

第二节　美济礁海域浮游动物空间分布特征

美济礁（Meiji Jiao，Meji Reef），是中国南沙群岛岛礁之一，行政上隶属于海南省三沙市南沙区，位于南沙群岛中东部海域，是一个椭圆形的珊瑚环礁，顶部全由珊瑚构成。环礁内潟湖水深 20～30m。南部和西南部有三个礁门，南门西水道宽 37m，长275m，水深超 18m。2012 年 7 月（夏季）和 11 月（秋季），在美济礁潟湖、礁盘区与向海坡设置 13 个采样站位（图 4.6），研究了热带珊瑚礁浮游动物的生态特征。

一、种类组成

夏、秋两季共鉴定出浮游动物 184 种（类），分属栉水母类、水螅水母类、管水母类、枝角类、介形类、桡足类、等足类、端足类、糠虾类、磷虾类、十足类、多毛类、翼足类、毛颚类、有尾类、海樽类和浮游幼虫（体）17 个类群。夏季和秋季分别鉴定出 138种（类）和 122 种（类），两季均出现的物种有 74 种（类），两季更替率为 58.7%，具有一定的季节差异。

物种组成上，以桡足类物种最为丰富，物种贡献率为 37.5%；其次是浮游幼虫

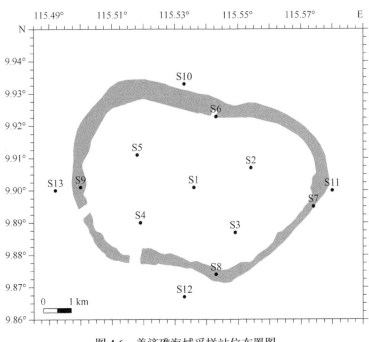

图 4.6　美济礁海域采样站位布置图

（体），物种贡献率为 13.0%；水螅水母类、管水母类、毛颚类、翼足类和有尾类的物种贡献率分别为 10.3%、9.8%、7.6%、4.9% 和 4.9%，其他类群物种贡献率不超过 3%。出现频率超过 50% 的物种共有 9 种，分别是普通波水蚤 *Undinula vulgaris*、微刺哲水蚤 *Canthocalanus pauper*、汤氏长足水蚤 *Calanopia thompsoni*、羽长腹剑水蚤 *Oithona plumifera*、美丽大眼水蚤 *Corycaeus speciosus*、肥胖软箭虫 *Flaccisagitta enflata*、长尾住囊虫 *Oikopleura longicauda*、柔弱滨箭虫 *Aidanosagitta delicata* 和粗壮猛箭虫 *Ferosagitta robusta*。

二、数量组成

夏、秋两季美济礁海域浮游动物栖息密度和生物量上，仅礁盘区有明显差异，潟湖与向海坡无明显差异（图 4.7，图 4.8）。在礁盘区，夏季浮游动物数量丰富，栖息密度与生物量分别为 198.29ind./m³ 和 126.05mg/m³；秋季浮游动物数量少，栖息密度与生物量分别为 32.74ind./m³ 和 34.4mg/m³。潟湖浮游动物栖息密度为 100.50～126.24ind./m³，高于向海坡，其浮游动物栖息密度为 47.94～58.63ind./m³；潟湖浮游动物生物量与向海坡相当，为 38.20～50.49mg/m³。

美济礁海域浮游动物数量组成上，桡足类在潟湖与向海坡数量贡献率较高，为 28.8%～55.3%；浮游幼虫（体）在礁盘的数量贡献率明显高于其他类群，为 56.3%～64.8%（图 4.9）；海樽类和管水母类数量贡献率在向海坡高于其他区域，分别为 2.1%～8.0% 和 9.3%～21.0%；毛颚类数量贡献率为 3.7%～14.4%，夏季，数量贡献率从礁盘区向两侧海域提升，秋季，从向海坡向潟湖方向降低；有尾类数量贡献率夏季为 11.1%～30.9%，明显高于秋季（1.5%～8.9%），空间分布上，夏季从潟湖向向海坡方向降低，秋季则正好相反。

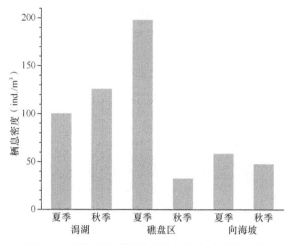

图 4.7 美济礁海域浮游动物栖息密度季节变化

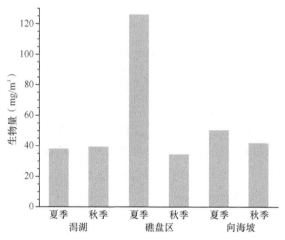

图 4.8 美济礁海域浮游动物生物量季节变化

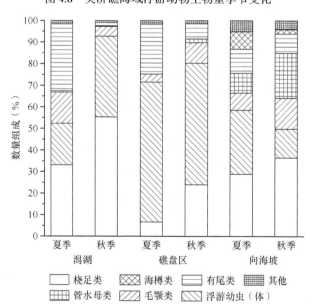

图 4.9 美济礁海域浮游动物数量组成季节变化

三、多样性

美济礁海域浮游动物多样性呈现向海坡优于潟湖和礁盘区的特征，向海坡多样性非常丰富；潟湖和礁盘区多样性在一般到较好间波动，夏季潟湖多样性优于礁盘区，秋季则正好相反（表4.3）。物种丰富度同样呈现出向海坡优于潟湖和礁盘区、潟湖和礁盘区相当的特征，无明显的季节性差异。

表4.3　美济礁海域浮游动物多样性指数季节分布

海域	季节	马加莱夫丰富度指数（D）	香农-维纳多样性指数（H'）	毗卢均匀度指数（J）	多样性阈值（D_v）
潟湖	夏季	9.33	3.49	0.59	2.1
	秋季	7.75	2.49	0.44	1.1
礁盘区	夏季	7.19	2.84	0.51	1.4
	秋季	8.82	3.36	0.62	2.1
向海坡	夏季	18.51	5.60	0.84	4.7
	秋季	16.74	5.59	0.86	4.8

四、优势种

美济礁海域浮游动物优势种（$Y \geqslant 0.02$）共有17种（表4.4）。其中，潟湖有5种优势种，分别是夏季优势种长尾住囊虫、奥氏胸刺水蚤 *Centropages orsinii*、粗壮猛箭虫和住囊虫属一种 *Oikopleura* sp.，以及秋季优势种哲胸刺水蚤 *Centropages calaninus*，各优势种的优势地位突出，且季节更替明显。礁盘区有7种优势种，分别是两季共有优势种长尾住囊虫和粗壮猛箭虫，夏季优势种奥氏胸刺水蚤、住囊虫和单胃住筒虫 *Fritillaria haplostoma*，以及秋季优势种汤氏长足水蚤 *Calanopia thompsoni* 和哲胸刺水蚤，礁盘区与潟湖共有优势种为5种。向海坡有12种优势种，明显多于前两个海区，包括两季共有优势种长尾住囊虫、普通波水蚤、肥胖软箭虫、羽长腹剑水蚤、拟细浅室水母 *Lensia subtiloides*、弓角基齿哲水蚤 *Clausocalanus arcuicornis* 和美丽大眼水蚤，夏季优势种住囊虫、微刺哲水蚤和双尾纽鳃樽 *Thalia democratica*，以及秋季优势种扭形爪室水母 *Chelophyes contorta* 和瘦胸刺水蚤 *Centropages gracilis*，向海坡优势种组成季节变化较小，与潟湖、礁盘区的共有优势种仅2种，具有明显差异。

表4.4　美济礁海域浮游动物优势种组成

种名	Y					
	潟湖		礁盘区		向海坡	
	夏季	秋季	夏季	秋季	夏季	秋季
长尾住囊虫 *Oikopleura longicauda*	0.24		0.10	0.03	0.02	0.02
奥氏胸刺水蚤 *Centropages orsinii*	0.21		0.03			
粗壮猛箭虫 *Ferosagitta robusta*	0.11		0.02	0.02		
住囊虫属一种 *Oikopleura* sp.	0.05		0.04		0.05	
汤氏长足水蚤 *Calanopia thompsoni*				0.07		
微刺哲水蚤 *Canthocalanus pauper*					0.03	

续表

种名	Y					
	潟湖		礁盘区		向海坡	
	夏季	秋季	夏季	秋季	夏季	秋季
单胃住筒虫 *Fritillaria haplostoma*			0.02			
普通波水蚤 *Undinula vulgaris*					0.02	0.05
肥胖软箭虫 *Flaccisagitta enflata*					0.02	0.08
羽长腹剑水蚤 *Oithona plumifera*					0.07	0.05
拟细浅室水母 *Lensia subtiloides*					0.03	0.08
弓角基齿哲水蚤 *Clausocalanus arcuicornis*					0.02	0.04
扭形爪室水母 *Chelophyes contorta*						0.03
美丽大眼水蚤 *Corycaeus speciosus*					0.02	0.02
双尾纽鳃樽 *Thalia democratica*					0.06	
瘦胸刺水蚤 *Centropages gracilis*						0.03
哲胸刺水蚤 *Centropages calaninus*	0.46		0.03			

注：空白处优势度低于 0.02

　　礁盘区优势种组成表现出了向海坡与潟湖间的过渡特征，优势种组成与潟湖相似，偏近岸分布的桡足类物种具有一定的优势地位，如奥氏胸刺水蚤、哲胸刺水蚤和汤氏长足水蚤；与潟湖类似近岸海域的优势种数量特征不同，优势种优势度水平偏向于向海坡的特征，单一优势种优势地位一般不明显。向海坡海域优势种组成以广布种为主，同时囊括了热带外海种双尾纽鳃樽与偏近岸分布的拟细浅室水母，体现出珊瑚礁海区与深海区的过渡特点。

五、群落结构

　　聚类分析结果显示，2012年夏、秋两季美济礁海域浮游动物可分成潟湖-礁盘区夏季群落（群落Ⅰ）、潟湖-礁盘区秋季群落（群落Ⅱ）与向海坡群落（群落Ⅲ）三个群落，与优势种组成时空分布相似（图4.10）。

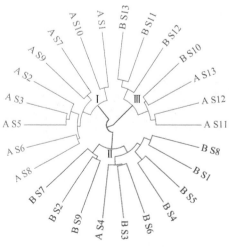

图 4.10　美济礁海域浮游动物群落结构

A.夏季；B.秋季

第五章 南海西南大陆斜坡海域
浮游动物群落特征

20 世纪末，随着南海北部陆架区渔业资源的衰退，近海的捕捞力量逐渐向外海及南沙群岛及其邻近海域转移。1989 年华南沿海渔业公司的底拖网渔船率先前往南沙群岛及其邻近海域的南海西南陆架区试捕，在该海域的渔获量占南沙群岛及其邻近海域总渔获量的85% 以上。但经过十几年的捕捞作业，该海域的底层渔业资源已经出现衰退现象。大陆斜坡是大陆架向洋底延伸的过渡带，蕴藏着较丰富的资源。1989 年香港曾报道，在香港西南 400km 水深 300～1000m 的南海西南大陆斜坡海域发现新的对虾资源，估计年产量可达4100t。在南海西南陆架区渔业资源衰退的情况下，捕捞渔船开始转至南海西南大陆斜坡海域进行拖虾生产作业，但有关该海域资源状况的科学调研较为缺乏。为摸清南海西南大陆斜坡海域的渔业资源和生态环境状况，中国水产科学研究院南海水产研究所于 2011 年 4月 9 日至 5 月 4 日，对南海西南大陆斜坡水深 180～1000m 的海域进行了科学考察。

浮游动物是渔业资源的重要饵料，也是此次科学考察的主要内容之一。浮游动物在水层中存在昼夜垂直变化、分布不均匀现象。因此，垂直分层采样与定量分析能更客观地反映浮游动物分布和该海区的饵料基础状况。本次科学考察开展了浮游动物垂直分层采样，为深入分析南海西南大陆斜坡海域渔业资源的状况提供基础资料，同时也可了解和掌握浮游动物在各水层物质和能量转移过程中所发挥的作用，是海洋生态系统动力机制研究中不可缺少的组成部分。

第一节　浮游动物物种与数量组成

一、种类组成和生态类型

南海西南大陆斜坡海域的浮游动物已鉴定出 580 种（类），分属 18 个类群（表 5.1）。其中，桡足类最多，达 273 种（类）；介形类有 49 种（类），居第二位；管水母类有 45种（类），列第三位；其余类群种类数均低于 40 种（类）。介形类是热带和亚热带重要的海洋浮游动物类群之一，在浮游动物中所占比重较大，这是南沙群岛附近海区有别于其他海区的特征。0～2m、2～30m、30～75m、75～150m 和 >150m 5 个水层出现的种类数，随水深的增加呈现明显的上升趋势，150m 以深出现种类最多，达 336 种（类）。各水层均出现的种类有 92 种（类），仅在 0～2m 水层出现的特有种类有 8 种（类）、2～30m 水层有 20 种（类）、30～75m 水层有 34 种（类）、75～150m 水层有 64 种（类）、150m 以深有 127 种（类）。在特定水层出现的种类数占总种类数的 43.6%，各水层均出现的种类仅占总种类数的 15.9%，表明各水层浮游动物的种类组成有一定的差异，垂直变化较为明显。

表 5.1　南海西南大陆斜坡海域浮游动物物种组成　　　　　　[单位：种（类）]

类群	水层（m）					全海域
	0～2	2～30	30～75	75～150	>150	
水螅水母类	3	4	6	8	9	19
管水母类	8	22	26	25	29	45
钵水母类	0	0	0	1	2	2
枝角类	1	2	2	1	0	2
桡足类	92	108	127	150	186	273

续表

类群	水层（m）					全海域
	0～2	2～30	30～75	75～150	>150	
端足类	6	11	23	22	7	39
磷虾类	0	6	10	12	13	23
十足类	2	3	4	1	0	5
糠虾类	0	1	3	2	2	4
涟虫类	0	0	0	0	1	1
等足类	0	1	1	2	1	3
介形类	3	10	18	31	38	49
翼足类	4	12	14	10	5	24
多毛类	3	5	4	7	3	11
毛颚类	8	10	12	10	16	21
有尾类	10	12	14	14	5	18
海樽类	3	3	9	9	5	11
浮游幼虫（体）	15	21	24	22	14	30
合计	158	231	297	327	336	580

南海西南大陆斜坡海域位于热带，调查期间海水盐度高于32，但水温的垂直变化较大，深层温度低于10℃。浮游动物的生态类型以广温广盐种、热带高温高盐种和暖水种为主。其中，广温广盐种有羽长腹剑水蚤 *Oithona plumifera*、长尾住囊虫 *Oikopleura longicauda* 和肥胖软箭虫 *Sagitta enflata* 等，其出现数量较大；热带高温高盐种有普通波水蚤 *Undinula vulgaris*、角锚哲水蚤 *Rhincalanus cornutus*、等刺隆水蚤 *Oncaea mediterranea*、粗大后浮萤 *Metaconchoecia macromma*、膨大双浮萤 *Discoconchoecia tamensis* 和微型中箭虫 *Sagitta minima* 等，出现种类较多；大洋性暖水种有黄角光水蚤 *Lucicutia flavicornis*、龟螺 *Cavolinia tridentata*、明螺 *Atlanta peroni*、翼管螺 *Pterotrachea coronata*、笔帽螺属一种 *Creseis* sp.、龙翼箭虫 *Pterosagitta draco* 和太平洋镳虫 *Krohnitta pacifica* 等，暖水近海种有弓角基齿哲水蚤 *Clausocalanus arcuicornis*、长尾基齿哲水蚤 *Clausocalanus furcatus* 和丽隆水蚤 *Oncaea venusta* 等。

二、优势种

南海西南大陆斜坡海域的浮游动物优势种以桡足类为主，其组成较为复杂，单一种的优势地位不明显。广温广盐种羽长腹剑水蚤为第一优势种。此外，桡足纲幼体和长尾基齿哲水蚤的优势度也较高，见表5.2。

表5.2 南海西南大陆斜坡海域浮游动物优势种组成

种类	Y					
	全海域	水层（m）				
		0～2	2～30	30～75	75～150	>150
羽长腹剑水蚤 *Oithona plumifera*	0.06	0.06	0.08	0.06	0.07	0.06
桡足纲幼体 *Copepoda larva*	0.06	0.04	0.03	0.05	0.13	0.16

续表

种类	全海域	水层（m）				
		0~2	2~30	30~75	75~150	＞150
长尾基齿哲水蚤 *Clausocalanus furcatus*	0.05	0.06	0.12	0.04	0.03	
角锚哲水蚤 *Rhincalanus cornutus*	0.04	0.04		0.07	0.04	0.03
小纺锤水蚤 *Acartia negligens*	0.04	0.04	0.05	0.07	0.02	0.03
等刺隆水蚤 *Oncaea mediterranea*	0.03	0.03	0.02	0.03	0.06	0.03
中隆水蚤 *Oncaea media*	0.03	0.03	0.03	0.04	0.05	
细角新哲水蚤 *Neocalanus tenuicornis*	0.03	0.02		0.03	0.05	
磷虾属幼虫 *Euphausia* larva	0.02	0.02	0.04		0.03	
弓角基齿哲水蚤 *Clausocalanus arcuicornis*	0.02	0.02	0.03	0.02	0.02	0.02
长尾住囊虫 *Oikopleura longicauda*	0.02	0.03	0.03	0.02		
普通波水蚤 *Undinula vulgaris*		0.02	0.03			
桡足纲无节幼体 Copepoda nauplius larva				0.03		
丽隆水蚤 *Oncaea venusta*		0.02	0.04			
齿隆剑水蚤 *Oncaea dentipes*						0.02
箭虫科幼虫 Sagittidae larva		0.03				
针刺拟哲水蚤 *Paracalanus aculeatus*				0.04		
细拟真哲水蚤 *Pareucalanus attenuatus*				0.05		
黄角光水蚤 *Lucicutia flavicornis*					0.02	
短钩大眼水蚤 *Onychocorycaeus giesbrechti*		0.02	0.03			
孔雀丽哲水蚤 *Calocalanus pavo*		0.02	0.03			
粗乳点水蚤 *Pleuromamma robusta*						0.03
达氏筛哲水蚤 *Cosmocalanus darwinii*			0.02			
膨大双浮萤 *Discoconchoecia tamensis*						0.02
粗大后浮萤 *Metaconchoecia macromma*						0.02

注：空白处优势度低于 0.02

　　浮游动物优势种的垂直变化明显，除 30～75m 和 75～150m 水层的优势种更替率为 40% 外，其他各水层间的更替率均高于 64%。优势种组成的复杂程度随水深的增加呈现明显的降低趋势，其中 0～2m 水层的优势种组成最为复杂（16 种），各种之间的优势度差值最小；150m 以深层优势种组成最为简单（10 种），且单一种的优势地位最为显著。除羽长腹剑水蚤、桡足纲无节幼体、小纺锤水蚤、等刺隆水蚤和弓角基齿哲水蚤为各水层的共有优势种外，各水层的优势种均有所变化。30m 以浅以羽长腹剑水蚤和长尾基齿哲水蚤为主要优势种，30～75m 水层以角锚哲水蚤和小纺锤水蚤占优，75m 以深则以桡足纲幼体为第一优势种。部分优势种还有水深限制，如孔雀丽哲水蚤 *Calocalanus pavo*、普通波水蚤、短钩大眼水蚤 *Onychocorycaeus giesbrechti* 和丽隆水蚤的优势地位主要表现在 30m 以浅，长尾住囊虫 *Oikopleura longicauda* 在 75m 以浅有明显的优势，而小纺锤水

蚤 *Acartia negligens*、长尾基齿哲水蚤、中隆水蚤和细角新哲水蚤 *Neocalanus tenuicornis*
在 150m 以浅优势明显。此外，各水层均有特定的优势种，如 0～2m 水层特定优势种
为箭虫科幼虫 Sagittidae larva，2～30m 水层为达氏筛哲水蚤 *Cosmocalanus darwinii*，
30～75m 为细拟真哲水蚤 *Pareucalanus attenuatus*、针刺拟哲水蚤 *Paracalanus aculeatus* 和
桡足纲无节幼体 Copepoda nauplius larva，75～150m 水层为黄角光水蚤，150m 以深为粗
乳点水蚤 *Pleuromamma robusta*、齿隆剑水蚤 *Oncaea dentipes*、膨大双浮萤和粗大后浮萤。

三、数量分布

南海西南大陆斜坡海域浮游动物平均生物量（湿重）为 94.03mg/m³，平均栖息
密度为 206.27ind./m³。如图 5.1 所示，南海西南大陆斜坡海域浮游动物数量随深度变
化较为明显，除 0～2m 和 30～75m 水层数量较高外（平均生物量＞150.0mg/m³、平
均栖息密度＞300.0ind./m³），其余各层均较低（平均生物量＜50.0mg/m³、平均栖息密
度＜200.0ind./m³），数量沿水深梯度的变化呈明显的"双峰"型。

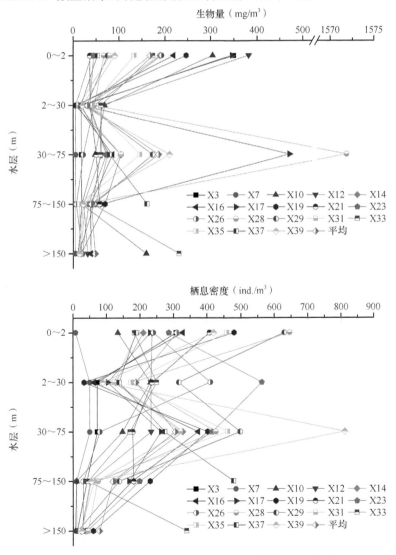

图 5.1　南海西南大陆斜坡海域浮游动物数量垂直分布

0～2m 水层浮游动物平均生物量较高，为 $167.81mg/m^3$；2～30m 水层急剧降至 $31.31mg/m^3$；之后大幅上升，在 30～75m 水层达到最高值，为 $186.29mg/m^3$；随后又急剧下降，在 75～150m 水层降至 $39.53mg/m^3$；在＞150m 水层略有回升，为 $45.22mg/m^3$。除 X3、X7、X12、X21 和 X26 站位以表层生物量最高，随深度的增加生物量呈逐渐降低的趋势外，其余各站位均呈明显的"双峰"型。各站位浮游动物栖息密度的垂直变化较为复杂，X3、X12 和 X21 站位表层最高，随深度的增加呈逐渐降低的趋势；X7 和 X37 站位的栖息密度则随深度的增加呈上升趋势；X10、X23、X26 和 X33 站位的栖息密度呈明显的"单峰"型，表层较低，在 2～30m 水层出现高峰后，随深度的增加而降低；X14、X16 和 X19 站位等大部分站位则呈"双峰"型，分别在 0～2m 水层和 30～75m 水层出现高峰，其他各层栖息密度均较低。各站位平均栖息密度的垂直分布也呈明显的"双峰"型，0～2m 和 30～75m 水层的栖息密度较高，分别为 $320.34ind./m^3$ 和 $318.10ind./m^3$，2～30m、75～150m 和＞150m 水层的平均栖息密度分别为 $193.05ind./m^3$、$145.42ind./m^3$ 和 $54.45ind./m^3$。

第二节　浮游动物垂直变化

不同海洋浮游动物生活于不同水层，从而构成一个包括种群结构、数量和总种类数在内的相对稳定的垂直分布模式。上述结果也表明，南海西南大陆斜坡海域浮游动物的种类组成和数量均具有稳定的垂直分布模式，与其他海域相比，既有共同之处，又有独特之处。

一、种类组成的垂直变化

南海西南大陆斜坡海域浮游动物的垂直分布与水深更深的南海中部海域相比，桡足类种数的变化，均是影响这两个区域浮游动物种类数的重要因素。此外，100m 以浅均以桡足类、水母类和端足类的种类为最多，75m 以深介形类的种数明显增加。从种群的垂直结构来看，不同层次水体中出现的浮游动物也均有所差异。但两个海区浮游动物出现种类的垂直变化情况则存在明显差异：南海中部海域浮游动物以 0～100m 种类数为最高，之后种类数明显下降，到 200～500m 水层又有小幅增加；而南海西南大陆斜坡海域则以 0～2m 出现种类数为最低，随深度的增加呈明显的递增趋势，以 150m 以深出现种类数为最高。

二、数量水平

表 5.3 列出了南海不同区域浮游动物的数量，显示出南海北部陆架区和南海中、南部海域浮游动物栖息密度较高，南海西南陆架区和南沙群岛东南部海域栖息密度较低；生物量则是南海西南大陆斜坡海域最高，南海中、南部次之，南沙群岛东南部海域和南海北部陆架区较低。在南海各区域中，南海西南大陆斜坡海域浮游动物栖息密度居于中等水平，而生物量达到最高水平，且其浮游动物栖息密度和生物量均明显高于附近的南海西南陆架区和南沙群岛东南部海域。虽然调查时间和采样网具有所差异，但仍可以反映出南海西南大陆斜坡海域浮游动物数量居于较高水平。

表5.3　南海不同区域浮游动物栖息密度和生物量的比较

海区	时间	栖息密度（ind./m³）	生物量（mg/m³）	参考文献	备注
南海西南陆架区	1990.4	23.37	53	章淑珍和裴穗平，1996	全水层
南沙群岛东南部海域	1988.7～1988.8	30.32	35.5	陈清潮等，1991	0～100m
		7.38	11.2	陈清潮等，1991	100～200m
南海北部陆架区	1999.4	1971.4	25.43	王云龙等，2005	200m以浅
南海中、南部海域	2000.3	1880.1	70.07	王云龙等，2005	200m以浅
南海西南大陆斜坡海域	2011.4	206.27	94.03	本文	全水层

注：生物量为湿重

三、数量垂直变化

章淑珍和陈清潮（1984）指出，南海浮游桡足类的垂直分布是不均匀的，南海北部近海、北部陆架区、大陆坡和中部深海盆海域100m水深是桡足类垂直分布的主要转折点，桡足类主要聚集在＜100m水层，而在100～200m水层，其数量骤然下降，200m以深数量递减较为缓慢。从南海西南大陆斜坡海域桡足类的垂直分布情况来看，0～2m和30～75m水层是桡足类密集分布的主要水层，75m以浅桡足类平均栖息密度为191.89ind./m³，30～75m水层栖息密度高达226.21ind./m³，而在75～150m水层栖息密度骤降至77.43ind./m³，＞150m水层栖息密度递减至29.48ind./m³。虽然这两次采样的分层标准有差异，但大体可以看出75～100m水深是南海大部分海域桡足类栖息密度垂直分布的主要转折点。

南海西南大陆斜坡海域浮游动物数量的垂直分布规律，与南沙群岛东南部海域和南海中部海域一致，均呈现出0～100m水层最高，越往深层量值越低的分布趋势。由于采样时在浮游动物数量高的水层内分层较细，因此南海西南陆架区浮游动物垂直变化较南沙群岛东南部海域和南海中部海域呈现出更为复杂的"双峰"型变化趋势。南海西南大陆斜坡海域0～2m水层浮游动物数量较高，2～30m水层数量有所下降之后又上升，在30～75m水层出现一个数量高峰，之后数量随水深的增加而持续降低。

南沙群岛海区温跃层终年存在。温跃层是海洋环境中的一种重要物理现象，对海洋的生态环境系统有着重要的影响，也是影响浮游生物垂直分布的重要因素之一。现场同步实测的海水温度数据表明，调查区内存在温跃层。以温跃层强度＞0.05℃/m为划分标准，调查区内温跃层厚度较大，为15～150m，平均厚度为63m。如图5.2所示，南海西南大陆斜坡海域春季20～60m水层温跃层强度最大，最大值可达0.4℃/m。

春季南海西南大陆斜坡海域温跃层强度最大的区域，也正是浮游动物栖息密度和生物量最高的区域。南海南部海区春、夏季的上温跃层常出现在25～90m水层，溶解氧含量最大值则在50m层或更浅处，叶绿素a含量的最大值出现在温跃层内。由于在温跃层中，动物的排泄物、碎屑和颗粒物质沉降速度减慢，加上营养盐含量较高的深层水向上移动，因此跃层中、下部水体含有适宜的营养物质，为浮游植物生长提供了有利条件，叶绿素a含量增加，而与叶绿素a含量密切相关的荧光值也增大。南海西南大陆斜坡海域温跃层强度最大的区域内，现场实测的荧光值也较大，表明浮游植物在温跃层中数量较大。浮游动物以植食性居多，其数量与浮游植物分布有很大关系，浮游动物趋向于在

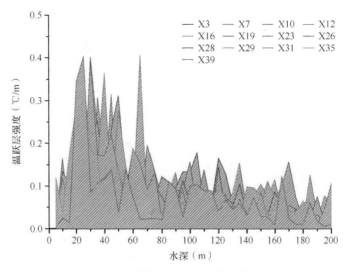

图 5.2 南海西南大陆斜坡海域春季温跃层强度变化

饵料丰富的水体中分布（左涛等，2004），故南海西南大陆斜坡海域浮游动物在温跃层中的数量最高。在许多海区，温跃层及跃层上水层的浮游动物种类、数量均较其他水层更为丰富（Fragopoulu and Lykakis，1990）。夏季我国南黄海的浮游动物也主要分布于温跃层。温跃层对浮游动物的垂直分布具有阻隔作用，温跃层的水温变化梯度太大，很少种类能穿过温跃层上下移动。南海西南大陆斜坡海域 0～2m 水层光照强烈、海水温度较高，因此浮游动物数量较高；而 2～30m 水层和 75m 以深位于上均匀层和渐变层，由于温跃层的阻隔作用，浮游动物数量明显减少。研究区域海水盐度变化较小，表层盐度为 32～33，随深度的增加盐度上升，在 40～50m 处海水盐度增至 34 后基本保持稳定。所以，海水温度的变化是影响南海西南大陆斜坡海域浮游动物垂直分布的重要因素，而温跃层的存在左右着该区域浮游动物数量的垂直分布。

本次科学考察原计划在南海西南大陆斜坡海域设置 40 个站位进行渔业资源探捕，但因调查区域水深变化梯度大、海底地貌起伏大、底质粗糙、多礁石，底拖网探捕时常出现大破网，所以只完成了 3 个站位的探捕。在 S3 站位附近进行的探捕中，破网现象较轻，捕获了大量的鱼类和少量的甲壳类，渔获率为 3430.55kg/h，资源密度为 2974.38kg/km^2，远高于 1990 年 4 月南海西南陆架区底拖网平均渔获率 131.43kg/h 和平均资源密度 1866.61kg/km^2（中国科学院南沙综合科学考察队，1991）。虽然 S14 站位附近的探捕破网状况较为严重，但渔获率也达到了 184.49kg/h，资源密度为 1590.47kg/km^2，而且该海域饵料生物浮游动物生物量较高。虽然相关调查数据较少，但也可大致反映出南海西南大陆斜坡海域渔业资源有一定的开发潜力，但该海域底质状况较差，不适宜大范围的底拖网作业。鉴于渔业资源的主要饵料生物浮游动物在水深 30～75m 数量最大，用于捕获中上层鱼类的刺网、围网、罩网和钓等作业方式，可能更适于南海西南大陆斜坡海域的渔业生产。

第三节　小　结

（1）在南海西南大陆斜坡海域2011年4月9日至5月4日的调查中，鉴定出浮游动物580种（类），分属18个类群，其中桡足类、介形类和管水母类出现种类数较多，出现种类数随水深的增加呈递增趋势。浮游动物的生态类型以广温广盐种、热带高温高盐种和暖水种为主。浮游动物优势种以桡足类为主，其组成较为复杂，单一种的优势地位不明显，广温广盐种羽长腹剑水蚤为第一优势种。浮游动物优势种的垂直变化明显，优势种组成的复杂程度随水深的增加呈现明显的降低趋势。除羽长腹剑水蚤、桡足纲幼体、小纺锤水蚤、等刺隆水蚤和弓角基齿哲水蚤为各水层的共有优势种外，各水层的优势种均有所变化，各水层均有特定的优势种。

（2）南海西南大陆斜坡海域浮游动物平均生物量（湿重）为94.03mg/m³，平均栖息密度为206.27ind./m³。虽然调查时间和采样网具有所差异，但仍可以反映出南海西南大陆斜坡海域浮游动物的生产力在南海居于较高水平，其渔业资源也具有一定的开发潜力。浮游动物数量随深度变化较为明显，除0～2m和30～75m水层数量较高外，其余各层均较低（平均生物量＜50.0mg/m³、平均栖息密度＜200.0ind./m³），数量沿水深梯度变化呈明显的"双峰"型。桡足类主要密集出现在100m以浅，75～100m数量大幅下降，故75～100m水深是南海大部分海域桡足类垂直分布的主要转折点。

（3）温跃层是影响南海西南大陆斜坡海域浮游动物数量垂直分布的主要因素。温跃层内浮游动物数量最高，受温跃层的阻隔作用，其上的上均匀层和之下的渐变层内浮游动物数量较低。

第六章　南沙群岛及其邻近海域
浮游动物遗传多样性分析

第一节　长腹剑水蚤种类多样性与系统进化关系

一、研究背景

　　长腹剑水蚤属 *Oithona* 作为海洋中小型桡足类最为丰富的类群之一，在海洋生态系统中具有重要的研究意义。目前全球记录的长腹剑水蚤有 51 种。长腹剑水蚤属的分类依据主要采用形态学鉴定，需要对关键部位进行解剖并借助显微镜观察，但由于个体微小，形态特征不显著，因此形态鉴定比较困难，也导致了分类学上的混乱。长腹剑水蚤在我国海域也有较为广泛的分布，目前我国海域已记录的长腹剑水蚤有 21 种，其中渤海有 3 种，黄海有 16 种，东海有 17 种，南海有 15 种，各海域优势种不同，拟长腹剑水蚤 *Oithona similis*、短角长腹剑水蚤 *Oithona brevicornis* 为各海域共有，且拟长腹剑水蚤是分布最广泛的种类，在各海域及海湾中都以优势种存在，如渤海、胶州湾等。南海处于中国最南端的热带海域，与相邻海区之间有许多通道，为海水交换的必经之地。南海岛屿众多，具有深海盆地，季风盛行，气候复杂，使得南海具有独特的生态和水文环境，是生物多样性最为丰富的海域之一，因此南海具有重要的研究价值。由于独特的水域环境，南海的长腹剑水蚤具有耐高温高盐的特性，且数量季节变动和种类季节更替比其他海域稳定，秋季数量最高，各季节的优势种不同。高数量区出现在近岸海域，其数量变化与温度、盐度、叶绿素 a 含量有着密切关系。目前对于南海分布的长腹剑水蚤研究仍以形态学分类为基础，难以得到完整的种属间系统关系，影响了南海食物网结构与生态系统相关研究的深入开展，因此利用分子系统学手段研究长腹剑水蚤的系统进化关系，明确其系统进化与地理分布的关系具有重要意义。本节以线粒体 COI 基因和 28S rDNA 作为分子标记，分析南海长腹剑水蚤的系统进化关系，了解长腹剑水蚤属种间的亲缘关系，完善长腹剑水蚤属内的进化系统，为传统的形态学分类提供了重要的分子数据，增加了种类鉴定的准确性，也为日后长腹剑水蚤的研究提供了重要的理论依据。

二、COI 基因分歧度与系统进化

　　本节所获得的序列经对比及剪切得到序列长度为 538bp，其中核苷酸组成中 A 为 24.6%，G 为 18.4%，C 为 19.4%，T 为 37.6%，其中 A+T 含量（62.2%）高于 G+C（37.8%）含量，符合线粒体基因组碱基组成的特点，所有碱基中保守位点为 438 个，变异位点为 230 个，单变异位点为 11 个，简约信息位点为 219 个，其中 11 个变异位点均是只有 2 个碱基的变异，没有 3 个及以上碱基的变异。平均转换/颠换比（si/sv）为 1.44，转换数高于颠换数。利用 Kimura 双参数模型计算 15 种长腹剑水蚤 COI 序列的遗传距离。种内遗传距离为 0.2%～1.6%，低于 Bucklin 等（2003）所提出的桡足类物种鉴定最小种间遗传距离 2%；种间遗传距离为 17.7%～44.5%，平均遗传距离为 29%，其中最大遗传距离出现在异长腹剑水蚤 *Oithona dissimilis* 与长腹剑水蚤属一种 *Oithona* sp. 之间，最小遗传距离出现在冷长腹剑水蚤 *Oithona frigida* 与短角长腹剑水蚤 *Oithona brevicornis* 之间（表 6.1）。

表 6.1　长腹剑水蚤属 Oithona 种内（对角线）和种间（对角线下）的 COI 遗传距离（%）（Kimura 双参数模型）

	1	2	3	4	5	6	7	8	9	10	11	12	13	14	15
1	0.9±0.3														
2	38.7±3.6	0.4±0.2													
3	41.3±3.8	34.1±3.5	0.7±0.3												
4	32.4±3.1	33.2±3.2	38.1±3.5	—											
5	39.5±3.7	22.9±2.6	37.9±3.7	38.1±3.6	—										
6	36.2±3.4	27.7±2.9	30.5±3.1	33.6±3.3	29.6±2.9	—									
7	38.3±3.7	36.9±3.6	38.0±3.6	37.4±3.6	38.2±3.6	35.6±3.5	—								
8	34.5±3.4	39.5±3.7	33.8±3.3	33.5±3.4	39.8±3.6	33.4±3.3	29.4±3.0	0.2±0.2							
9	44.5±4.2	39.1±3.9	39.7±3.9	43.5±4.1	39.3±3.7	36.5±3.6	43.5±4.2	36.3±3.4	—						
10	37.4±3.5	28.3±2.9	36.3±3.4	34.1±3.4	27.1±2.9	23.8±2.6	34.9±3.3	33.0±3.1	32.2±3.1	0.3±0.1					
11	37.3±3.6	26.7±2.8	36.1±3.5	37.7±3.5	29.9±3.0	21.1±2.4	38.0±3.7	32.3±3.2	34.6±3.5	23.3±2.6	0.4±0.3				
12	36.7±3.4	24.4±2.7	36.5±3.5	32.8±3.2	27.8±3.0	25.4±2.7	40.7±3.6	37.7±3.7	36.9±3.6	24.5±2.7	26.9±2.9	0.4±0.3			
13	37.5±3.5	27.2±2.8	35.2±3.5	36.8±3.5	28.3±2.8	18.3±2.3	36.6±3.4	36.7±3.5	39.2±3.8	24.4±2.7	24.8±2.8	25.2±2.7	0.9±0.3		
14	32.5±3.2	25.4±2.7	33.5±3.3	28.6±2.9	22.1±2.5	17.7±2.2	34.5±3.5	35.6±3.5	42.5±4.2	24.4±2.7	24.4±2.8	22.5±2.6	22.6±2.5	0.2±0.2	
15	36.8±3.6	26.5±2.8	34.9±3.3	37.8±3.7	27.1±2.8	24.8±2.8	40.3±3.8	35.3±3.6	36.9±3.8	29.0±3.0	26.6±2.9	22.1±2.5	18.6±2.3	24.8±2.6	1.6±0.6

注: 1 异长腹剑水蚤 Oithona dissimilis; 2 拟长腹剑水蚤 Oithona similis₁; 3 眼长腹剑水蚤 Oithona oculata; 4 筒长腹剑水蚤 Oithona attenuata; 5 拟长腹剑水蚤 Oithona simplex; 6 冷长腹剑水蚤 Oithona frigida; 7 小长腹剑水蚤 Oithona nana; 8 细长腹剑水蚤 Oithona attenuata; 9 长腹剑水蚤属一种 Oithona sp.; 10 长刺长腹剑水蚤 Oithona longispina; 11 瘦长腹剑水蚤 Oithona tenuis; 12 刚长腹剑水蚤 Oithona setigera; 13 羽长腹剑水蚤 Oithona plumifera₁; 14 短角长腹剑水蚤 Oithona brevicornis; 15 羽长腹剑水蚤 Oithona plumifera₂

本节基于 COI 基因，利用 ABGD 模型和 GMYC 模型进行物种界定（图 6.1，图 6.2）。界定结果与形态学划分结果基本一致，分为异长腹剑水蚤、拟长腹剑水蚤、眼长腹剑水蚤 *Oithona oculata*、简长腹剑水蚤 *Oithona simplex*、冷长腹剑水蚤 *Oithona frigida*、小长腹剑水蚤 *Oithona nana*、细长腹剑水蚤 *Oithona attenuata*、长腹剑水蚤属一种 *Oithona* sp.、长刺长腹剑水蚤 *Oithona longispina*、瘦长腹剑水蚤 *Oithona tenuis*、刺长腹剑水蚤 *Oithona setigera*、短角长腹剑水蚤、羽长腹剑水蚤 *Oithona plumifera* 以及羽长腹剑水蚤和拟长腹剑水蚤中存在的两个隐种共 15 种，说明这两种模型均适用于长腹剑水蚤物种的划分。戴维斯长腹剑水蚤 *Oithona davisae*, KR048988.1 被 ABGD 模型和 GMYC 模型归为了拟长腹剑水蚤一类，两序列均由 Baek 等（2016）提交到 GenBank，采样点都在朝鲜海峡韩国南部附近海域，且两序列差异度仅为 1.1%。早在 1984 年，Ferrari 就首次对戴维斯长腹剑水蚤进行了鉴定并命名，并且提出戴维斯长腹剑水蚤在形态上与拟长腹剑水蚤具有相似性。因此，这极有可能是二者形态特征不显著，造成了形态鉴定的错误。另外，羽长腹剑水蚤和拟长腹剑水蚤内部分别被 ABGD 模型和 GMYC 模型划分出两种，说明可能有隐种的存在。两种羽长腹剑水蚤分别来自地中海和南海海域，且遗传距离为 18.6%，达到种间的遗传距离；两种拟长腹剑水蚤分别来自朝鲜海峡和欧洲北海海域，遗传距离（22.9%）同样达到种间范围。浮游动物游泳能力较弱，也没有能力抵抗水的流动力，不能作远距离的移动，因此不同海域的长腹剑水蚤由于长期的地理隔离很有可能产生不同程度的分化，导致生殖隔离，从而种间分化形成隐种。Cornils 等（2017）利用线粒体 COI 基因和 28S rDNA 同样证明了不同海域的拟长腹剑水蚤存在隐种。将 244 个拟长腹剑水蚤利用 ABGD 模型和 GMYC 模型进行种类界定，得到 7 个分支系（即隐种），后验概率大于 0.95，这充分说明长腹剑水蚤存在隐种的分化是一种普遍现象。

由于长腹剑水蚤形态鉴定比较困难，几乎没有足够的形态数据，并且存在大量隐种，系统进化发育尚未完善。本项目基于 COI 基因研究 15 种长腹剑水蚤，进一步完善了长腹剑水蚤属内的系统进化关系。从遗传距离来看，15 种长腹剑水蚤种内遗传距离（0.2%～1.6%）符合 Bucklin 等（2003）提出的种间遗传差异应达到种内遗传差异的 10 倍，且种内、间遗传差异不存在重叠，但是种间遗传距离（17.7%～44.5%）明显大

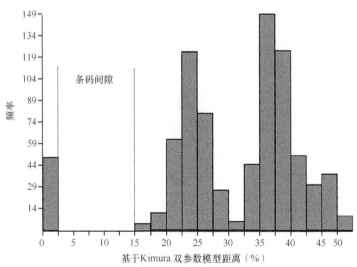

图 6.1　基于 ABGD 模型的长腹剑水蚤条码间隙分析

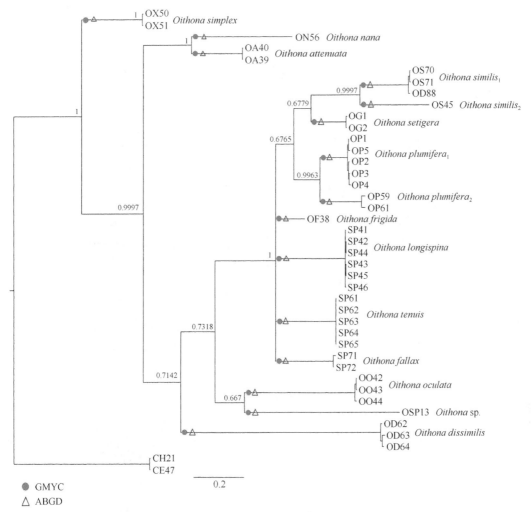

图 6.2　基于 COI 基因构建的长腹剑水蚤贝叶斯系统进化树

贝叶斯后验概率（PP）、GMYC 模型和 ABGD 模型节点位置均标于进化树分支上面；拟长腹剑水蚤和羽长腹剑水蚤存在
隐种，图中用下角编号区分

于 Bucklin 等（2007）提出的同属内种间遗传距离（13%～22%），这说明长腹剑水蚤属内出现较高的种间分化，遗传差异甚至达到属间分化的范围，例如，异长腹剑水蚤和眼长腹剑水蚤的遗传距离为 41.3%，小长腹剑水蚤与刺长腹剑水蚤的遗传距离高达 40.7%，虽然依据前体部分 5 节、头部与第一胸节分开、雌性额角存在或消失、雄性后体部分 5 节、雄性分 6 节和生殖节位于第二节等这些形态特征，鉴定均为长腹剑水蚤属，但基于 COI 基因，长腹剑水蚤属需要重新划分。此现象可能是存在地理隔离的原因，但由于样本较少，结果验证需要进一步的数据支持。

在系统进化树中，简长腹剑水蚤、小长腹剑水蚤、细长腹剑水蚤、异长腹剑水蚤最先与其他种类分开，说明这些为最早分化的种类，拟长腹剑水蚤、羽长腹剑水蚤 *Oithona plumifera*、短角长腹剑水蚤和冷长腹剑水蚤等其他种类汇聚为一支，系统进化关系最近。Cornils 等（2017）以线粒体 COI 基因和核糖体 28S rDNA 构建了 9 种长腹剑水蚤的系统进化树，其中异长腹剑水蚤、简长腹剑水蚤、小长腹剑水蚤同样最先形成分支，与其他种类分开。Cepeda 等（2012）分析了小长腹剑水蚤、拟长腹剑水蚤和大西洋长腹剑水蚤 *Oithona atlantica* 三者之间的进化关系，其研究结果显示小长腹剑水蚤与另外两种形成分支，且具有较大的遗传距离。这些研究结果均与本节的结果一致。此外，本节在南海海域共得到 5 种长腹剑水蚤，包括瘦长腹剑水蚤、羽长腹剑水蚤、刺长腹剑水蚤、短角长腹剑水蚤、长刺长腹剑水蚤，其中，长刺长腹剑水蚤在 2013 年才在南海海域首次被发现，这 5 种长腹剑水蚤聚为一支，且亲缘关系较近。鉴于南海海域独特的高温高盐的水域环境，这 5 种很有可能是由同一种长腹剑水蚤在自然环境选择压力下分化形成，但具体的分化过程还需要更多基因数据和形态数据作进一步研究。

三、基于 28S rDNA 的 DNA 分类与系统进化

28S rDNA 基因数据表明（表 6.2），种内遗传距离（平均值为 1.0%）明显小于种间遗传距离（平均值为 13.3%），通过贝叶斯法构建系统发育树共划分为 9 种，且同一种的所有个体都良好地聚成一个单系群，同时就 GMYC 模型对样品进行鉴定所得 9 个物种，两种结果是吻合的，长腹剑水蚤的高系统发育水平分辨率证明了 28S rDNA 基因适合进行长腹剑水蚤种水平的进化关系分析（图 6.3）。从构建的系统树来看，我们初步将戴维斯长腹剑水蚤 *Oithona davisae* 与短角长腹剑水蚤定为第一大类群，将小长腹剑水蚤、瘦长腹剑水蚤、细长腹剑水蚤、拟长腹剑水蚤、羽长腹剑水蚤与刺长腹剑水蚤归为第二大类群。第一大类群的节点支持率要比第二大类群高。

表 6.2　9 种长腹剑水蚤属生物种内（对角线）和种间（对角线下）的
28S rDNA 基因遗传距离（%）（Kimura 双参数模型）

	Oithona nana	*Oithona setigera*	*Oithona plumifera*	*Oithona davisae*	*Oithona similis*	*Oithona brevicornis*	*Oithona attenuata*	*Oithona* sp.	*Oithona tenuis*
Oithona nana	0.3±0.1								
Oithona setigera	15.9±1.4	2.4±0.3							
Oithona plumifera	14.3±1.4	2.7±0.4	0.5±0.1						
Oithona davisae	15.9±1.5	12.9±1.4	12.1±1.4	—					
Oithona similis	14.4±1.4	4.0±0.6	3.3±0.6	12.4±1.3	0.4±0.1				
Oithona brevicornis	16.8±1.6	13.2±1.3	12.4±1.3	12.4±1.4	13.0±1.4	0.6±0.1			
Oithona attenuata	14.6±1.4	5.3±0.7	3.8±0.7	11.8±1.4	4.4±0.7	13.0±1.4	0.0±0.0		
Oithona sp.	26.9±2.1	25.6±2.0	25.0±2.0	26.1±2.0	24.3±1.9	26.0±2.0	24.3±2.0	—	
Oithona tenuis	14.2±1.4	3.1±0.5	2.2±0.5	11.5±1.3	2.9±0.6	11.9±1.3	3.2±0.7	24.6±2.0	0.3±0.1

注："—"表示空值

长腹剑水蚤属一种 *Oithona* sp.、戴维斯长腹剑水蚤与短角长腹剑水蚤是最先分化出来的种类，与其他长腹剑水蚤分为不同的进化分枝，节点支持率较高，与其他物种的遗传距离较大。在陈清潮和章淑珍（1965）的形态学分类描述中，短角长腹剑水蚤与小长腹剑水蚤、细长腹剑水蚤等呈现出较远的亲缘关系。在形态学上，短角长腹剑水蚤的额角弯向腹部，第一触角向后伸展可达第三胸节，第五胸节两侧小结节较小，生殖节基部宽于末部。虽然基于额角、胸节、触角、生殖节等一系列形态学特征未能将长腹剑水蚤属一种 *Oithona* sp. 明确到种的水平，但分子数据分析结果明确地表示出其分化水平。本节所采集到的短角长腹剑水蚤与戴维斯长腹剑水蚤之间的遗传距离仅为 12.4%，表现出

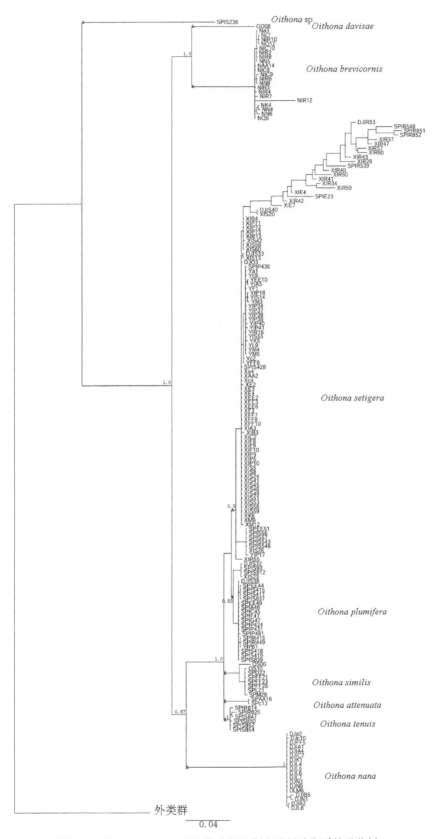

图 6.3 基于 28S rDNA 基因构建长腹剑水蚤贝叶斯系统进化树

了较近的亲缘关系，由于缺乏样本无法进一步验证戴维斯长腹剑水蚤与短角长腹剑水蚤之间的亲缘关系。

在第二大类群中刺长腹剑水蚤、羽长腹剑水蚤、拟长腹剑水蚤、细长腹剑水蚤与瘦长腹剑水蚤汇为一支，小长腹剑水蚤单独汇为一支。瘦长腹剑水蚤、刺长腹剑水蚤与羽长腹剑水蚤亲缘关系最近，分化时间最接近。三者额角弯向腹部，背面观明显，头部前端较狭尖，刺长腹剑水蚤的第1~4对胸足第2基节的外缘刺毛的末部膨大，羽长腹剑水蚤的前体部接近椭圆形，第1触角第2节具有1根发达的羽状刺毛，瘦长腹剑水蚤的前体部较瘦长，第1触角第2节的刺毛不发达。三者之间的种间遗传距离为2.2%~3.1%，相对最小。

拟长腹剑水蚤的额角背面观不明显，头部前端较钝圆，第1触角长过前体部，第1对胸足外肢第2节具有1根外刺，第2对胸足外肢第2节无外刺，末节具有1根外刺。小长腹剑水蚤与细长腹剑水蚤不具有额角，第1触角长过第一胸节，第四胸节末缘近两侧无小刺，小长腹剑水蚤生殖节近基部具有1个显著的小齿突，尾叉的长度约为其宽度的2倍，细长腹剑水蚤生殖节近基部两侧具有1个小突，但不呈齿状，尾叉的长度约为其宽度的4倍。Cepeda等（2012）基于28S rDNA分析了小长腹剑水蚤、拟长腹剑水蚤和大西洋长腹剑水蚤三者之间的进化关系，研究结果显示，小长腹剑水蚤与另外两种形成分支，且具有较大的遗传距离，这与本节的结果一致。Cornils等（2017）就长腹剑水蚤属8种的样本以28S rDNA最大似然法构建进化树，清晰地显示出拟长腹剑水蚤、羽长腹剑水蚤、大西洋长腹剑水蚤和小长腹剑水蚤具有更近的亲缘关系，短角长腹剑水蚤与戴维斯长腹剑水蚤表现出与以上四种较远的遗传距离。本节中拟长腹剑水蚤与小长腹剑水蚤在三亚湾和南沙群岛及其邻近海域均有发现，但三亚湾发现数量更多。小长腹剑水蚤在大亚湾也有发现，在1987~1989年及2004年的大亚湾浮游动物调查中，小长腹剑水蚤均为优势种，细长腹剑水蚤主要分布在南沙群岛及其邻近海域。

第二节　浮游介形类DNA条码分析与广布种遗传多样性空间分布

一、研究背景

南沙群岛及其邻近海域浮游介形类多数以热带种占优势，且种类数远远高于我国其他海域，尽管浮游介形类丰度占海洋浮游生物丰度的比例较大，仅次于桡足类，但其在浮游动物群落中的作用意义以及种类多样性仍被低估，这主要是由于缺乏有效的形态分类特征，难以直接通过显微镜进行分类鉴定，此外，具备丰富的海洋浮游介形类形态鉴定经验的专家为数较少，对于海洋浮游介形类更是缺乏属及属以下的系统发育关系研究，因此，通过DNA分子条码技术对海洋浮游介形类进行种间界定，以及基于相关分析手段如ABGD模型、GMYC模型等进行系统发育重建显得格外重要和迫切。

对于具体的介形类广布种类而言，通常是以现生种群为对象，通过测定水体中现生种群的遗传信息来推断其遗传结构。一个种群的遗传结构主要受基因流（gene flow）、突变（mutation）、自然选择（natural selection）和遗传漂变（genetic drift）共同作用。当一个小种群形成时，基因频率容易发生偏差。介形类在多数情况下依靠无性繁殖来快速扩张其种群，此时如果缺少（来自外部）基因流，受到选择压力的小种群会进行快速的无性生殖，从而导致水体现生种群的遗传多样性下降。而此时如果存在强劲的洋流影响，种群间大量的基因流会使得种群分化的可能性减小，遗传结构均一化，通过构建种群遗传结构、单倍型关系及基因频率、单倍型频率在不同区域间的分布，将很好地揭示这一问题。

　　本节通过分子序列手段，判断南海浮游介形类是否存在亚种或隐种的分化，确定种间分化的标准，同时结合 GenBank 数据库中已发表的海洋浮游介形类的序列，分析我国南海浮游介形类存在区域分化的可能性。选取一种南海浮游介形类的广布种为对象，通过分析线粒体基因单倍型在不同站点间的组成，了解种群遗传结构的空间组成，分析影响种群遗传结构的相关因素，了解南海环流对南海浮游介形类的广布种种群遗传结构空间格局的影响。

二、南海浮游介形类 DNA 条码分析

（一）形态鉴定与 DNA 分类

　　根据形态鉴定特征，共鉴定出 16 种介形类，分别是葱萤属一种 *Porroecia* sp.、叉刺真浮萤（cf.）*Euconchoecia* cf. *chierchiae*、斜突浮萤 *Proceroecia procera*、突浮萤属一种 *Proceroecia* sp.、刺额葱萤 *Porroecia spinirostris*、大弯浮萤 *Conchoecia magna*、长方拟浮萤 *Paraconchoecia oblonga*、*Metaconchoecia inflata*、*Metaconchoecia subinflata*、棘状拟浮萤 *Paraconchoecia echinata*、秀丽双浮萤 *Discoconchoecia elegans*、双浮萤属一种 *Discoconchoecia* sp.、短额海腺萤 *Halocypris brevirostris*、短刺直浮萤 *Orthoconchoecia secernenda*、捷细浮萤 *Conchoecetta giesbrechti* 和尖细浮萤 *Conchoecetta acuminata*。较为常见的种类为长方拟浮萤 *Paraconchoecia oblonga*、棘状拟浮萤 *Paraconchoecia echinata* 和短刺直浮萤 *Orthoconchoecia secernenda*，分别在 5 个站位采获，*Metaconchoecia subinflata* 在 4 个站位采获。较为稀有的种类为叉刺真浮萤（cf.）*Euconchoecia* cf. *chierchiae*、秀丽双浮萤 *Discoconchoecia elegans* 和 *Metaconchoecia inflata*，分别仅在 1 个站位采获（表 6.3）。共获得 51 条 COⅠ 序列（GenBank 登录号为 MG787477～MG787527）。将每条序列通过与 GenBank 提交的数据进行比较，得出序列分歧度小于 10%。基于 ABGD 模型进行 DNA 分类显示，可将 51 条序列划分为 17 个类群；而基于 COⅠ 系统发育树使用 GMYC 模型进行 DNA 分类，可以划分为 19 个类群（置信区间为 17～19）。基于一个种类的零假设的似然值（304.28）显著低于多个种类的似然值（335.17）（似然比检验=61.79，$p=3.82 \times 10^{-14}$）。DNA 分类与形态分类基本保持一致，但在 *Paraconchoecia oblonga*、*Conchoecia magna* 和 *Halocypris brevirostris* 中发现了隐种的分化（图 6.4）。

表 6.3　形态鉴定信息与站位分布

站位	纬度（°N）	经度（°E）	形态种类
S1	14.5	111	*Halocypris brevirostris*；*Paraconchoecia echinata*；*Proceroecia* sp.
S2	14.5	113	*Paraconchoecia oblonga*；*Conchoecia magna*；*Metaconchoecia subinflata*；*Paraconchoecia echinata*；*Orthoconchoecia secernenda*；*Conchoecetta acuminata*；*Proceroecia* sp.
S3	12.5	111	*Paraconchoecia oblonga*
S4	12.5	112	*Porroecia* sp.
S5	12.5	113	*Paraconchoecia oblonga*；*Paraconchoecia echinata*
S6	10.5	111	*Halocypris brevirostris*；*Discoconchoecia elegans*；*Orthoconchoecia secernenda*

站位	纬度（°N）	经度（°E）	形态种类
S7	10.5	113	*Proceroecia* sp.
S8	9.5	113	*Conchoecia magna*; *Discoconchoecia* sp.; *Conchoecetta giesbrechti*
S9	9.5	114	*Metaconchoecia subinflata*; *Orthoconchoecia secernenda*; *Proceroecia procera*
S10	9.5	115	*Paraconchoecia oblonga*; *Metaconchoecia subinflata*; *Proceroecia procera*
S11	10.5	115	*Metaconchoecia subinflata*; *Metaconchoecia inflata*; *Paraconchoecia echinata*; *Orthoconchoecia secernenda*; *Conchoecetta acuminata*
S12	10.5	114	*Paraconchoecia oblonga*; *Conchoecia magna*; *Porroecia* sp.
S13	12.5	116	*Orthoconchoecia secernenda*; *Porroecia spinirostris*
S14	14.5	117	*Euconchoecia* cf. *chierchiae*
S15	14.5	116	*Paraconchoecia echinata*; *Discoconchoecia* sp.; *Porroecia spinirostris*; *Conchoecetta giesbrechti*

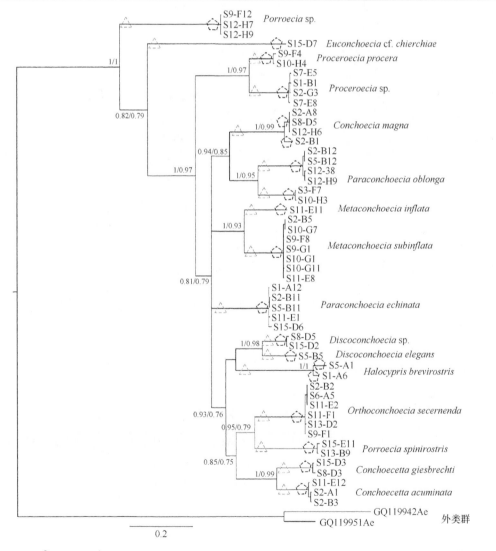

图 6.4　基于 COI 基因构建的长腹剑水蚤贝叶斯系统进化树

GMYC 模型和 ABGD 模型节点位置均标于进化树分支上

（二）遗传分歧度与系统进化

共获得 51 条浮游介形类线粒体 COⅠ 基因序列，经对比及剪切得到序列长度为 665bp，核苷酸组成中 A 为 38.08%，G 为 18.65%，C 为 15.54%，T 为 27.73%，其中 A+T 含量高于 G+C 含量，平均转换/颠换比（si/sv）为 2.0。属间遗传距离为 20.73%～35.75%，平均遗传距离为 25.85%（表 6.4），高于甲壳类平均遗传距离（19.75%）。种间遗传距离为 12.93%～35.82%，平均遗传距离为 25.11%。最大遗传距离为 35.82%，出现在 *Conchoecetta acuminata* 和 *Euconchoecia* cf. *chierchiae* 之间。最小遗传距离为 12.93%，出现在 *Discoconchoecia* sp. 和 *Discoconchoecia elegans* 之间。种内遗传距离为 0～8.29%。种内遗传距离较高的种分别为 *Halocypris brevirostris* 和 *Paraconchoecia oblonga*，分别达到 4.91% 和 8.29%（表 6.5）。南海浮游介形类的条码间隙区为 1.5%～12.5%（图 6.5）。

表 6.4　浮游介形类 10 属间基于 Kimura 双参数模型的遗传距离（%）

	1	2	3	4	5
1	8.78±0.86				
2	22.37±1.81	1.99±0.41			
3	21.66±1.68	21.80±1.79	8.82±1.01		
4	35.75±2.63	32.04±2.64	29.14±2.27	—	
5	23.22±1.87	25.99±2.14	21.54±1.70	29.41±2.38	4.91±0.87
6	23.21±1.83	22.61±1.89	22.21±1.80	31.15±2.38	22.29±1.83
7	21.27±1.79	22.70±1.94	20.95±1.83	30.27±2.50	22.52±1.92
8	22.79±1.61	21.05±1.56	20.73±1.48	30.11±2.18	23.66±1.71
9	27.99±1.81	27.49±1.83	29.13±2.00	32.60±2.31	30.38±2.06
10	27.99±2.08	24.69±1.94	25.05±1.95	34.32±2.61	26.23±1.96

	6	7	8	9	10
1					
2					
3					
4					
5					
6	4.58±0.47				
7	23.53±2.07	0.52±0.020			
8	21.64±1.64	20.89±1.57	14.09±1.15		
9	30.31±2.00	25.83±1.76	28.33±1.72	18.44±1.45	
10	26.00±1.99	24.94±2.02	25.75±1.87	29.88±1.94	8.78±0.86

注：1. *Conchoecetta*；2. *Conchoecia*；3. *Discoconchoecia*；4. *Euconchoecia*；5. *Halocypris*；6. *Metaconchoecia*；7. *Orthoconchoecia*；8. *Paraconchoecia*；9. *Porroecia*；10. *Proceroecia*

表 6.5　浮游介形类 16 种间基于 Kimura 双参数模型的遗传距离（%）

	1	2	3	4	5	6	7	8
1	0.62±0.24							
2	14.15±1.40	1.08±0.38						
3	22.90±2.02	21.57±1.90	1.99±0.39					
4	22.23±1.97	20.38±1.74	21.41±1.96	0.62±0.30				
5	22.01±1.90	22.00±1.91	22.58±1.91	12.93±1.44	—			
6	35.82±2.79	35.65±2.77	32.04±2.52	29.05±2.46	29.33±2.49	—		
7	23.14±2.04	23.35±2.00	25.99±2.07	21.21±1.81	22.20±1.82	29.41±2.38	4.91±0.84	
8	22.10±1.96	22.72±2.08	21.51±2.00	21.90±2.11	23.53±2.13	31.58±2.50	21.99±1.92	—
9	22.48±1.98	24.62±2.11	22.76±1.93	22.22±2.02	22.08±1.99	31.09±2.58	22.34±1.89	17.60±1.67
10	21.43±1.83	21.02±1.83	22.70±1.91	21.35±1.94	20.15±1.79	30.27±2.42	22.52±1.93	23.15±2.02
11	25.08±2.14	21.69±1.80	21.51±1.88	23.01±1.95	17.74±1.61	32.05±2.65	23.15±2.06	22.83±2.02
12	21.71±1.82	22.49±1.68	20.66±1.68	19.60±1.65	21.70±1.71	28.50±2.28	24.08±1.86	22.64±1.88
13	30.56±2.48	31.73±2.37	29.75±2.24	33.42±2.60	33.11±2.64	31.31±2.39	33.17±2.48	27.24±2.27
14	22.57±1.92	24.72±2.05	24.10±2.02	22.73±2.06	23.08±2.01	34.54±2.79	26.21±2.10	26.15±2.21
15	29.30±2.15	25.68±2.22	24.06±2.00	24.48±2.17	24.01±2.16	33.81±2.68	26.17±2.24	24.94±2.06
16	29.3±2.33	29.30±2.33	25.01±2.12	25.95±2.26	24.34±2.18	34.57±2.72	26.25±2.10	26.07±2.10

	9	10	11	12	13	14	15	16
1								
2								
3								
4								
5								
6								
7								
8								
9	0.23±0.12							
10	23.59±2.05	0.52±0.19						
11	20.92±2.00	21.44±1.85	0.52±0.18					
12	21.96±1.85	20.44±1.64	21.50±1.74	8.29±0.89				
13	33.61±2.72	29.52±2.16	31.63±2.38	31.04±2.28	0			
14	26.62±2.16	20.29±1.88	24.63±2.11	23.23±1.89	30.55±2.37	1.08±0.42		
15	25.14±2.01	24.03±2.13	25.81±2.19	24.83±2.07	31.93±2.36	24.83±2.08	0.93±0.35	
16	26.50±2.28	25.39±2.16	26.48±2.22	25.59±2.05	33.05±2.48	26.13±2.16	16.01±1.54	0.46±0.18

注：1. *Conchoecetta acuminata*；2. *Conchoecetta giesbrechti*；3. *Conchoecia magna*；4. *Discoconchoecia* sp.；5. *Discoconchoecia elegans*；6. *Euconchoecia* cf. *chierchiae*；7. *Halocypris brevirostris*；8. *Metaconchoecia inflata*；9. *Metaconchoecia subinflata*；10. *Orthoconchoecia secernenda*；11. *Paraconchoecia echinata*；12. *Paraconchoecia oblonga*；13. *Porroecia* sp.；14. *Porroecia spinirostris*；15. *Proceroecia procera*；16. *Proceroecia* sp.

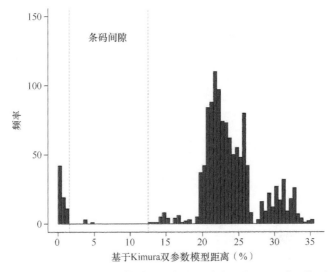

图 6.5　给予 Kimura 双参数模型的南海浮游介形类 DNA 条码间隙区

三、刺额葱萤单倍型与种群遗传结构

（一）单倍型多样性

共获得 85 条刺额葱萤线粒体 COI 基因序列，经对比及剪切得到序列长度为 682bp，核苷酸组成中 A 为 37.35%，G 为 19.61%，C 为 16.06%，T 为 26.98%，其中 A+T 含量（64.33%）高于 G+C（35.67%）含量，符合线粒体 COI 基因组碱基组成的特点，多态位点为 49 个，平均转换/颠换比（si/sv）为 2.0。15 个站位共产生 36 个单倍型（图 6.6）。其中，7 个单倍型分布于 2 个及以上站位，部分单倍型只局限于局部站位，但也发现有广布的单倍型，在 12 个站位中都有分布（H1），跨度超过 700km。S13 站位单倍型多样性最高，8 个单倍型中有 5 个为独有单倍型（表 6.6）。所有刺额葱萤线粒体 COI 单倍型序列都提交至 GenBank，序列登录号为 MH221484～MH221520。

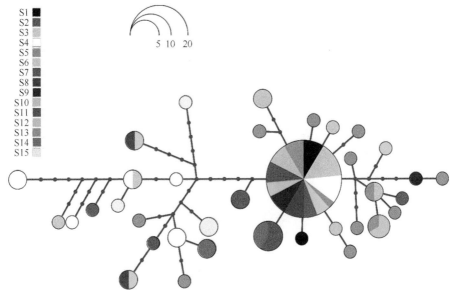

图 6.6　刺额葱萤的单倍型网络图

表 6.6 刺额葱萤种群采集站位及其基本信息

站位	纬度(°N)	经度(°E)	叶绿素 a (mg/m³)	平均水温(°C)	盐度	风速(m/s)	样本数	单倍型数量	单倍型
S1	14.5	111	0.142	28.29	33.32	4.39	4	2	H1, H2
S2	14.5	113	0.11	28.66	33.41	0.93	5	2	H3, H4
S3	12.5	111	0.141	28.98	34.11	2.39	9	5	H1, H5, H6, H7, H8
S4	12.5	112	0.132	28.85	33.25	0.93	11	7	H1, H7, H9, H10, H11, H12, H23
S5	12.5	113	0.0976	28.98	33.45	0.72	6	6	H1, H13, H14, H15, H16, H17
S6	10.5	111	0.127	29.11	33.84	1.00	5	4	H1, H18, H19, H20
S7	10.5	113	0.0989	29.27	33.25	2.65	4	3	H1, H21, H22
S8	9.5	113	0.118	29.3	33.53	2.25	5	3	H1, H19, H20
S9	9.5	114	0.103	29.39	33.06	3.12	4	2	H1, H24
S10	9.5	115	0.138	29.42	33.32	3.11	5	3	H1, H24, H25
S11	10.5	115	0.0977	29.38	33.36	2.33	4	2	H1, H26
S12	10.5	114	0.101	29.35	33.25	2.72	5	2	H1, H27
S13	12.5	116	0.107	29.26	33.44	3.07	10	8	H1, H6, H25, H28, H29, H30, H31, H32
S14	14.5	117	0.128	28.95	33.64	5.51	4	2	H3, H33
S15	14.5	116	0.119	28.91	33.56	5.52	4	3	H34, H35, H36

（二）种群间遗传分化

根据线粒体 COI 基因数据分析种群遗传结构，结果显示，刺额葱萤种群呈现中度的遗传分化（种群间遗传距离 Φ_{ST} 为 2%～62.8%，平均 $\Phi_{ST}=16.7\%$）。曼特尔检验发现，种群遗传距离与地理距离无相关性（$r=0.116$，$p=0.167$）（图 6.7），因此种群未呈现距离隔离（isolation-by-distance）。

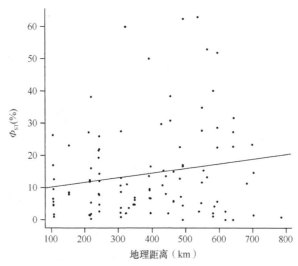

图 6.7 遗传距离与地理距离的相关性

冗余分析（RDA）显示，没有显著空间莫兰特征向量（MEM）被选中（p值不显著）（表6.7）。当纳入环境变量后，单纯空间变量（$S|E$）对遗传结构的解释量为0（p值不显著），说明空间变量不对种群遗传结构的变异做出解释。环境变量RDA矩阵中，环境变量的总解释量为28.8%。当纳入空间变量后，单纯环境变量（$E|S$）对遗传结构的解释量为11.5%（$p=0.049$），环境因子中，盐度与风速成为显著影响种群遗传结构的环境变量（$p=0.014$；$p=0.05$）。环境与空间变量（$S+E$）共同对遗传结构的解释量为20.1%（p值不显著）。环境与空间变量对种群遗传结构不能解释的部分高达79.9%。

表 6.7　RDA 变差分解结果

RDA 模型	R^2	R^2_{adj}	p
空间变量（S）	0.496	0.216	NS
环境变量（E）	0.492	0.288	0.05
前向选择（FS）	0.472	0.328	0.03
风速	0.170		0.05
盐度	0.244		0.014
环境与空间变量（$S+E$）	0.544	0.201	NS
单纯空间变量（$S|E$）	0.076	0	NS
单纯环境变量（$E|S$）	0.327	0.115	0.049
环境与空间变量共享		0.139	
残差		0.798	

"NS"表示 p 值不显著

参 考 文 献

包青华, 柴心玉. 1995. 黄海温跃层声散射与浮游生物垂直分布的关系. 海洋学报, 17(5): 59-64.

鲍李峰, 陆洋, 王勇, 等. 2005. 利用多年卫星测高资料研究南海上层环流季节特征. 地球物理学报, 48(3): 543-550.

毕洪生, 孙松, 高尚武, 等. 2000. 渤海浮游动物群落生态特点 I. 种类组成与群落结构. 生态学报, 20(5): 715-721.

陈柏云. 1982. 西沙、中沙群岛海洋浮游桡足类的种类组成和分布. 厦门大学学报 (自然科学版), 21(2): 209-217.

陈柏云. 1985. 南海浮游桡足类的分布. 海洋通报, 4(4): 45-50.

陈丕茂. 2003. 南沙群岛西南部陆架 17 种鱼类最佳开捕规格和多鱼种拖网最佳网目尺寸. 中国水产科学, 10(1): 41-45.

陈清潮, 黄良民, 尹健强, 等. 1994. 南沙群岛海区浮游动物多样性研究//中国科学院南沙综合科学考察队. 南沙群岛及其邻近海区海洋生物多样性研究 I. 北京: 海洋出版社: 42-50.

陈清潮, 张谷贤, 尹健强, 等. 1991. 1988 年夏季南沙群岛海区东部和南部浮游动物的分布//中国科学院南沙综合科学考察队. 南沙群岛及其邻近海区海洋生物研究论文集 (二). 北京: 海洋出版社: 186-193.

陈清潮, 章淑珍. 1965. 黄海和东海的浮游桡足类: I. 哲水蚤目. 海洋科学集刊, (7): 20-131.

陈瑞祥, 蔡秉及, 林茂, 等. 1988. 南海中部海域浮游动物的垂直分布. 海洋学报, 10(3): 337-341.

陈瑞祥, 林景宏. 1993. 南海中部海域浮游介形类的生态研究. 海洋学报, 15(6): 91-98.

陈韶阳. 2011. 南沙群岛价值分类评价和开发策略研究. 中国海洋大学博士学位论文.

陈史坚. 1982. 南沙群岛的自然概况. 海洋通报, 1(1): 52-58.

陈真然. 1995. 南沙群岛及其邻近海域海洋生物科学考察研究十年. 中山大学学报论丛, (3): 235-237.

杜飞雁, 李纯厚, 贾晓平. 2004. 北部湾海域毛颚类种类组成与群落结构. 中国水产科学, 11(1): 59-64.

杜飞雁, 王亮根, 王雪辉, 等. 2016. 南沙群岛海域长腹剑水蚤 (Oithona spp.) 的种类组成、数量分布及其与环境因子的关系. 海洋与湖沼, 47(6): 1176-1184.

方文东, 郭忠信, 黄羽庭. 1997. 南海南部海区的环流观测研究. 科学通报, 42(21): 2264-2271.

傅崐成. 2003. 海洋管理的法律问题. 台北: 文笙书局: 490.

郭沛涌, 沈焕庭, 刘阿成, 等. 2003. 长江河口浮游动物的种类组成、群落结构及多样性. 生态学报, 23(5): 892-900.

国家海洋局. 1991. 海洋调查规范: 海洋生物调查 (GB/T 12763.6—1991). 北京: 中国标准出版社.

国家海洋局. 2007a. 海洋调查规范 第 6 部分: 海洋生物调查 (GB/T 12763.6—2007). 北京: 中国标准出版社.

国家海洋局. 2007b. 海洋调查规范 第 7 部分: 海洋调查资料交换 (GB/T 12763.7—2007). 北京: 中国标准出版社.

洪惠馨, 林利民. 2010. 中国海域钵水母类 (Scyphomedusae) 区系的研究. 集美大学学报 (自然科学版), 15(1): 18-24.

黄德林. 2002. 评菲律宾对南沙群岛部分岛屿的主权主张. 法学评论, 20(6): 42-50.

黄晖, 张成龙, 杨剑辉, 等. 2012. 南沙群岛渚碧礁海域造礁石珊瑚群落特征. 台湾海峡, 31(1): 79-84.

黄良民. 1992. 南海不同海区叶绿素 a 和海水荧光值的垂向变化. 热带海洋, 11(4): 89-95.

黄圣卓, 段瑞军, 王军, 等. 2019. 我国美济礁引种植物调查. 热带作物学报, 40(5): 1022-1031.

黄梓荣. 2005. 南沙群岛西南陆架区头足类资源状况研究. 齐鲁渔业, 22(6): 21-22.

蒋玫, 袁骐, 陈亚瞿, 等. 2004. 东海浮游端足类数量的时空分布特征. 海洋学报, 26(5): 132-138.

李丁成, 徐兆礼, 高露姣, 等. 2003. 黄海南部与东海的隆剑水蚤 (桡足类: 剑水蚤目) 生态分布. 中国水产科学, 10(6): 481-484.

李冠国, 范振刚. 2004. 海洋生态学. 北京: 高等教育出版社: 30-31.

李红飞, 林森杰. 2019. 南海浮游植物生态学研究进展. 厦门大学学报 (自然科学版), 58(1): 1-10.

李磊, 李凤岐, 苏洁, 等. 2002. 1998 年夏、冬季南海水团分析. 海洋与湖沼, 33(4): 393-401.

李立. 2002. 南海上层环流观测研究进展. 台湾海峡, 21(1): 114-125.

李少菁, 许振祖, 黄加祺, 等. 2001. 海洋浮游动物学研究. 厦门大学学报 (自然科学版), 40(2): 574-585.

李松, 方金钏. 1990. 中国海洋浮游桡足类幼体. 北京: 海洋出版社.

李新正, 王永强. 2002. 南沙群岛与西沙群岛及其邻近海域海洋底栖生物种类对比. 海洋科学集刊, (44): 74-79.

李秀珍, 梁卫, 温之平, 等. 2011. 南海盐度对南海夏季风响应的初步分析. 热带海洋学报, 30(1): 29-34.

连光山, 林玉辉, 蔡秉及, 等. 1990. 大亚湾浮游动物群落的特征//国家海洋局第三海洋研究所. 大亚湾海洋生态文集 (Ⅱ). 北京: 海洋出版社: 274-281.

连光山, 王彦国, 孙柔鑫, 等. 2018. 中国海洋浮游桡足类多样性: 上册. 北京: 海洋出版社.

廖秀丽, 黄洪辉, 巩秀玉, 等. 2015. 2013 年南沙海域混合层深度的季节变化特征. 南方水产科学, 11(5): 67-75.

林景宏, 陈瑞祥. 1988. 台湾海峡西部海域浮游端足类的分布. 台湾海峡, 7(4): 14-20.

林景宏, 陈瑞祥. 1994. 南海中部浮游端足类的分布. 海洋学报, 16(4): 113-119.

林荣贵, 李国强. 1991. 南沙群岛史地问题的综合研究. 中国边疆史地研究, 1(1): 81-91.

刘瑞玉. 2008. 中国海洋生物名录. 北京: 科学出版社: 12.

刘文宗. 1997a. 我国对西沙、南沙群岛主权的历史和法理依据 (之一). 海洋开发与管理, (2): 47-51.

刘文宗. 1997b. 我国对西沙、南沙群岛主权的历史和法理依据 (之二). 海洋开发与管理, (3): 52-56.

刘岩松, 于非, 刁新源, 等. 2014. 越南离岸流跨海盆特征初步分析. 海洋科学, 38(7): 95-102.

毛庆文, 王卫强, 齐义泉, 等. 2005. 夏季季风转换期间南沙群岛海域的温盐分布特征. 热带海洋学报, 24(1): 29-36.

邱章, 黄企洲. 1994. 南沙群岛海区温跃层时空分布的分析//中国科学院南沙综合科学考察队. 南沙群岛海区物理海洋学研究论文集Ⅰ. 北京: 海洋出版社: 64-80.

盛颐, 张侨. 2016. 三沙旅游研究现状及发展趋势. 沿海企业与科技, (3): 57-60.

宋孝虎. 1990. 南中国海发现新的对虾资源. 现代渔业信息, 5(8): 30.

孙松, 周克, 杨波, 等. 2008. 胶州湾浮游动物生态学研究 Ⅰ. 种类组成. 海洋与湖沼, 39(1): 1-7.

陶振铖, 李超伦, 孙松. 2013. 黄海太平洋磷虾的幼体分布及发育途径. 海洋与湖沼, 44(5): 1152-1161.

田永青, 黄洪辉, 巩秀玉, 等. 2017. 2013 年南沙群岛海域温跃层的季节变化及形成机理. 海洋学报, 39(12): 20-31.

王亮根, 杜飞雁, 李亚芳, 等. 2015. 西南季风暴发前后南沙海域浮游桡足类群落特征比较研究. 南方水产科学, 11(5): 47-55.

王敏晓. 2010. 分子标记在中国近海浮游桡足类研究中的应用. 中国科学院研究生院 (海洋研究所) 博士学位论文.

王新志. 2008. 南沙群岛珊瑚礁工程地质特性及大型工程建设可行性研究. 中国科学院研究生院 (武汉岩土力学研究所) 博士学位论文.

王学锋, 李纯厚, 廖秀丽, 等. 2010. 北部湾浮游幼虫群落结构及其环境适应性分析. 上海海洋大学学报, 19(4): 529-534.

王云龙, 沈新强, 李纯厚, 等. 2005. 中国大陆架及邻近海域浮游生物. 上海: 上海科学技术出版社.

徐兆礼. 2007a. 东海浮游端足类生态适应多样性分析//中国海洋湖沼学会. 中国海洋湖沼学会第九次全国会员代表大会暨学术研讨会论文摘要汇编.

徐兆礼. 2007b. 东海浮游介形类生态适应分析. 海洋学报, 29(5): 123-131.

徐兆礼. 2007c. 中国海洋浮游动物研究的新进展. 厦门大学学报: 自然科学版, 45(A02): 16-23.

徐兆礼. 2008. 东海浮游多毛类环境适应分析. 应用与环境生物学报, 14(1): 53-58.

徐兆礼, 陈亚瞿. 1989. 东黄海秋季浮游动物优势种聚集强度与鲐鲹渔场的关系. 生态学杂志, 8(4): 13-15, 19.

徐兆礼, 张凤英. 2006. 东海有尾类种类分布和多样性. 上海水产大学学报, 15(3): 3286-3291.

许振祖, 黄加祺, 林茂, 等. 2014. 中国刺胞动物门水螅虫总纲: 上册. 北京: 海洋出版社.

姚永慧, 周成虎, 苏奋振, 等. 2007. 南沙群岛海底地貌制图研究——以 1:100 万郑和群礁幅为例. 热带海洋学报, 26(6): 34-39.

尹健强, 陈清潮. 1991. 南沙群岛海区的浮游介形类 (1984-1988)//中国科学院南沙综合科学考察队. 南沙群岛及其邻近海区海洋生物研究论文集 (二). 北京: 海洋出版社: 134-154.

尹健强, 陈清潮, 张谷贤, 等. 2006. 南沙群岛海区上层浮游动物种类组成与数量的时空变化. 科学通报, 51(B11): 129-138.

俞慕耕, 彭义平. 1991. 南沙群岛及其附近海区的水文特征. 海洋预报, 8(3): 20-27.

曾晓光, 彭昌翰, 罗家聪. 2003. 南沙海域渔业资源开发与管理研究//《专项学术交流会》筹备组. 我国专属经济区和大陆架勘测研究论文集. 北京: 海洋出版社: 398-404.

张福绥. 1964. 中国近海的浮游软体动物: I. 翼足类、异足类及海蜗牛类的分类研究. 海洋科学集刊, (5): 125-226.

张静, 姚壮, 林龙山, 等. 2016. 北部湾口和南沙群岛西南部海域主要渔获种类的生物学特征及其数量分布. 中国海洋大学学报 (自然科学版), 46(11): 158-167.

张武昌, 赵楠, 陶振铖, 等. 2010. 中国海浮游桡足类图谱. 北京: 科学出版社.

章淑珍, 陈清潮. 1984. 南海浮游桡足类的生态研究: I. 数量的分布和变化. 热带海洋, 3(1): 46-55.

章淑珍, 裴穗平. 1996. 南沙群岛西南部陆架海区渔场浮游动物研究//中国科学院南沙综合科学考察队, 中国水产科学研究院南沙水产研究所. 南沙群岛西南部陆架海区底拖网渔业资源调查研究专集. 北京: 海洋出版社: 58-79.

赵焕庭, 温孝胜, 孙宗勋, 等. 1995a. 南沙群岛区域地质地貌与古海洋. 热带地理, 15(2): 128-137.

赵焕庭, 温孝胜, 孙宗勋, 等. 1995b. 南沙群岛景观及区域古地理. 地理学报, 50(2): 107-117.

赵焕庭, 温孝胜, 王丽荣. 2000. 南沙群岛永暑礁环礁潟湖的沉积速率与气候变化. 热带地理, 20(4): 247-249.

赵焕庭, 吴天霁. 2008. 西沙、南沙和中沙群岛进一步开发的设想. 热带地理, 28(4): 369-375.

赵理海. 1992. 从国际法看我国对南海诸岛无可争辩的主权. 北京大学学报 (哲学社会科学版), 29(3): 32-42, 129.

赵全鹏. 2011. 我国历代渔民在南海诸岛上的活动. 新东方, (3): 20-24.

郑重. 1986. 海洋浮游生物生态学文集. 厦门: 厦门大学出版社.

郑重. 1987. 我国海洋浮游桡足类的生态习性与分布//郑重. 郑重文集. 北京: 海洋出版社: 101-133.

郑重. 1993. 我国海洋浮游幼虫的生态研究展望. 生态学杂志, (1): 35-36.

郑重, 李少菁, 许振祖. 1984. 海洋浮游生物学. 北京: 海洋出版社.

郑重, 李松, 李少菁. 1978. 我国海洋浮游桡足类的种类组成和地理分布. 厦门大学学报 (自然版), 17(2): 51-63.

郑重, 郑执中, 王荣, 等. 1965. 烟、威鲐鱼渔场及邻近水域浮游动物生态的初步研究. 海洋与湖沼, 7(4): 329-354.

中国科学院南沙综合科学考察队. 1989. 南沙群岛及其邻近海区综合调查研究报告 (一): 下卷. 北京: 海洋出版社.

中国科学院南沙综合科学考察队. 1991. 南沙群岛西南部陆架海区底拖网渔业资源调查研究报告. 北京: 海洋出版社.

钟智辉, 陈作志, 刘桂茂. 2005. 南沙群岛西南陆架区底拖网主要经济渔获种类组成和数量变动. 中国水产科学, 12(6): 796-800.

周胜男, 施祺, 周桂盈, 等. 2019. 南沙群岛珊瑚礁砾洲地貌特征. 海洋科学, 43(6): 48-59.

朱齐武. 1990. 从国际法看南沙群岛主权的归属问题 (上). 政法论坛 (中国政法大学学报), (6): 9-14.

左涛, 王荣, 王克, 等. 2004. 夏季南黄海浮游动物的垂直分布与昼夜垂直移动. 生态学报, 24(3): 524-530.

Ahn K H, Mahmoud M M, Kendall D A. 2012. Allosteric modulator ORG27569 induces CB1 cannabinoid receptor high affinity agonist binding state, receptor internalization, and Gi protein-independent ERK1/2 kinase activation. Journal of Biological Chemistry, 287(15): 12070-12082.

Baek S Y, Jang K H, Choi E H, et al. 2016. DNA barcoding of metazoan zooplankton copepods from South Korea. PLOS ONE, 11(7): e0157307.

Benovic J L, Shorr R G L, Caron M G, et al. 1984. The mammalian β₂-adrenergic receptor: purification and characterization. Biochemistry, 23(20): 4510-4518.

Bradford-Grieve J M, Markhaseva E L, Rocha C E F, et al. 1999. Copepoda. *In*: Boltovskoy D. South Atlantic Zooplankton. Leiden: Backhuys Publishers: 869-1098.

Bucklin A, Frost B W. 2009. Morphological and molecular phylogenetic analysis of evolutionary lineages within *Clausocalanus* (Copepoda: Calanoida). Journal of Crustacean Biology, 29(1): 111-120.

Bucklin A, Frost B, Bradford-Grieve J, et al. 2003. Molecular systematic and phylogenetic assessment of 34 calanoid copepod species of the Calanidae and Clausocalanidae. Marine Biology, 142(2): 333-343.

Bucklin A, Wiebe P H, Smolenack S B, et al. 2007. DNA barcodes for species identification of euphausiids (Euphausiacea, Crustacea). Journal of Plankton Research, 29(6): 483-493.

Cai Y M, Ning X R, Liu C G, et al. 2007. Distribution pattern of photosynthetic picoplankton and heterotrophic bacteria in the northern South China Sea. Journal of Integrative Plant Biology, 49(3): 282-298.

Cepeda G D, Blanco-Bercial L, Bucklin A, et al. 2012. Molecular systematic of three species of *Oithona* (Copepoda, Cyclopoida) from the Atlantic Ocean: comparative analysis using 28S rDNA. PLOS ONE, 7(4): e35861.

Clarke K R. 1993. Non-parametric multivariate analyses of changes in community structure. Australian Journal of Ecology, 18(1): 117-143.

Cornils A, Wend-Heckmann B, Held C. 2017. Global phylogeography of *Oithona similis* s.l. (Crustacea, Copepoda, Oithonidae) - A cosmopolitan plankton species or a complex of cryptic lineages? Molecular Phylogenetics & Evolution, 107: 473-485.

Dufrêne M, Legendre P. 1997. Species assemblages and indicator species: the need for a flexible asymmetrical approach. Ecological Monographs, 67(3): 345-366.

Fragopoulu N, Lykakis J J. 1990. Vertical distribution and nocturnal migration of zooplankton in relation to the development of the seasonal thermocline in Patraikos Gulf. Marine Biology, 104(3): 381-387.

Gallienne C P, Robins D B. 2001. Is *Oithona* the most important copepod in the world's oceans? Journal of Plankton Research, 23(12): 1421-1432.

Gasca R, Haddock S H D. 2004. Associations between gelatinous zooplankton and hyperiid amphipods (Crustacea: Peracarida) in the Gulf of California. Hydrobiologia, 530/531: 529-535.

Harris R P. 1988. Interactions between diel vertical migratory behavior of marine zooplankton and the subsurface chlorophyll maximum. Bulletin of Marine Science, 43(3): 663-674.

Kindt R, Coe R. 2005. Tree Diversity Analysis: A Manual and Software for Common Statistical Methods for Ecological and Biodiversity Studies. Nairobi: World Agroforestry Centre (ICRAF).

Laval P. 1980. Hyperiid amphipods as crustacean parasitoids associated with gelatinous zooplankton. Oceanography and Marine Biology: An Annual Review, 18: 11-56.

Lavaniegos B E, Hereu C M. 2009. Seasonal variation in hyperiid amphipod abundance and diversity and influence of mesoscale structures off Baja California. Marine Ecology Progress Series, 394: 137-152.

Li Y H, Zhao M X, Zhang H L, et al. 2012. Phytoplankton biomarkers in surface seawater from the northern South China Sea in summer 2009 and their potential as indicators of biomass/community structure. Journal of Tropical Oceanography, 31(4): 96-103.

Lin J H, Chen R X. 1995. Distributional characteristics of planktonic Amphipoda (Hyperiidea) in the South Huanghai Sea and East China Sea. Acta Oceanologica Sinica, 14(4): 553-561.

Lu X, Liu Y W, Liu M R, et al. 2019. Corrosion behavior of copper T2 and brass H62 in simulated Nansha marine atmosphere. Journal of Materials Science & Technology, 35(9): 1831-1839.

Margalef R. 1951. Diversidad de especies en las comunidades naturales. Publicaciones del Instituto De Biologia Aplicada, 9(5): 5-27.

Nybakken J W, Bertness M D. 2004. Marine Biology: An Ecological Approach. 6th ed. San Francisco: Benjamin Cummings.

Pielou E C. 1969. An introduction to Mathematical Ecology. New York: Wiley InterScience.

Purcell J E. 1997. Pelagic cnidarians and ctenophores as predators: selective predation, feeding rates, and effects on prey populations. Annales de l'Institut Océagographique, 73: 125-137.

Ressler P H, Jochens A E. 2003. Hydrographic and acoustic evidence for enhanced plankton stocks in a small cyclone in the northeastern Gulf of Mexico. Continental Shelf Research, 23(1): 41-61.

Shannon C E, Weaver W. 1949. The Mathematical Theory of Communication. Urbana: University of Illinois Press.

Song J M. 2010. Biogeochemical processes of the South China Sea//Song J M. Biogeochemical Processes of Biogenic Elements in China Marginal Seas. Berlin: Springer: 529-626.

Woodward G. 2012. Integrative Ecology: From Molecules to Ecosystems. Beijing: Science Press.

Young J W. 1989. The distribution of hyperiid amphipods (Crustacea: Peracarida) in relation to warm-core eddy J in the Tasman Sea. Journal of Plankton Research, 11(4): 711-728.

附录 南沙群岛及其邻近海域浮游动物名录

中文名	拉丁学名	春季	夏季	秋季	冬季	西南陆架区
原生动物门	**PROTOZOA**					
夜光虫	*Noctiluca scintillans*	+				+
有孔虫纲一种	Foraminifera sp.			+	+	
抱球虫属一种	*Globigerina* sp.				+	
拟抱球虫属一种	*Globigerinoides* sp.				+	
袋拟抱球虫	*Globigerinoides sacculifera*			+		
敏纳园辐虫	*Globorotalia menardii*				+	
圆辐虫属一种	*Globorotalia* sp.			+	+	
栉板动物门	**CTENOPHORA**					
球型侧腕水母	*Pleurobrachia globosa*			+	+	
掌状风球水母	*Hormiphora palnata*			+	+	+
瓜水母	*Beroe cucumis*			+	+	
带水母属一种	*Cestum* sp.			+		
刺胞动物门	**CNIDARIA**					
水螅水母纲	**HYDROIDOMEDUSA**					
细小多管水母	*Aequorea parva*	+				
球型多管水母	*Aequorea globosa*	+				
莫氏深帽水母	*Bythotiara murrayi*		+			
缩口深帽水母	*Bythotiara depressa*					+
顶胃深帽水母	*Bythotiara apicigastera*					+
塔形双手水母	*Amphinema turrida*			+		
双手水母属一种	*Amphinema* sp.			+		
真枝螅属一种	*Eudendrium* sp.			+	+	
拟帽水母	*Paratiara digitalis*					+
端粗范氏水母	*Vannuccia forbesii*					+
小异形水母	*Heterotiara minor*			+		+
热带伪帽水母	*Pseudotiara tropica*	+	+	+		+
拟面具水母	*Pandeopsis ikarii*			+		
刺胞海帽水母	*Halitiara knides*			+		
粗棍螅	*Coryne crassa*			+		
小棍螅	*Coryne pusilla*		+			
锥胃内胞水母	*Euphysilla pyramidata*			+		
短拟内胞水母	*Euphysomma brevia*			+		

续表

中文名	拉丁学名	春季	夏季	秋季	冬季	西南陆架区
间腺真囊水母	*Euphysora interogona*			+	+	
真囊水母	*Euphysora bigelowi*			+	+	+
银币水母	*Porpita porpita*	+				
崎状镰螅水母	*Zanclea costata*			+	+	+
八拟杯水母属一种	*Octophialucium* sp.			+	+	+
六辐和平水母	*Eirene hexanemalis*			+		
异手真瘤水母	*Eutima variabilis*		+	+	+	
细真瘤水母	*Eutima gracilis*			+		
大腺真唇水母	*Eucheilota macrogona*		+			
心形真唇水母	*Eucheilota ventricularis*		+	+		+
热带真唇水母	*Eucheilota tropica*			+	+	+
真唇水母属一种	*Eucheilota* sp.		+			
伸展强叶螅	*Dynamena disticha*		+			
笔螅水母属一种	*Pennaria* sp.		+			
真强壮水母	*Eutonina scientillans*		+			
印度感棒水母	*Laodicea indica*			+		
两手拟丝水母	*Paralovenia bitentaculata*			+		+
四叶小舌水母	*Liriope tetraphylla*		+	+	+	+
半口壮丽水母	*Aglaura hemistoma*		+	+	+	+
顶突瓮水母	*Amphogona apicata*				+	
异腺瓮水母	*Amphogona apsteini*				+	
墓形棍手水母	*Rhopalonema funerarium*			+		+
宽膜棍手水母	*Rhopalonema velatum*			+	+	+
真胃穴水母	*Sminthea euryaster*			+		+
八手筐水母	*Aeginura grimaldii*					+
两手筐水母	*Solmundella bitentaculata*		+	+	+	+
单肢水母属一种	*Nubiella* sp.			+	+	
果状摇篮水母	*Cunina frugifera*				+	
潜水母属一种	*Merga* sp.				+	+
红色短手水母	*Colobonema igneum*					+
短手水母	*Colobonema typicum*					+
刺胞水母属一种	*Cytaeis* sp.			+		
原拟帽水母属一种	*Protiaropsis* sp.			+		
管水母目	**SIPHONOPHORAE**					
顶大多面水母	*Abyla schmidti*			+	+	+
横棱多面水母	*Abyla haeckeli*	+			+	+
短深杯水母	*Abylopsis eschscholtzi*	+		+	+	+

续表

中文名	拉丁学名	春季	夏季	秋季	冬季	西南陆架区
三角多面水母	*Abyla trigona*		+		+	+
深杯水母	*Abylopsis tetragona*	+	+	+	+	+
巴斯水母	*Bassia bassensis*	+		+	+	+
晶九角水母	*Enneagonum hyalinum*	+	+	+		
锯齿角杯水母	*Ceratocymba dentata*			+		+
角杯水母	*Ceratocymba leuckarti*			+		+
箭形角杯水母	*Ceratocymba sagittata*				+	
爪室水母	*Chelophyes appendiculata*	+		+	+	+
钝角锥水母	*Chuniphyes moserae*				+	
多齿角锥水母	*Chuniphyes multidentata*					+
晶体水母	*Crystallophyes amygdalina*					+
扭形爪室水母	*Chelophyes contorta*	+	+	+	+	+
链钟水母	*Desmophyes annectens*			+	+	+
北极单板水母	*Dimophyes arctica*			+	+	
拟双生水母	*Diphyes bojani*	+	+	+	+	
双生水母	*Diphyes chamissonis*		+	+	+	
异双生水母	*Diphyes dispar*	+	+	+	+	+
尖角水母	*Eudoxoides mitra*			+	+	
螺旋尖角水母	*Eudoxoides spiralis*	+		+	+	+
粗管浅室水母	*Lensia canopusi*			+	+	+
异板浅室水母	*Lensia challengeri*			+	+	+
锥形浅室水母	*Lensia conoides*			+	+	+
微脊浅室水母	*Lensia cossack*	+		+	+	+
圆囊浅室水母	*Lensia fowleri*			+	+	+
小体浅室水母	*Lensia hotspur*			+	+	+
细条浅室水母	*Lensia leloupi*			+		
十棱浅室水母	*Lensia grimaldi*				+	
多棱浅室水母	*Lensia lelouveteau*					+
高悬浅室水母	*Lensia meteori*	+		+	+	+
钟浅室水母	*Lensia campanella*		+			
七棱浅室水母	*Lensia multicristata*			+	+	+
细浅室水母	*Lensia subtilis*	+	+	+	+	
拟细浅室水母	*Lensia subtiloides*		+	+	+	+
短浅室水母	*Lensia tottoni*			+		+
浅室水母属一种	*Lensia* sp.					+
短五角水母	*Muggiaea delsmani*					+
宽无棱水母	*Sulculeolaria bigelowi*			+	+	

中文名	拉丁学名	春季	夏季	秋季	冬季	西南陆架区
双叶无棱水母	*Sulculeolaria biloba*			+	+	
镶无棱水母	*Sulculeolaria brintoni*			+		
长无棱水母	*Sulculeolaria chuni*	+		+	+	+
热带无棱水母	*Sulculeolaria tropica*					+
膨大无棱水母	*Sulculeolaria turgida*			+	+	
四齿无棱水母	*Sulculeolaria quadrivalvis*			+	+	
五齿无棱水母	*Sulculeolaria monoica*				+	
无棱水母属一种	*Sulculeolaria* sp.				+	
马蹄水母	*Hippopodius hippopus*	+	+	+	+	
光滑拟蹄水母	*Vogtia glabra*	+		+	+	+
小口拟蹄水母	*Vogtia microsticella*		+			+
多疣拟蹄水母	*Vogtia spinosa*					+
五疣拟蹄水母	*Vogtia pentacantha*	+				
齿形拟蹄水母	*Vogtia serrata*	+				
拟蹄水母属一种	*Vogtia* sp.				+	
气囊水母	*Physophora hydrostatica*	+				
不定帕腊亚水母	*Praya dubia*	+				
尖双钟水母	*Amphicaryon acaule*				+	+
支管双钟水母	*Amphicaryon ernesti*			+	+	+
盾状双钟水母	*Amphicaryon peltifera*	+		+		
褶玫瑰水母	*Rosacea plicata*			+	+	
船形玫瑰水母	*Rosacea cymbiformis*					+
美装水母	*Agalma elegans*		+	+	+	+
双小水母	*Nanomia bijuga*			+	+	+
小水母	*Nanomia cara*			+		
海冠水母	*Halistemma rubrum*			+	+	
弯邹袋囊水母	*Tottonia contorta*			+		
叶水母	*Forskalia edwardsi*					+
里纳水母属一种	*Lychnagalma* sp.			+		
钵水母目	**SCYPHOMEDUSAE**					
红斑游船水母	*Nausithoe punctata*	+	+	+	+	
四脊翼水母	*Tetraplatia volitans*					+
耳喇叭水母	*Haliclystus auricula*					+
节肢动物门	**ARTHROPODA**					
双甲总目	**DIPLOSTRACA**					
多型复圆囊溞	*Podon polyphemoides*	+				
肥胖三角溞	*Pseudevadne tergestina*	+	+	+	+	+

续表

中文名	拉丁学名	春季	夏季	秋季	冬季	西南陆架区
介形纲	**OSTRACODA**					
背刺神萤	*Paradoloria dorsoserrata*					+
尖突海萤	*Cypridina acuminata*			+	+	
齿形海萤	*Cypridina dentata*			+	+	
纳米海萤	*Cypridina nami*	+	+	+	+	
无刺海萤	*Cypridina inermis*		+			
锯齿海萤	*Cypridina serrata*			+	+	
海萤属一种	*Cypridina* sp.	+				
圆荚萤属一种	*Cycloleberis* sp.			+		
双叉真浮萤	*Euconchoecia bifurata*			+	+	
针刺真浮萤	*Euconchoecia aculeata*	+	+	+	+	+
细长真浮萤	*Euconchoecia elongata*	+		+	+	+
后圆真浮萤	*Euconchoecia maimai*	+		+	+	+
球形海介萤	*Halocypria globosa*	+				
短额海腺萤	*Halocypris brevirostris*	+		+	+	+
齿形拟浮萤	*Paraconchoecia dentata*	+	+		+	+
无刺拟浮萤	*Paraconchoecia inermis*	+		+	+	+
多变拟浮萤	*Paraconchoecia decipiens*	+			+	
棘状拟浮萤	*Paraconchoecia echinata*	+	+	+	+	+
捷氏拟浮萤	*Paraconchoecia gerdhartmanni*				+	
大长拟浮萤	*Paraconchoecia macroprocera*			+		+
小长拟浮萤	*Paraconchoecia microprocera*			+	+	+
长方拟浮萤	*Paraconchoecia oblonga*	+		+	+	+
小刺拟浮萤	*Paraconchoecia spinifera*	+				+
双刺拟浮萤	*Paraconchoecia discanthus*					+
长形拟浮萤	*Paraconchoecia procera*				+	
秀丽双浮萤	*Discoconchoecia elegans*				+	+
假圆动双浮萤	*Discoconchoecia pseudodiscophora*					+
膨大双浮萤	*Discoconchoecia tamensis*			+	+	+
尖细浮萤	*Conchoecetta acuminata*	+	+	+	+	+
捷细浮萤	*Conchoecetta giesbrechti*			+	+	
刺肋小浮萤	*Microconchoecia acuticosta*				+	+
宽短小浮萤	*Microconchoecia curta*	+	+	+	+	+
粗大后浮萤	*Metaconchoecia macromma*	+		+	+	+
弱小后浮萤	*Metaconchoecia pusilla*	+		+		
圆形后浮萤	*Metaconchoecia rotundata*	+		+		+
斯氏后浮萤	*Metaconchoecia skogsbergi*					+

续表

中文名	拉丁学名	春季	夏季	秋季	冬季	西南陆架区
平滑后浮萤	*Metaconchoecia teretivalvata*					+
深海后浮萤	*Metaconchoecia abyssalis*	+				+
小腺后浮萤	*Metaconchoecia glandulosa*			+		
隆状直浮萤	*Orthoconchoecia atlantica*			+	+	+
双刺直浮萤	*Orthoconchoecia bispinosa*	+		+	+	+
哈氏直浮萤	*Orthoconchoecia haddoni*					+
小刀弯萤	*Gaussicia gaussi*					+
切齿弯萤	*Gaussicia incisa*			+	+	+
小葱萤	*Porroecia porrecta*	+		+	+	+
刺额葱萤	*Porroecia spinirostris*			+	+	+
太平洋葱萤	*Porroecia porrecta pacifica*			+	+	
锡博加拟软萤	*Paramollicia siboga*				+	
同心假浮萤	*Pseudoconchoecia concentrica*	+	+		+	
等额壮浮萤	*Conchoecissa symmetrica*	+	+			
鳞形壮浮萤	*Conchoecissa imbricate*			+	+	+
砖形壮浮萤	*Conchoecissa plinthina*					+
粗刺刺萤	*Spinoecia crassispina*			+	+	+
贞洁刺萤	*Spinoecia parthenoda*			+	+	+
细齿浮萤	*Conchoecia parvidentata*		+	+	+	+
亚弓浮萤	*Conchoecia subarcuata*			+	+	+
浮萤属一种	*Conchoecia* sp.		+			+
栉兜甲萤	*Loricoecia ctenophora*			+		+
束腺兜甲萤	*Loricoecia lophura*					+
兜甲萤	*Loricoecia loricata*			+	+	+
叉拟软萤	*Paramollicia dichotoma*					+
嘴拟软萤	*Paramollicia rhynchena*					+
拟软萤属一种	*Paramollicia* sp.					+
尖尾翼萤	*Alacia alata*			+		
小翼萤	*Alacia minor*			+	+	
略大翼萤	*Alacia major*			+	+	+
锯状翼萤	*Alacia valdiviae*					+
多腺翼萤	*Alacia belgicae*			+		
尖额齿浮萤	*Conchoecilla daphnoides*		+	+		
小尖额齿浮萤	*Conchoecilla daphnoides minor*					+
桡足纲	**COPEPODA**					
太平洋纺锤水蚤	*Acartia pacifica*			+		+
红纺锤水蚤	*Acartia erythraea*		+	+	+	

续表

中文名	拉丁学名	春季	夏季	秋季	冬季	西南陆架区
丹氏纺锤水蚤	*Acartia danae*	+		+	+	
多刺纺锤水蚤	*Acartia amboinensis*		+			
小纺锤水蚤	*Acartia negligens*	+	+	+	+	+
长尾纺锤水蚤	*Acartia longiremis*			+		
刺尾纺锤水蚤	*Acartia spinicanda*		+			
纺锤水蚤属一种	*Acartia* sp.		+			
多刺小鹰嘴水蚤	*Aetideopsis multiserraea*					+
尖鹰嘴水蚤	*Aetideus acutus*			+	+	+
武装鹰嘴水蚤	*Aetideus armatus*	+			+	+
纪氏鹰嘴水蚤	*Aetideus giesbrechti*	+	+	+	+	+
伯氏鹰嘴水蚤	*Aetideus bradyi*			+		+
波氏袖水蚤	*Chiridius poppei*					+
袖水蚤	*Chiridius gracilis*			+		
印度手水蚤	*Chirundina indica*				+	+
悦真胖水蚤	*Euchirella amoena*	+	+			
秀真胖水蚤	*Euchirella bella*		+	+		+
双突真胖水蚤	*Euchirella bitumida*			+	+	+
单刺真胖水蚤	*Euchirella unispina*	+			+	
雅真胖水蚤	*Euchirella venusta*			+	+	+
美丽真胖水蚤	*Euchirella pulchra*	+	+	+	+	
东方真胖水蚤	*Euchirella orientalis*	+				
短尾真胖水蚤	*Euchirella curticauda*		+	+	+	+
印度真胖水蚤	*Euchirella indica*	+	+	+	+	+
盔头真胖水蚤	*Euchirella galeata*				+	
玫真胖水蚤	*Euchirella messinensis*					+
大真胖水蚤	*Euchirella maxima*			+	+	
单刺真胖水蚤	*Euchirella unispina*					+
喙真胖水蚤	*Euchirella rostrata*	+	+	+	+	+
靓真胖水蚤	*Euchirella speciosa*	+				
截真胖水蚤	*Euchirella truncata*			+		
亮真胖水蚤	*Euchirella splendens*				+	+
真胖水蚤属一种	*Euchirella* sp.				+	
小枪水蚤	*Gaetanus minor*	+	+	+	+	+
细枪水蚤	*Gaetanus miles*				+	+
帽形枪水蚤	*Gaetanus pileatus*				+	
短角枪水蚤	*Gaetanus brevicornis*			+	+	+
卫士枪水蚤	*Gaetanus armiger*				+	

续表

中文名	拉丁学名	春季	夏季	秋季	冬季	西南陆架区
克氏枪水蚤	*Gaetanus kruppi*				+	
尖刺枪水蚤	*Gaetanus pungens*				+	+
瘦刺枪水蚤	*Gaetanus tenuispinus*				+	
粗喙小盾水蚤	*Gaidiopsis crassirostris*			+		
羽波刺水蚤	*Undeuchaeta plumosa*		+	+	+	+
大波刺水蚤	*Undeuchaeta major*			+		+
中型波刺水蚤	*Undeuchaeta intermedia*		+			+
波刺水蚤属一种	*Undeuchaeta* sp.				+	
针刺尖头水蚤	*Arietellus aculeatus*	+				
捷氏尖头水蚤	*Arietellus giesbrechti*	+				+
羽状尖头水蚤	*Arietellus plumifer*					+
简单尖头水蚤	*Arietellus simplex*			+		
冻亮羽水蚤	*Augaptilus glacialis*	+	+	+		
长尾亮羽水蚤	*Augaptilus longicaudatus*	+			+	
延真亮羽水蚤	*Euaugaptilus affinis*				+	
狭真亮羽水蚤	*Euaugaptilus angustus*			+	+	
鳞真亮羽水蚤	*Euaugaptilus squamatus*		+	+	+	
长真亮羽水蚤	*Euaugaptilus elongatus*			+		+
颜真亮羽水蚤	*Euaugaptilus facilis*			+		+
长毛真亮羽水蚤	*Euaugaptilus hecticus*				+	
帕氏真亮羽水蚤	*Euaugaptilus palumbii*				+	+
尖额全羽水蚤	*Haloptilus acutifrons*			+		+
奥氏全羽水蚤	*Haloptilus austini*	+	+	+		+
大头全羽水蚤	*Haloptilus bulliceps*				+	+
泉全羽水蚤	*Haloptilus fons*	+				
瘤全羽水蚤	*Haloptilus fertilis*		+		+	
长角全羽水蚤	*Haloptilus longicornis*	+	+	+	+	+
长须全羽水蚤	*Haloptilus longicirrus*			+	+	+
饰全羽水蚤	*Haloptilus ornatus*	+	+	+	+	+
尖全羽水蚤	*Haloptilus mucronatus*			+	+	+
尖头全羽水蚤	*Haloptilus oxycephalus*					+
刺全羽水蚤	*Haloptilus spiniceps*				+	
拟长须全羽水蚤	*Haloptilus paralongicirrus*				+	+
短缩厚羽水蚤	*Pachyptilus abbreviatus*				+	
刺宽水蚤	*Temorites spinifera*			+	+	
长深宽水蚤	*Temorites elongata*				+	
萨氏宽水蚤	*Temorites sarsi*				+	

续表

中文名	拉丁学名	春季	夏季	秋季	冬季	西南陆架区
中华哲水蚤	*Calanus sinicus*	+				
瘦新哲水蚤	*Neocalanus gracilis*	+	+	+	+	+
粗新哲水蚤	*Neocalanus robustior*	+	+		+	
细角间哲水蚤	*Mesocalanus tenuicornis*	+	+	+	+	+
隆线似哲水蚤	*Calanoides carinatus*					+
菲似哲水蚤	*Calanoides philippinensis*				+	+
微刺哲水蚤	*Canthocalanus pauper*	+	+	+		+
小哲水蚤	*Nannocalanus minor*	+	+	+	+	+
普通波水蚤	*Undinula vulgaris*	+	+	+	+	+
达氏筛哲水蚤	*Cosmocalanus darwinii*	+	+	+	+	+
武平头水蚤	*Candacia armata*	+				+
双刺平头水蚤	*Candacia bipinnata*	+	+	+	+	+
伯氏平头水蚤	*Candacia bradyi*	+	+	+	+	
右突平头水蚤	*Candacia columbiae*		+		+	+
短平头水蚤	*Candacia curta*	+	+	+	+	
异尾平头水蚤	*Candacia discaudata*	+		+	+	+
幼平头水蚤	*Candacia catula*	+	+	+	+	+
黑斑平头水蚤	*Candacia ethiopica*		+			+
厚指平头水蚤	*Candacia pachydactyla*	+	+	+	+	+
长突平头水蚤	*Candacia longimana*		+	+	+	
耳突平头水蚤	*Candacia guggenheimi*	+	+	+	+	+
瘦平头水蚤	*Candacia tenuimana*					+
腹突平头水蚤	*Candacia varicans*	+				+
平头水蚤属一种	*Candacia* sp.		+			
截平头水蚤	*Candacia truncata*	+	+	+	+	+
易平头水蚤	*Candacia simplex*		+			
瘦胸刺水蚤	*Centropages gracilis*	+	+	+	+	+
哲胸刺水蚤	*Centropages calaninus*	+	+	+	+	+
长胸刺水蚤	*Centropages elongatus*		+	+	+	
奥氏胸刺水蚤	*Centropages orsinii*		+	+		
长角胸刺水蚤	*Centropages longicornis*		+	+	+	
叉胸刺水蚤	*Centropages furcatus*	+	+	+	+	
华哲水蚤属一种	*Sinocalanus* sp.			+		
弓角基齿哲水蚤	*Clausocalanus arcuicornis*	+	+	+	+	+
长尾基齿哲水蚤	*Clausocalanus furcatus*	+	+	+	+	+
名基齿哲水蚤	*Clausocalanus ingens*			+		+
三刺基齿哲水蚤	*Clausocalanus jobei*			+		

续表

中文名	拉丁学名	春季	夏季	秋季	冬季	西南陆架区
宽基齿哲水蚤	*Clausocalanus laticeps*		+	+	+	+
蓝基齿哲水蚤	*Clausocalanus lividus*			+	+	+
短尾基齿哲水蚤	*Clausocalanus pergens*			+	+	+
滑基齿哲水蚤	*Clausocalanus farrani*	+	+	+	+	+
厚基齿哲水蚤	*Clausocalanus paululus*			+	+	+
拟鞭基齿哲水蚤	*Clausocalanus mastigophora*			+	+	+
小基齿哲水蚤	*Clausocalanus minor*			+	+	+
尖基齿哲水蚤	*Clausocalanus parapergens*					+
基齿哲水蚤属一种	*Clausocalanus* sp.	+				+
空栉哲水蚤	*Ctenocalanus vanus*			+		
小微哲水蚤	*Microcalanus pusillus*	+				
冷滑水蚤	*Farrania frigidus*				+	
空滑水蚤	*Farrania orbus*					+
细拟真哲水蚤	*Pareucalanus attenuatus*	+	+	+	+	+
伪细拟真哲水蚤	*Pareucalanus pseudattenuatus*			+		+
邦真哲水蚤	*Eucalanus bungii*					+
加州真哲水蚤	*Eucalanus californicus*					+
长真哲水蚤	*Eucalanus elongatus*	+	+	+	+	+
明真哲水蚤	*Eucalanus hyalinus*					+
细真哲水蚤	*Eucalanus attemuatus*					+
强次真哲水蚤	*Subeucalanus crassus*	+	+	+	+	+
亚强次真哲水蚤	*Subeucalanus subcrassus*	+	+	+	+	+
狭额次真哲水蚤	*Subeucalanus subtenuis*	+	+	+	+	+
帽形次真哲水蚤	*Subeucalanus pileatus*		+	+	+	+
尖额次真哲水蚤	*Subeucalanus mucronatus*	+	+	+	+	+
长头次真哲水蚤	*Subeucalanus longiceps*				+	
海洋真刺水蚤	*Euchaeta rimana*	+	+	+	+	+
精致真刺水蚤	*Euchaeta concinna*	+	+	+		+
中型真刺水蚤	*Euchaeta media*	+				
长角真刺水蚤	*Euchaeta longicornis*	+	+	+	+	+
平滑真刺水蚤	*Euchaeta plana*	+		+	+	+
长刺真刺水蚤	*Euchaeta spinosa*				+	
尖真刺水蚤	*Euchaeta acuta*		+	+	+	+
瘦真刺水蚤	*Euchaeta tenuis*		+		+	+
印度真刺水蚤	*Euchaeta indica*			+	+	
小海真刺水蚤	*Euchaeta marinella*					+
芦氏拟真刺水蚤	*Paraeuchaeta russelli*		+	+	+	+

续表

中文名	拉丁学名	春季	夏季	秋季	冬季	西南陆架区
韦氏拟真剌水蚤	*Paraeuchaeta weberi*					+
小瘤拟真剌水蚤	*Paraeuchaeta tuberculata*				+	
须拟真剌水蚤	*Paraeuchaeta barbata*					+
锥拟真剌水蚤	*Paraeuchaeta vorax*					+
红拟真剌水蚤	*Paraeuchaeta rubra*			+	+	
恒氏拟真剌水蚤	*Paraeuchaeta hansenii*				+	+
梅拟真剌水蚤	*Paraeuchaeta prudens*			+	+	+
马来拟真剌水蚤	*Paraeuchaeta malayensis*				+	
拟真剌水蚤属一种	*Paraeuchaeta* sp.	+				+
帕氏双剌水蚤	*Disseta palumbii*					+
岩双剌水蚤	*Disseta scopularis*			+		+
乳突异肢水蚤	*Heterorhabdus papilliger*	+	+	+	+	+
住囊异肢水蚤	*Heterorhabdus oikoumenikis*					+
粗拟异肢水蚤	*Paraheterorhabdus robustus*					+
节僵异肢水蚤	*Heterorhabdus ankylocolus*	+				+
管异肢水蚤	*Heterorhabdus fistulosus*			+	+	+
剌额异肢水蚤	*Heterorhabdus spinifrons*			+	+	+
亚剌额异肢水蚤	*Heterorhabdus subspinifrons*			+	+	
小瘤异肢水蚤	*Heterorhabdus tuberculus*				+	+
深海异肢水蚤	*Heterorhabdus abyssalis*				+	+
太平洋异肢水蚤	*Heterorhabdus pacificus*			+	+	
淡异肢水蚤	*Heterorhabdus insukae*			+	+	
克氏异肢水蚤	*Heterorhabdus clausi*			+	+	
前异肢水蚤	*Heterorhabdus prolatus*			+	+	
异肢水蚤属一种	*Heterorhabdus* sp.				+	
窄半肢水蚤	*Mesorhabdus angustus*				+	+
瘦半肢水蚤	*Mesorhabdus gracilis*			+		
长角异针水蚤	*Heterostylites longicornis*	+				
鲜拟异肢水蚤	*Paraheterorhabdus vipera*				+	
高斯光水蚤	*Lucicutia gaussae*			+	+	+
耳光水蚤	*Lucicutia aurita*			+	+	+
黄角光水蚤	*Lucicutia flavicornis*	+	+	+	+	+
卵形光水蚤	*Lucicutia ovalis*	+	+	+	+	+
克氏光水蚤	*Lucicutia clausi*	+	+	+	+	+
双光水蚤	*Lucicutia gemina*	+				+
巨光水蚤	*Lucicutia maxima*	+			+	+
大光水蚤	*Lucicutia magna*	+			+	+

续表

中文名	拉丁学名	春季	夏季	秋季	冬季	西南陆架区
长棘光水蚤	*Lucicutia longiserrata*					+
短光水蚤	*Lucicutia curta*	+		+	+	+
瘦尾光水蚤	*Lucicutia tenuicauda*	+				
北极光水蚤	*Lucicutia polaris*					+
光水蚤属一种	*Lucicutia* sp.	+	+	+	+	
克氏长角哲水蚤	*Mecynocera clausi*	+	+	+	+	+
瘦长角水蚤	*Mecynocera gracilis*					+
太平洋长腹水蚤	*Metridia pacifica*					+
大长腹水蚤	*Metridia macrura*			+	+	+
高长腹水蚤	*Metridia longa*				+	
前长腹水蚤	*Metridia princeps*				+	+
短尾长腹水蚤	*Metridia brevicauda*					+
美丽长腹水蚤	*Metridia venusta*				+	+
布氏长腹水蚤	*Metridia boeckii*					+
长腹水蚤属一种	*Metridia* sp.				+	+
腹突乳点水蚤	*Pleuromamma abdominalis*	+	+	+	+	+
剑乳点水蚤	*Pleuromamma xiphias*	+	+	+	+	+
粗乳点水蚤	*Pleuromamma robusta*	+	+	+	+	+
北方乳点水蚤	*Pleuromamma borealis*			+	+	+
瘦乳点水蚤	*Pleuromamma gracilis*	+	+	+	+	+
比氏乳点水蚤	*Pleuromamma piseki*			+	+	
四刺乳点水蚤	*Pleuromamma quadrungulata*					+
乳点水蚤属一种	*Pleuromamma* sp.			+	+	+
变光刺水蚤	*Nullosetigera mutata*			+		+
指光刺水蚤	*Nullosetigera helgae*		+	+	+	+
双齿光刺水蚤	*Nullosetigera bidentata*				+	
等光刺水蚤	*Nullosetigera aequalis*				+	
异光刺水蚤	*Nullosetigera impar*				+	
纪氏光刺水蚤	*Nullosetigera giesbrechti*				+	+
光刺水蚤属一种	*Nullosetigera* sp.	+				
小拟哲水蚤	*Paracalanus parvus*			+	+	+
针刺拟哲水蚤	*Paracalanus aculeatus*			+	+	+
瘦拟哲水蚤	*Paracalanus gracilis*		+	+	+	+
矮拟哲水蚤	*Paracalanus nanus*			+	+	+
裸拟哲水蚤	*Paracalanus denuatus*			+		
拟哲水蚤属一种	*Paracalanus* sp.		+		+	+
强额孔雀水蚤	*Parvocalanus crassirostris*					+

续表

中文名	拉丁学名	春季	夏季	秋季	冬季	西南陆架区
秀丽孔雀水蚤	*Parvocalanus elegans*	+	+			
微驼隆哲水蚤	*Acrocalanus gracilis*	+	+	+	+	+
驼背隆哲水蚤	*Acrocalanus gibber*			+		+
长角隆哲水蚤	*Acrocalanus longicornis*	+	+	+	+	+
单隆哲水蚤	*Acrocalanus monachus*	+	+	+	+	+
印度隆哲水蚤	*Acrocalanus indicus*			+		
安氏隆哲水蚤	*Acrocalanus andersoni*			+	+	
隆哲水蚤属一种	*Acrocalanus* sp.			+		
孔雀丽哲水蚤	*Calocalanus pavo*	+	+	+	+	+
羽丽哲水蚤	*Calocalanus plumulosus*	+	+	+	+	+
锦丽哲水蚤	*Calocalanus pavoninus*	+	+	+	+	+
针丽哲水蚤	*Calocalanus styliremis*	+	+	+	+	+
短缩丽哲水蚤	*Calocalanus contractus*	+		+	+	+
单刺丽哲水蚤	*Calocalanus monospinus*			+	+	
丽哲水蚤属一种	*Calocalanus* sp.	+	+		+	+
刺褐水蚤	*Phaenna spinifera*	+	+	+	+	+
活泼黄水蚤	*Xanthocalanus agilis*			+	+	+
多刺黄水蚤	*Xanthocalanus multispinus*				+	
黄水蚤属一种	*Xanthocalanus* sp.		+			
冠突哲水蚤	*Onchocalanus cristatus*					+
椭形长足水蚤	*Calanopia elliptica*	+	+	+	+	+
小长足水蚤	*Calanopia minor*		+	+	+	+
真刺唇角水蚤	*Labidocera euchaeta*			+		
尖刺唇角水蚤	*Labidocera acuta*	+		+	+	
小唇角水蚤	*Labidocera minuta*		+	+	+	
后截唇角水蚤	*Labidocera detruncata*		+	+	+	
孔雀唇角水蚤	*Labidocera pavo*					+
锐唇角水蚤	*Labidocera acutifrons*					+
小齿唇角水蚤	*Labidocera laevidentata*			+		
唇角水蚤属一种	*Labidocera* sp.				+	
阔节角水蚤	*Pontella fera*	+	+	+		
瘦尾角水蚤	*Pontella tenuiremis*		+			
阔节角水蚤	*Pontella fera*			+	+	+
宽尾角水蚤	*Pontella latifurca*			+		
角水蚤属一种	*Pontella* sp.				+	
羽小角水蚤	*Pontellina plumata*	+	+	+	+	+
皇筒角水蚤	*Pontellopsis regalis*			+		

续表

中文名	拉丁学名	春季	夏季	秋季	冬季	西南陆架区
武装简角水蚤	*Pontellopsis armata*	+				
长指简角水蚤	*Pontellopsis macronyx*	+				
瘦尾简角水蚤	*Pontellopsis tenuicauda*	+				
克氏简角水蚤	*Pontellopsis krameri*			+		
粗毛简角水蚤	*Pontellopsis villosa*				+	+
简角水蚤属一种	*Pontellopsis* sp.				+	
鼻锚哲水蚤	*Rhincalanus nasuta*	+	+	+	+	+
彩额锚哲水蚤	*Rhincalanus rostrifrons*	+	+			
角锚哲水蚤	*Rhincalanus cornutus*			+	+	+
额脊水蚤	*Lophothrix frontalis*					+
宽脊水蚤	*Lophothrix latipes*			+		
双刺麦壳水蚤	*Macandrewella joanae*		+		+	
小突麦壳水蚤	*Macandrewella tuberculata*		+			
变杂哲水蚤	*Mixtocalanus alter*				+	
钝角伪柔壳水蚤	*Pseudoamallothrix obtusifrons*				+	+
长叉舟哲水蚤	*Scaphocalanus longifurca*			+	+	
棘舟哲水蚤	*Scaphocalanus echinatus*					+
短角舟水蚤	*Scaphocalanus brevicornis*			+	+	+
舟哲水蚤属一种	*Scaphocalanus* sp.					+
深海小厚壳水蚤	*Scolecithricella abyssalis*			+	+	+
叶小厚壳水蚤	*Scolecithricella dentata*			+	+	
细刺小厚壳水蚤	*Scolecithricella tenuiserrata*			+		+
长刺小厚壳水蚤	*Scolecithricella longispinosa*			+		+
瘦小厚壳水蚤	*Scolecithricella gracilis*				+	+
小小厚壳水蚤	*Scolecithricella minor*			+		+
热带小厚壳水蚤	*Scolecithricella tropica*			+	+	
弓小厚壳水蚤	*Scolecithricella arcuata*					+
球小厚壳水蚤	*Scolecithricella globulosa*			+	+	+
弱小厚壳水蚤	*Scolecithricella timida*			+	+	
深渊伪柔壳水蚤	*Pseudoamallothrix profunda*	+		+		+
缘齿小厚壳水蚤	*Scolecithricella nicobarica*			+		+
邻近小厚壳水蚤	*Scolecithricella propinqua*				+	
伯氏厚壳水蚤	*Scolecithrix bradyi*	+	+	+		+
丹氏厚壳水蚤	*Scolecithrix danae*	+	+	+		+
栉厚壳类水蚤	*Scolecithrichopsis ctenopus*			+		
海伦藏哲水蚤	*Scottocalanus helenae*					+
华藏哲水蚤	*Scottocalanus farrani*		+	+	+	+

续表

中文名	拉丁学名	春季	夏季	秋季	冬季	西南陆架区
珍稀藏哲水蚤	*Scottocalanus infrequens*			+		
叉藏哲水蚤	*Scottocalanus persecans*				+	
小藏哲水蚤	*Scottocalanus sedatus*					+
统氏藏哲水蚤	*Scottocalanus thomasi*					+
斧藏哲水蚤	*Scottocalanus securifrons*				+	+
澳藏哲水蚤	*Scottocalanus australis*				+	
藏哲水蚤属一种	*Scottocalanus* sp.		+	+	+	
正异足水蚤	*Monacilla typica*					+
细刺哲水蚤	*Spinocalanus spinosus*				+	
长角刺哲水蚤	*Spinocalanus longicornis*				+	
刺哲水蚤属一种	*Spinocalanus* sp.				+	+
锥形宽水蚤	*Temora turbinata*	+	+	+		+
异尾宽水蚤	*Temora discaudata*	+	+	+	+	+
柱形宽水蚤	*Temora stylifera*	+		+	+	+
太平洋真宽水蚤	*Eurytemora pacifica*					+
腹突拟宽水蚤	*Temoropia mayumbaensis*				+	
小突歪水蚤	*Tortanus murrayi*				+	
钳形歪水蚤	*Tortanus forcipatus*			+		
线长腹剑水蚤	*Oithona linearis*	+				
伪长腹剑水蚤	*Oithona fallax*	+		+		
隐长腹剑水蚤	*Oithona decipiens*	+				
异长腹剑水蚤	*Oithona dissimilis*					+
拟长腹剑水蚤	*Oithona similis*		+	+	+	+
细长腹剑水蚤	*Oithona attenuata*			+	+	
简长腹剑水蚤	*Oithona simplex simplex*			+	+	
坚双长腹剑水蚤	*Dioithona rigida*			+	+	+
短角长腹剑水蚤	*Oithona brevicornis*			+		
羽长腹剑水蚤	*Oithona plumifera*	+	+	+		+
刺长腹剑水蚤	*Oithona setigera*	+	+	+		
瘦长腹剑水蚤	*Oithona tenuis*		+	+	+	+
长刺长腹剑水蚤	*Oithona longispina*			+	+	+
敏长腹剑水蚤	*Oithona vivida*			+	+	
粗长腹剑水蚤	*Oithona robusta*		+	+		
冷长腹剑水蚤	*Oithona fragida*					+
微长腹剑水蚤	*Oithona minuta*					+
长腹剑水蚤属一种	*Oithona* sp.	+		+	+	+
深角剑水蚤	*Pontoeciella abyssicola*			+	+	+

中文名	拉丁学名	春季	夏季	秋季	冬季	西南陆架区
黄棒剑水蚤	*Ratania flava*			+	+	+
角三锥水蚤	*Triconia conifera*	+	+	+	+	+
背突隆水蚤	*Oncaea clevei*	+	+	+	+	+
齿三锥水蚤	*Triconia dentipes*			+	+	+
瘦隆水蚤	*Oncaea gracilis*				+	+
中隆水蚤	*Oncaea media*	+	+	+	+	+
等刺隆水蚤	*Oncaea mediterranea*	+	+	+	+	+
小三锥水蚤	*Triconia minuta*	+		+		+
拟三锥水蚤	*Triconia similis*	+		+	+	+
锦隆水蚤	*Oncaea ornata*				+	+
丽隆水蚤	*Oncaea venusta*	+	+	+	+	+
隆水蚤一种	*Oncaea* sp.				+	+
掌刺梭水蚤	*Lubbockia squillimana*	+	+	+	+	+
针刺梭水蚤	*Lubbockia aculeata*			+	+	+
马氏梭水蚤	*Lubbockia marukawai*			+	+	+
齿厚水蚤	*Pachyos dentatum*			+	+	+
斑点厚水蚤	*Pachyos punctatum*	+		+	+	+
暗伪花水蚤	*Pseudanthessius obscurus*				+	
狭叶水蚤	*Sapphirina angusta*			+	+	+
圆矛叶水蚤	*Sapphirina ovatolanceolata*	+	+	+	+	+
芽叶水蚤	*Sapphirina gemma*	+	+	+	+	+
虹叶水蚤	*Sapphirina iris*			+		+
玛瑙叶水蚤	*Sapphirina opalina*	+		+	+	+
叉长叶水蚤	*Sapphirina darwinii*	+		+	+	+
弯尾叶水蚤	*Sapphirina sinuicauda*			+	+	+
星叶水蚤	*Sapphirina stellata*	+	+	+	+	+
肠叶水蚤	*Sapphirina intestinata*					+
双尖叶水蚤	*Sapphirina bicuspidata*			+		+
晓叶水蚤	*Sapphirina auronitens*	+				
胃叶水蚤	*Sapphirina gastrica*		+	+	+	+
金叶水蚤	*Sapphirina metallina*	+	+	+	+	+
狭尾叶水蚤	*Sapphirina lactens*		+	+		+
红叶水蚤	*Sapphirina scarlata*		+	+	+	+
黑点叶水蚤	*Sapphirina nigromaculata*	+	+	+	+	+
叶水蚤属一种	*Sapphirina* sp.					+
颗粒长水蚤	*Vettoria granulosa*	+				+
奇桨水蚤	*Copilia mirabilis*	+	+	+	+	+

续表

中文名	拉丁学名	春季	夏季	秋季	冬季	西南陆架区
直桨水蚤	*Copilia recta*			+	+	
大桨水蚤	*Copilia lata*	+	+	+	+	+
长桨水蚤	*Copilia longistylis*	+			+	
方桨水蚤	*Copilia quadrata*	+	+	+	+	+
晶桨水蚤	*Copilia vitrea*			+	+	+
美丽大眼水蚤	*Corycaeus speciosus*	+	+	+	+	+
克氏大眼水蚤	*Corycaeus clausi*		+			
微胖大眼水蚤	*Corycaeus crassiusculus*	+		+	+	+
绿大眼水蚤	*Corycaeus viretus*			+	+	
粗单大眼水蚤	*Monocorycaeus robustus*	+		+	+	+
柔玉大眼水蚤	*Agetus flaccus*	+		+	+	+
典型玉大眼水蚤	*Agetus typicus*			+	+	+
菱玉大眼水蚤	*Agetus limbatus*		+	+	+	+
长刺尾大眼水蚤	*Urocorycaeus longistylis*	+	+	+	+	
伶俐尾大眼水蚤	*Urocorycaeus lautus*	+	+	+	+	+
叉尾大眼水蚤	*Urocorycaeus furcifer*			+	+	+
近缘双毛大眼水蚤	*Ditrichocorycaeus affinis*	+	+			
平双毛大眼水蚤	*Ditrichocorycaeus dahli*	+	+	+	+	+
细双毛大眼水蚤	*Ditrichocorycaeus subtilis*		+	+	+	+
小突双毛大眼水蚤	*Ditrichocorycaeus lubbocki*	+	+	+		
亮双毛大眼水蚤	*Ditrichocorycaeus andrewsi*			+	+	+
卵双毛大眼水蚤	*Ditrichocorycaeus ovalis*	+			+	+
东亚双毛大眼水蚤	*Ditrichocorycaeus asiatius*		+	+	+	+
红双毛大眼水蚤	*Ditrichocorycaeus erythraeus*	+		+	+	+
活泼钩大眼水蚤	*Onychocorycaeus agilis*			+	+	+
短钩大眼水蚤	*Onychocorycaeus giesbrechti*	+	+			+
哲钩大眼水蚤	*Onychocorycaeus calaninus*	+			+	
太平洋钩大眼水蚤	*Onychocorycaeus pacificus*	+	+	+	+	+
小型钩大眼水蚤	*Onychocorycaeus pumilus*			+	+	+
灵巧钩大眼水蚤	*Onychocorycaeus catus*	+				
大眼水蚤科一种	Corycaeidae sp.			+	+	
驼背羽刺大眼水蚤	*Farranula gibbula*	+	+	+	+	+
精致羽刺大眼水蚤	*Farranula concinna*	+	+	+	+	+
瘦羽刺大眼水蚤	*Farranula gracilis*					+
长尾羽刺大眼水蚤	*Farranula longicaudis*				+	
隆背羽刺大眼水蚤	*Farranula carinata*			+	+	
拟额羽刺大眼水蚤	*Farranula rostratus*			+	+	

中文名	拉丁学名	春季	夏季	秋季	冬季	西南陆架区
小毛猛水蚤	*Microsetella norvegica*	+	+	+	+	+
红小毛猛水蚤	*Microsetella rosea*			+	+	+
瘦长毛猛水蚤	*Macrosetella gracilis*	+	+	+	+	+
奇嫩猛水蚤	*Miracia efferata*				+	
嫩猛水蚤属一种	*Miracia* sp.			+		
尖额谐猛水蚤	*Euterpina acutifrons*	+		+	+	+
硬鳞暴猛水蚤	*Clytemnestra scutellata*		+	+	+	+
刺保猛水蚤	*Aegisthus spinulosus*				+	
尖额保猛水蚤	*Aegisthus mucronatus*				+	
针刺保猛水蚤	*Aegisthus aculeatus*				+	+
荣小日角猛水蚤	*Tisbella timsae*					+
喙额盏头猛水蚤	*Goniopsyllus rostratus*			+	+	+
巨怪水蚤	*Monstrilla grandis*					+
小摩门虱	*Mormonilla minor*			+	+	+
长毛摩门虱	*Mormonilla phasma*				+	+
糠虾目	**MYSIDA**					
近糠虾	*Anchialina typica*				+	
极小假近糠虾	*Pseudanchialina pusilla*		+	+	+	+
双眼糠虾	*Euchaetomera oculata*			+	+	
光臂拟双眼糠虾	*Euchaetomeropsis merolepis*			+		
印度假小糠虾	*Pseudomysidetes cochinensis*		+		+	+
猬拟刺糠虾	*Paracanthomysis hispida*		+			+
宽尾瘤刺糠虾	*Notacanthomysis laticauda*			+		
普通节糠虾	*Siriella vulgaris*		+			
细节糠虾	*Siriella gracilis*					+
美丽拟节糠虾	*Hemisiriella pulchra*				+	
端足目	**AMPHIPODA**					
粗角锥蛾	*Scina crassicornis*	+				
弯指锥蛾	*Scina curvidactyla*			+		
不确锥蛾	*Scina incerta*			+	+	
北方锥蛾	*Scina borealis*			+	+	
侏儒锥蛾	*Scina nana*		+			
涂氏锥蛾	*Scina tullbergi*			+		
刺锥蛾	*Scina spinosa*				+	
相似锥蛾	*Scina similis*				+	
锥蛾属一种	*Scina* sp.			+		+
亲近路蛾	*Vibilia propinqua*			+		+

续表

中文名	拉丁学名	春季	夏季	秋季	冬季	西南陆架区
思氏路虾	*Vibilia stebbingi*				+	+
武装路虾	*Vibilia armata*	+	+	+	+	+
澳洲路虾	*Vibilia australis*	+		+		
长腕路虾	*Vibilia longicarpus*	+				+
路虾属一种	*Vibilia* sp.					+
优细近慎虾	*Paraphronima gracilis*			+		+
厚足近慎虾	*Paraphronima crassipes*					+
大眼蛮虾	*Lestrigonus macrophthalmus*	+		+		+
孟加拉蛮虾	*Lestrigonus bengalensis*			+	+	+
宽阔蛮虾	*Lestrigonus latissimus*	+	+	+		
苏氏蛮虾	*Lestrigonus shoemaker*				+	
蛮虾属一种	*Lestrigonus* sp.				+	
刺拟慎虾	*Phronimopsis spinifera*	+	+	+	+	+
长足似泉虾	*Hyperioides longipes*				+	
西巴似泉虾	*Hyperioides sibaginis*			+	+	+
斯氏小泉虾	*Hyperietta stephenseni*	+				
吕宋小泉虾	*Hyperietta luzoni*		+	+	+	+
佛氏小泉虾	*Hyperietta vosseleri*			+	+	
太平洋慎虾	*Phronima pacifica*	+				+
定居慎虾	*Phronima sedentaria*	+	+	+	+	+
牛头慎虾	*Phronima bucephala*			+	+	+
大西洋慎虾	*Phronima atlantica*				+	+
独居慎虾	*Phronima solitaria*				+	
曲足慎虾	*Phronima curvipes*			+		
慎虾属一种	*Phronima* sp.					+
长形小慎虾	*Phronimella elongata*	+	+	+	+	+
半月喜虾	*Phrosina semilunata*	+	+	+	+	+
深层海神虾	*Primno abyssalis*		+			+
短密海神虾	*Primno brevidens*					+
拉氏海神虾	*Primno latreillei*			+	+	+
大足海神虾	*Primno macropa*		+			
近法拟狼虾	*Lycaeopsis themistoides*	+				
三宝拟狼虾	*Lycaeopsis zamboangae*	+		+	+	+
中间真海精虾	*Eupronoe intermedia*			+		+
斑点真海精虾	*Eupronoe maculata*	+	+	+	+	
微小真海精虾	*Eupronoe minuta*		+	+		+
宽腕真海精虾	*Eupronoe laticarpa*					+

续表

中文名	拉丁学名	春季	夏季	秋季	冬季	西南陆架区
真海精蜮属一种	*Eupronoe* sp.				+	+
甘氏近海精蜮	*Parapronoe campbelli*			+		+
长形近海精蜮	*Parapronoe elongata*	+				
蚤狼蜮	*Lycaea pulex*			+	+	
拟波氏狼蜮	*Lycaea bovallii*			+		
贪婪短腿狼蜮	*Brachyscelus rapax*			+		
甲状短腿狼蜮	*Brachyscelus crusculum*		+	+		+
涣夫尖头蜮	*Oxycephalus piscator*			+		
阔喙尖头蜮	*Oxycephalus latirostris*					+
克氏尖头蜮	*Oxycephalus clausi*	+				
麦氏舌头蜮	*Glossocephalus milne-edwardsi*				+	
硬化盔头蜮	*Cranocephalus scleroticus*			+	+	+
小喙窄头蜮	*Leptocotis tenuirostris*	+	+	+		+
武装棒体蜮	*Rhabdosoma armatum*		+	+		
触角扁鼻蜮	*Simorhynchotus antennarius*			+	+	
私氏司氏蜮	*Streetsia steenstrupi*	+				
小猪司氏蜮	*Streetsia porcella*				+	
岷岛司氏蜮	*Streetsia mindanaonis*			+		
挑战司氏蜮	*Streetsia challengeri*	+				
两刺双门蜮	*Amphithyrus bispinosus*			+	+	+
墙双门蜮	*Amphithyrus muratus*	+		+	+	+
斑点近忱蜮	*Paratyphis maculatus*			+		
前山近忱蜮	*Paratyphis promontori*					+
钳形四门蜮	*Tetrathyrus forcipatus*	+		+	+	+
似忱门足蜮	*Thyropus typhoides*	+				
爱氏门足蜮	*Thyropus edwardsi*				+	+
球形门足蜮	*Thyropus sphaeroma*					+
装饰裂腿蜮	*Schizoscelus ornatus*					+
爬行藻钩虾	*Ampithoe lacertosa*			+	+	
长鞭壳颚钩虾	*Chitinomandibulum longiflagellatus*			+		
钩虾亚目一种	Gammaridea sp.			+	+	+
涟虫目	**CUMACEA**					
三叶针尾涟虫	*Diastylis tricincta*			+		
亚洲异针涟虫	*Dimorphostylis asiatica*					+
等足目	**ISOPODA**					
印度仿真虾鳃虱	*Parabopyrella indica*			+		+

续表

中文名	拉丁学名	春季	夏季	秋季	冬季	西南陆架区
浪漂水虱属一种	*Cirolana* sp.			+		
小寄虱属一种	*Microniscus* sp.			+		+
磷虾目	**EUPHASIACEA**					
深水磷虾	*Bentheuphausia amblyops*					+
卷叶磷虾	*Euphausia recurva*				+	+
鸟喙磷虾	*Euphausia mutica*				+	+
长额磷虾	*Euphausia diomedeae*	+	+	+	+	+
短磷虾	*Euphausia brevis*			+	+	
柔巧磷虾	*Euphausia tenera*	+	+	+	+	
大眼磷虾	*Euphausia sanzoi*			+	+	+
拟磷虾	*Euphausia similis*			+	+	+
假驼磷虾	*Euphausia pseudogibba*		+		+	+
半驼磷虾	*Euphausia hemigibba*			+	+	+
瘦细足磷虾	*Nematoscelis gracilis*	+	+	+	+	+
长细足磷虾	*Nematoscelis atlantica*	+	+	+	+	+
小细足磷虾	*Nematoscelis microps*	+		+	+	+
秀细足磷虾	*Nematoscelis tenella*			+		
三刺缝足磷虾	*Thysanopoda tricuspidata*	+		+	+	+
拟缝足磷虾	*Thysanopoda aequalis*			+	+	+
尖额缝足磷虾	*Thysanopoda acutifrons*					+
钝形缝足磷虾	*Thysanopoda obtusifrons*					+
单刺缝足磷虾	*Thysanopoda monacantha*				+	
东方缝足磷虾	*Thysanopoda orientalis*			+	+	
宽额假磷虾	*Pseudeuphausia latifrons*	+	+			+
隆长螯磷虾	*Stylocheiron carinatum*	+	+	+	+	
缘长螯磷虾	*Stylocheiron affine*	+	+	+	+	
三晶长螯磷虾	*Stylocheiron suhmii*	+	+	+	+	+
二晶长螯磷虾	*Stylocheiron microphthalma*	+	+	+	+	
长角长螯磷虾	*Stylocheiron longicorne*	+	+	+	+	+
印度长螯磷虾	*Stylocheiron indicus*			+		
长螯磷虾	*Stylocheiron elongatum*					+
简长螯磷虾	*Stylocheiron abbreviatum*					+
大长螯磷虾	*Stylocheiron maximum*					+
粗长螯磷虾	*Stylocheiron robustum*		+	+		
十足目	**DECAPODA**					
费氏莹虾	*Lucifer faxoni*					+
间型莹虾	*Lucifer intermedius*	+		+	+	+

续表

中文名	拉丁学名	春季	夏季	秋季	冬季	西南陆架区
东方莹虾	*Lucifer orientalis*			+		
刷状莹虾	*Lucifer penicillifer*			+	+	
正型莹虾	*Lucifer typus*	+	+	+	+	+
毛虾属一种	*Acetes* sp.					+
瘦霞虾	*Sergestes gracilis*			+		
壮细螯虾	*Leptochela robusta*				+	
海南细螯虾	*Leptochela hainanensis*				+	
尖尾细螯虾	*Leptochela aculeocaudata*					+
环节动物门	**ANNELIDA**					
多毛纲	**POLYCHAETA**					
角蚕	*Torrea candida*			+		
小明蚕	*Vanadis minuta*			+		
囊明蚕	*Vanadis fuspunctata*				+	+
明蚕属一种	*Vanadis* sp.				+	
须叶蚕	*krohnia lepidota*				+	
翼突泳蚕	*Plotohelmis alata*				+	
锯毛鼻蚕	*Rhynchonerella petersii*		+		+	+
西沙鼻蚕	*Rhynchonerella xishaensis*			+	+	
鼻蚕属一种	*Rhynchonerella* sp.			+	+	
盘首蚕属一种	*Lopadorhynchus* sp.			+	+	
四须蚕	*Maupasia caeca*				+	
游蚕	*Pelagobia longicirrata*			+	+	+
叶须虫属一种	*Phyllodoce* sp.			+		
毛肩浮蚕	*Tomopteris cavallii*					+
唇舌浮蚕	*Tomopteris ligulata*				+	
玫腺浮蚕	*Tomopteris nationalis*			+		
漂泊浮蚕	*Tomopteris planktonis*	+	+	+	+	+
秀丽浮蚕	*Tomopteris elegans*		+			
北斗浮蚕	*Tomopteris septentrionalis*					+
浮蚕属一种	*Tomopteris* sp.			+	+	+
圆瘤蚕	*Travisiopsis lobifera*			+		+
方瘤蚕	*Travisiopsis levinseni*		+	+		
瘤蚕属一种	*Travisiopsis* sp.			+	+	+
箭蚕	*Sagitella kowalevskii*					+
盲蚕	*Typhloscolex muelleri*			+	+	
多毛纲一种	Polychaeta sp.				+	

续表

中文名	拉丁学名	春季	夏季	秋季	冬季	西南陆架区
软体动物门	**MOLLUSCA**					
扁明螺	*Atlanta depressa*	+	+	+	+	+
明螺	*Atlanta peroni*	+	+	+	+	
胖明螺	*Atlanta inflata*			+	+	+
歪轴明螺	*Atlanta inclinata*			+		
褐明螺	*Atlanta tusca*		+	+	+	
塔明螺	*Atlanta turriculata*	+	+	+	+	+
玫瑰明螺	*Atlanta rosea*				+	
大口明螺	*Atlanta lesueuri*				+	
盔龙骨螺	*Carinaria galea*			+	+	+
翼管螺	*Pterotrachea coronata*	+		+	+	+
盾翼管螺	*Pterotrachea scutata*			+		
海马翼管螺	*Pterotrachea hippocampus*	+				+
小翼管螺	*Pterotrachea minuta*	+				+
翼管螺属一种	*Pterotrachea* sp.		+			
拟翼管螺	*Firoloida desmaresti*	+	+	+	+	+
马蹄蜋螺	*Limacina trochiformis*	+	+	+	+	+
泡蜋螺	*Limacina bulimoides*	+	+	+	+	+
胖蜋螺	*Heliconoides inflatus*	+	+	+	+	+
强卷螺	*Agadina stimpsoni*	+	+	+	+	+
强卷螺属一种	*Agadina* sp.			+	+	
尖笔帽螺	*Creseis acicula*	+	+	+	+	+
棒笔帽螺	*Creseis clava*	+	+	+	+	+
芽笔帽螺	*Creseis virgula*	+		+	+	+
锥笔帽螺	*Creseis conica*			+	+	+
锥棒螺	*Styliola subula*			+		+
玻杯螺	*Hyalocylis striata*	+	+	+	+	+
玻杯螺一种	*Hyalocylis* sp.	+		+	+	
小尾长角螺	*Clio pyramidata* var. *microcaudata*	+	+	+	+	
矛头长角螺	*Clio pyramidata* var. *lanceolata*	+	+			+
袋长角螺	*Clio balantium*		+			+
厚唇螺	*Diacria trispinosa*		+		+	
四齿厚唇螺	*Telodiacria quadridentata*	+	+	+	+	
肋厚唇螺	*Telodiacria costata*			+	+	+
大厚唇螺	*Diacria major*			+		
龟螺	*Cavolinia tridentata*	+	+	+	+	
角长吻小龟螺	*Diacavolinia angulata*			+	+	

中文名	拉丁学名	春季	夏季	秋季	冬季	西南陆架区
长吻小龟螺	*Diacavolinia longirostris*			+	+	
球龟螺	*Cavolinia globulosa*	+	+	+	+	
钩龟螺	*Cavolinia uncinata*					+
龟螺属一种	*Cavolinia* sp.			+		+
蝴蝶螺	*Desmopterus papilio*	+	+	+	+	+
舴艋螺	*Cymbulia peroni*	+	+	+	+	+
三宝舴艋螺	*Cymbulia tricavernosa*	+	+	+	+	+
冕螺	*Corolla ovata*	+		+	+	
皮鳃螺	*Pneumoderma atlanticum*					+
拟皮鳃螺属一种	*Pneumodermopsis* sp.		+			
拟海若螺	*Paraclione longicaudata*	+	+	+	+	
球形水肌螺	*Hydromyles globulosus*		+			
心足螺属一种	*Cardiapoda* sp.			+		
毛颚动物门	**CHAETOGNATHA**					
钩状真镖虫	*Eukrohnia hamata*				+	+
深水真镖虫	*Eukrohnia bathyantarctica*					+
纤细镖虫	*Krohnitta subtilis*	+	+			
太平洋镖虫	*Krohnitta pacifica*			+	+	+
龙翼箭虫	*Pterosagitta draco*	+	+	+	+	+
强壮滨箭虫	*Aidanosagitta crassa*					+
柔弱滨箭虫	*Aidanosagitta delicata*			+	+	+
小形滨箭虫	*Aidanosagitta neglecta*			+	+	
正形滨箭虫	*Aidanosagitta regularis*			+	+	+
柔佛滨箭虫	*Aidanosagitta johorensis*			+		+
大洋滨箭虫	*Aidanosagitta oceania*					+
隔状滨箭虫	*Aidanosagitta septata*	+				
大头盲箭虫	*Caecosagitta macrocephala*					+
凶形猛箭虫	*Ferosagitta ferox*	+	+	+	+	+
粗壮猛箭虫	*Ferosagitta robusta*	+	+	+	+	+
时冈隆猛箭虫	*Ferosagitta tokiokai*	+		+	+	
肥胖软箭虫	*Flaccisagitta enflata*	+	+	+	+	+
六翼软箭虫	*Flaccisagitta hexaptera*	+	+	+	+	+
琴形伪箭虫	*Pseudosagitta lyra*			+	+	+
微形中箭虫	*Mesosagitta minima*		+	+	+	+
多变箭虫	*Decipisagitta decipiens*			+	+	+
瘦箭虫	*Parasagitta tenuis*			+		
太平洋齿箭虫	*Serratosagitta pacifica*	+	+	+	+	+

续表

中文名	拉丁学名	春季	夏季	秋季	冬季	西南陆架区
假锯齿箭虫	*Serratosagitta pseudoserratodentata*			+		+
寻觅坚箭虫	*Solidosagitta zetesios*				+	+
百陶带箭虫	*Zonosagitta bedoti*			+	+	
美丽带箭虫	*Zonosagitta pulchra*			+		
箭虫科一种	Sagittidae sp.					+
尾索动物门	**UROCHORDATA**					
有尾纲	**APPENDICULATA**					
长尾住囊虫	*Oikopleura longicauda*		+	+	+	+
中型住囊虫	*Oikopleura intermedia*		+	+	+	+
梭形住囊虫	*Oikopleura fusiformis*	+	+	+	+	+
异体住囊虫	*Oikopleura dioica*	+				
角胃住囊虫	*Oikopleura cornutogastra*		+	+	+	+
红住囊虫	*Oikopleura rufescens*	+	+	+	+	+
小型住囊虫	*Oikopleura parva*		+	+	+	
钝住囊虫	*Oikopleura cophocera*	+	+	+	+	+
白住囊虫	*Oikopleura albicans*		+	+	+	+
住囊虫属一种	*Oikopleura* sp.		+	+	+	+
赫氏巨囊虫	*Megalocercus huxleyi*		+	+	+	+
殖包囊虫	*Stegosoma magnum*	+	+	+	+	+
单胃住筒虫	*Fritillaria haplostoma*	+	+	+	+	+
蚁住筒虫	*Fritillaria formica*	+	+	+	+	+
隐住筒虫	*Fritillaria fraudax*					+
透明住筒虫	*Fritillaria pellucida*	+	+	+	+	+
北方住筒虫	*Fritillaria borealis*		+	+		+
北方住筒虫海藻亚种	*Fritillaria borealis sargass*		+	+		+
软住筒虫	*Fritillaria tenella*		+	+		
双角住筒虫	*Fritillaria bicornis*	+	+	+	+	+
阿氏住筒虫	*Fritillaria abjornseni*		+			
住筒虫属一种	*Fritillaria* sp.	+		+	+	+
多产褶海鞘	*Tectillaria fertilis*			+		
深海尾海鞘属一种	*Bathochordaeus* sp.			+		
海樽纲	**THALIACEA**					
软拟海樽	*Diolioletta gegenbauri*	+	+	+		+
小齿海樽	*Doliolum denticulatum*	+	+	+	+	+
克氏旋海樽	*Doliolina krohni*	+	+			+
缪勒旋海樽	*Doliolina muelleri*		+			
殖离旋海樽	*Doliolina separata*		+	+		+

续表

中文名	拉丁学名	春季	夏季	秋季	冬季	西南陆架区
大西洋火体虫	*Pyrosoma atlanticum*	+	+	+	+	+
（暂无中文名）	*Pyrosoma aherniosum*		+			
火体虫属一种	*Pyrosoma* sp.		+			
近缘环纽鳃樽	*Cyclosalpa affinis*		+			
羽环纽鳃樽	*Cyclosalpa pinnata*		+	+	+	+
长吻纽鳃樽	*Brooksia rostrata*		+	+	+	+
宽肌纽鳃樽	*Soestia zonaria*	+	+			+
双尾纽鳃樽	*Thalia democratica*	+	+	+	+	+
西卡纽鳃樽	*Thalia cicar*			+	+	
黄纽鳃樽	*Thalia rhomboides*		+	+	+	
东方纽鳃樽	*Thalia orientalis*		+	+	+	
贫肌纽鳃樽	*Pegea confoederata*	+		+		+
多手纽鳃樽	*Traustedtia multitentaculata*	+	+	+		+
筒状纽鳃樽	*Iasis cylindrica*		+	+	+	+
棱形纽鳃樽	*Salpa fusiformis*		+	+	+	+
大纽鳃樽	*Salpa maxima*		+			
浮游幼虫（体）	**LARVA**					
口足目阿利玛幼体	Stomatopoda *alima* larva			+	+	+
海参纲耳状幼体	Holothuroidea auricularia larva			+	+	
磷虾目无节幼体	Euphausiacea nauplius larva	+	+			
长尾下目幼体	Macrura larva	+	+	+	+	+
短尾下目大眼幼体	Brachyura megalopa larva			+	+	+
短尾下目溞状幼体	Brachyura zoea larva	+		+	+	+
异尾下目幼体	Anomura larva			+	+	+
龙虾总科叶状幼体	Palinuroidea phyllosoma larva		+	+		
多毛纲后担轮幼虫	Polychaeta metatrochophore			+	+	
多毛纲担轮幼虫	Polychaeta trochophora			+	+	
多毛纲幼体	Polychaeta larva	+	+	+	+	+
口足目幼体	Stomatopoda larva	+	+			
口足目阿利玛幼体	Stomatopoda erichthus larva			+	+	+
鱼卵	fish spawn	+	+	+	+	+
仔鱼	fish larva	+	+	+	+	+
藤壶属幼体	*Balanus* larva		+			
纽形动物门帽状幼虫	Nemertea pilidium larva		+			
桡足纲幼体	Copepoda larva			+	+	+
桡足纲无节幼体	Copepoda nauplius larva			+	+	+
箭虫科幼虫	Sagittidae larva			+	+	+

续表

中文名	拉丁学名	春季	夏季	秋季	冬季	西南陆架区
莹虾属幼体	*Lucifer* larva			+	+	+
霞虾属幼体	*Sergestes* larva			+	+	
磷虾属幼体	*Euphausia* larva			+	+	+
磷虾目节胸幼体	Euphausiacea calyptopis			+	+	
磷虾目带叉幼体	Euphausiacea furcilia			+		
肠鳃纲柱头幼虫	Enteropneusta tornaria			+	+	+
腹足纲幼虫	Gastropoda larva			+	+	+
双壳纲幼虫	Bivalvia larva			+	+	+
苔藓动物门双壳幼虫	Bryozoa cyphonautes			+	+	+
头足纲幼体	Cephalopoda larva			+	+	+
刺胞动物门幼虫	Cnidaria larva			+	+	+
锥蛾属幼体	*Scina* larva			+	+	
真海精蛾属幼体	*Eupronoe* larva			+		
路蛾属幼体	*Vibilia* larva			+		
腕足动物门舌贝幼虫	Brachiopoda lingula larva			+	+	
磁蟹属溞状幼虫	*Porcellana* zoea larva			+		
海胆纲长腕幼虫	Echinopluteus pluteus			+		
蛇尾纲长腕幼虫	Ophiopluteus pluteus					+
蔓足亚纲无节幼虫	Cirripedia nauplius larva			+	+	+
蔓足亚纲腺介幼虫	Cirripedia cypris larva			+	+	+
火体虫属幼虫	*Pyrosoma* larva				+	+
长螯磷虾属幼体	*Stylocheiron* larva			+	+	+
角海葵属幼体	*Cerianthus* larva			+	+	+
涡虫纲幼体	Turbellaria larva			+		+
软体动物门幼虫	Mollusca larva			+	+	
浮蚕属幼虫	*Tomopteris* larva			+	+	
龟螺属幼虫	*Cavolinia* larva			+	+	
蛇尾纲幼虫	Ophiuroidea larva			+	+	
文昌鱼属幼体	*Amphioxus* larva			+	+	
缝足磷虾属幼体	*Thysanopoda* larva			+		
介形纲幼体	Ostracoda larva			+	+	
住囊虫属幼虫	*Oikopleura* larva			+	+	
海樽属幼虫	*Doliolum* larva			+		
毛虾属幼体	*Acetes* larva			+		
海星纲羽腕幼虫	Asteroidea bipinnaria			+	+	
端足目幼虫	Amphipoda larva			+	+	+
帚虫动物门辐轮幼虫	Phoronida actinotrocha			+		

续表

中文名	拉丁学名	春季	夏季	秋季	冬季	西南陆架区
隔膜水母属幼虫	*Leuckartiara* larva			+	+	
真囊水母属幼虫	*Euphysora* larva			+	+	
单肢水母属幼虫	*Nubiella* larva				+	
细螯虾属幼体	*Leptochela* larva					+